관광위민지

원융희 지음

PACKSAN Publishing Co.

백산출판사

현대는 관광이미지의 시대이다

현대는 관광이미지의 시대이다. 모든 것이 관광이미지에 달려 있다. 관광관련기업도 그렇고 국가도 마찬가지이다. 기업들이 관광이미지 광고에 전력을 기울이고 있는 것도 이 때문이다. 아무리 관광상품이 좋아도 관광이미지가 좋지 않으면 고객은 선뜻 이용하려 들지 않는다.

지구촌 한가족 시대에 있어서 세계는 우리나라를 어떤 시각으로 바라보며 어떤 모습으로 그들에게 비춰지기를 바라는가?

우리는 이제라도 자신의 관광이미지에 대한 기대치와는 거리가 있는 곳에 서있음을 인식할 때가 된 것이다. 서울올림픽(1988)과 대전EXPO 개최(1993), WTO(1994) 및 OECD 회원국 가입(1996), 그리고 월드컵 개최(2002) 등으로 이어지는 부단한 국가이미지 개선 및 강화 노력에도 불구하고 우리나라의 관광이미지는 개선의 여지를 많이 안고 있다.

특히 주변국들의 빠른 추격을 감안할 때 관광이미지 제고를 위한 조직적이고 전략적인 방안의 강구가 시급한 현실이다.

오늘날 관광한국의 이미지 실태를 보면, 한국인이 해외여행 중에 보여주는 여러 가지 추태 외에도 한국을 방문한 외국 여행객들 중 불쾌한 경험을 했던 경우 역시 적지 않다. 특히 터무니없는 낮은 가격으로 외래 관광객을 유치하고 수지를 맞추기 위해 쇼핑과정에서 바가지를 씌우는 등의 사기관광이 물의를 빚는 사례들을 볼 수가 있다. 최근 사기관광에 항의하는 중국인 단체관광객들이 청와대 앞까지 진출해 항의하는 사태가 벌어지기도 했다. 이처럼 외국 관광객의 양적 증가에만 관심을 두고 서비스의 내용에 대해 무관심한 사이, 관광서비스의 질은 떨어지고 그 때문에 우리나라를 찾는 외래 관광객들에게 한국 혐오증이 만연된다면 소탐대실(小貪大失)이 아닐 수 없다. 적정요금의 절반에도 못 미치는 덤핑가격, 부실서비스의 차원을 넘어 위법적(違法的) 서비스 제공 등, 이런 현실에서는 관광수입이 늘기는커녕 장기적으로는 관광한국의 이미지 악화로 우리의 관광사업은 결국 사장산업으로 전락될 뿐이다.

고객을 유치하기 위해서는 자연 조건과 인위적인 시설이 필요하다. 그렇다고 인간적 요소를 무시해서는 안 된다. 스위스나 하와이 같은 곳은 아름다운 자연환경을 지닌 축복 받은 곳이다. 그러나 무엇보다도 결정적 요소는 그곳에 사는 사람들이 누구나 아름다운 자연을 보호할 줄 알고 자연의 아름다운 유산을 지키고 가꿀 줄 아는 것이라 할 수 있다. 즉 우리 인간은 어느 한 순간 경이롭게 삶의 무대에 들어섰다가 필연적으로 떠나게 되지만 그 인간들이 만들어낸 것이 계속 남아 우리나라를 대변하고 있는 것이다.

외부로부터 찾아온 손님들을 다루는 데 있어 스위스나 하와이 국민들의 기술은 어쩌면 예술의 경지까지 올라가 있다고 할 수 있다. 이 밖에도 자연 환경이 열악한 곳이지만 인위적인 기본 시설로 고객을 맞이하고 그들로 하여금 최상의 행복함을 느끼도록 편안한 분위기를 제공해 주도록 해야 한다.

고객들은 반드시 좋은 곳만 찾아다니지는 않는다. 때로는 기본 시설이 없는 먼 곳이라도 가는 것을 두려워하지 않는다. 만약에 그들의 땀, 눈물, 돈 그리고 귀중한 시간을 만족시켜 주는 무엇인가가 있으면 그들은 그 값을 기꺼이 낼 것이다. 관광산업의 발전은 관광사업을 하는 사람들과 그와 관련된 사람들의 노력만으로는 부족하다. 조직의 힘을 과소평가하는 것은 아니지만 여기서 우려하는 것은 조직의 배타성이다. 열린 마음과 활동의 투명성이 조직의 매력이 되어야 한다.

이와 같은 현실 속에서 5000년 역사와 문화가 함께 살아 숨쉬는 현장을 토대로 하며 그 대안을 모색하면 해법은 분명 찾을 수 있을 것이다.

이미지는 만들어지는 것이기 때문에 본문의 구성내용은 이미지 일반론과 실제 연구사례 편으로 나누어 소개되어질 것이다. 독자 스스로 기본적인 것을 이해하여 가면서 응용력을 배가하도록 한 것이다.

관광이미지에 관한 책자로서는 국내에서 처음이기 때문에 구상에서부터 내용의 집필에 이르기까지 기존의 틀이 없어 애를 먹었던 것이 한두 번이 아니었다. 부족한 점은 계속하여 보완할 것을 다짐하면서 머리말의 문을 닫고자 한다.

2003년 7월 1일
용인 은리 계곡 窟居에서
仁山 원용희 씀

CONTENTS

 제1부 이미지 일반론

제1장 관광이미지의 기초 이해

제2장 한국의 이미지

제3장 관광지 이미지

제2부 연구사례

제3장 외국의 관광광고와 선전

제4장 호텔의 한국적 이미지 디자인(안)

제1부 이미지 일반론

제1장
관광이미지의 기초 이해

1. 문제의 제기

오늘날 관광도 현대인의 위락심리의 변화, 급격한 사회변화, 소비유형의 변화, 개개인의 가처분소득의 증대, 여가시간의 증가, 도로 교통조건의 발달, 매스커뮤니케이션의 발달로 인해 관광객을 창출할 수 있는 여건을 조성해주고 있다.

▲ 경복궁

관광은 세계인들의 상호 교류와 교감을 위해 인간적 향기가 풍겨나야 하며, 관광의 대상은 결국 한 국가의 하위문화(Sub-Culture)에 국한되는 것이 아니고 일국의 전체문화(Total-Culture)에 관계되므로 대개 타문화권간의 문화정보(Culture-Acculturation) 과정에서 야기되는 문화전파 또는 문화의식의 흐름이 쌍방적 흐름이 되도록 조화시키고 경제적·정치적·기술적·생태학적·사회문화적 측면에서 종합적으로 기획될 때 미래 관광은 만족스러운 결과를 낳게 될 것이다(손대현, 1986).

우리나라는 1988년 서울올림픽의 성공적 개최를 시작으로 2002년의 월드컵대회에 이르기까지 각종 국제적인 국가이벤트 행사를 계기로 전세계에 우리의 5천년 문화역량과 잠재력을 과시한 바 있어 우리나라를 상징화(이미지화)할 수 있는 관광자원으로 활용할 수 있는 절호의 기회를 맞이하고 있다.

일례로 오래 전부터 관광대국이라 볼 수 있는 스페인은 플라멩코(Flamenco)라는 민속춤과 종교축제로, 브라질은 리오축제로, 멕시코는 마야(Maya)문명의 유적지로 뚜렷한 관광이미지를 부각시키고 외래관광객 수요를 창출하고 있다.

본 책자의 목적은 우리나라 관광이미지 제고를 둘러싼 현상과 그 대안을 살펴보고자 하는 데에 그 주안점을 두고자 한다.

이미지란 무엇인가? – 우리를 상징하는 '핵심 캐릭터'

영미 이미지즘의 선구자 에즈라 파운드는 이미지를 "어떤 순간에 갑작스런 해방감을 주는 심리적 복합체"라고 말한다. 이 말을 풀이하면 우리는 어떤 캐릭터나 무늬를 볼 때 '아, 이것이 한국이고, 그 아름다움, 그 위대성이구나!'하는 느낌을 창출하는 그런 어떤 것을 의미한다. 얼마 전에 프랑스의 비평가가 "한국은 국제사회에 그 독특한 이미지가 없다"라고 말한 것을 기억한다. 국제사회는 캐릭터나 이미지로 먹고사는 사회이다. 이런 국제사회에 살면서 나라나 민족의 이미지 창출에 실패한다고 하는 것은 우리의 경제 발달을 저해하는 그 밑바탕의 요인이 될 수 있다.

문학이나 예술에 있어서는 이미지의 참신성을 가장 큰 장점으로 꼽는다. 가장 새로우면서도 희한하게 공감을 불러일으키는 표현이야말로 우리에게 '아!'하는 감탄을 자아내게 한다. 파운드 말대로라면 이런 표현이 '갑작스런 감정의 해방감'을 맛보게 한다.

▌이미지는 감각적·정서적 공감

옛 시인 한 분이 대동강에 올라 그 절경을 구경한다. 그리고는 대동강 누각에 덕지덕지 붙어 있는 풍경예찬 시들을 다 떼어내고 말았다고 한다. 이 아름다운 산수(山水)의 절경을 이 따위 많은 사설로 다 망쳐놓고 있다고 개탄한 것이다.

그 시인은 자신이 이 아름다운 정경을 그대로 담은 몇 마디 이미지를 끌어내고 말겠다고 결심했다.

그렇다. 이미지는 이 '몇 마디 이미지'가 제격이다. 복잡한 이미지는 그 의미를 궁리하게 하지, 보는 이에게 감동과 감각을 전하지 못한다. 이미지의 특성은 감각적이고 정서적 공감을 불러일으켜야 한다. 그 시인은 대동강의 절경을 써내려가기 시작했다.

"긴 성곽의 한쪽으로는 물로 굽이쳐 흐르고 큰 벌판 동쪽으로 점찍은 듯 산들이 놓였네…"

이 7언 절구의 묘도 만만치 않은 이미지이다. 막힐 듯('긴 성곽') 풀리고 ('물') 풀릴 듯('큰 벌판') 막힌('산들') 정경이 풀리다가 맺히는, 머물 듯 다시 풀어가는 우리 춤사위를 보듯 맛깔지다. 그러나 그 시인은 대동강의 풍경이 너무도 아름다워 자신의 시름도 다 담을 수 없음을 알았다. 시인은 그 대동강의 정경을 몇 마디로 담을 절구를 끌어내고 싶었던 것이다. 누가 그 시구를 보면 '아, 대동강이 바로 이거다!'라고 찬탄을 자아낼 그런 시구를 말이다. 시인은 그것을 얻기 어렵다는 걸 알았다. 어느 말로도 담아낼 수 없을 만큼 풍경이 너무 아름다웠던 때문이었다. 마침내 시인은 울면서 어둠이 내리는 대동강루를 떠났다고 한다.

이 시인은 꿈꾸었던 시구와 똑같은 이미지의 효과를 우리는 한 국가의 이미지 만들기에 기대할 수 있다.

■ 이미지는 만들어진다

이미지는 만들어진다. 그 풍경이 아름다워서 좋은 시나 이미지가 나오는 것은 아니다. 실제는 오히려 그 반대인 경우가 많다. 꽃을 보는 마음이 아름다워서 꽃이 아름답게 보이는 경우가 많다. 한 나라의 이미지를 갖고 그 나라를 방문했을 때 그 나라가 참으로 좋음을 반영한다. 따라서 이미지를 창출하지 못한 현대인이나 민족은 관광객을 유치하는 데도, 물건을 파는 데도 엄청 손해를 본다는 말이 된다.

프랑스 파리에서 사온 향수를 나쁘다고 할 사람이 몇이나 될까? 그것은 파리가 이미 예술의 도시, 향수의 고향으로 이미지가 만들어져 있기 때문이다. 미국 하면 '자유의 여신', 스페인 하면 '돈키호테' 혹은 '정열의 나라, 플라맹코', 네덜란드는 '꽃의 천국' 등 많은 문화국가는 나름대로의 이미지를 가지고 있다. 나라의 이미지는 순전히 그 나라 문화의 소산이다.

즉 자연의 소산이 아니라 인간에 의하여 만들어진 예술의 소산이라는 말이다.

남원에 가면 춘향이가 생각난다. 춘향이는 실제로 남원 태생이 아닐 수도 있다. 또 실제로 거기 그런 예쁜 여자가 살았다는 것도 허구(虛構)이다. 그러나 그 허구가 남원의 정신을 상징하고 있다. 한 민족, 한 고장의 정신을 대변하고 있다. 따라서 위대한 예술, 위대한 문화를 소지하지 못한 민족만 이미지가 없다.

바꾸어 말하면 세계에 내세울 만한 민족정신이 없다는 말이다. 우리 민족은 '돈키호테의 나라, 스페인'과 같은 우리 민족을 대표할 만한 세계적인 걸작이 없었다. 우리 민족의 경우는 지금부터 그 이미지를 만들어 홍보해야 될 처지인 것이다. 이미지는 만들어지는 것이기에 지금부터 만들어서 퍼뜨려도 늦지 않다. 그러기 위해서는 세계인들에게 이미 알려진 좋은 의미의 한국인 상(像)에 들어맞는 이미지를 창출해야 된다. 아무도 공감을 안 하면 처음부터 문제가 된다.

우선 세계인이 가장 많이 알고 있는 '태권도의 나라, 한국'이라는 이미지를 살릴 필요가 있다고 본다. 그러나 이건 너무 싸움쟁이 같아서 품위가 없어 보인다. 그 손에 부채를 쥐어주면 어떨까? 머리에 멋진 상모돌리기를 해도 좋다. 그러나 이것들이 너무 민속적이니 품격을 살릴 좋은 디자인이 필요하겠다. '홍익인간(弘益人間)'이라는 이념도 이 시대 세계인들에게 공감을 주는 우리의 모습이다.

아무튼 지나치게 복잡하거나, 한눈에 어필하지 않는 이미지는 실격이다. 시쳇말로 한눈에 "필(Feel)"이 와야 성공한다. 지구촌 소년소녀들이 누구나 하나씩 갖고 싶어하는 캐릭터가 좋다.

(자료 : 민용태, '이미지란 무엇인가', 이미지를 잡아야 세계를 잡는다, 국정홍보처, 2000, pp. 10~13)

2. 관광이미지의 정의

관광이미지란 무엇인가? 이를 정의하기에 앞서 이미지란 무엇이며 어떻게 형성되었는지 살펴볼 필요가 있다. 이미지란 주관적 지식이며 이같은 지식은 수신된 정보를 토대로 머릿속에서 유용한 단위나 카테고리로 정돈되고 조직된다고 한다(Boulding, 1956, pp. 7~8). 아커(Aker)는 이미지를 일련의 관련된 연상들의 집합이라고 정의하고 있다(Aker, 서울대학교 언론정보연구서 편, 1996, 재인용, p. 8). 즉, 이미지란 사람들이 어떤 대상에 대해서 경험한 여러 가지 정보를 종합해서 만들어낸 심상으로 볼 수 있다.

이미지는 부분적인 것이 아니라 총체적인 것이며, 구체적인 것이 아니라 추상적인 것이고, 일시적인 것이 아니라 연속적인 것이다. 그런 만큼 이미지가 갖는 힘은 크다. 이미지 속에는 그 이미지가 형성되기까지 투입된 수많은 지혜와 품성, 정신과 노력이 농축되어 있다. 그래서 이미지는 거짓말을 하지 않는다. 이미지가 거짓말을 하지 않는다는 것을 사람들이 알기 때문에 이미지 또는 이미지의 구체 표현이라고 할 브랜드를 사람들이 사는 것이다.

이미지는 오랜 시간을 두고 서서히 형성된다. 그리고 거기에는 유무형의 모든 요소들이 투영된다.

과거와 현재, 미래가 투영되고 땅과 사람, 정치와 경제, 사회, 문화, 인문지리와 과학기술, 그리고 종교가 투영된다. 이미지는 그래서 복합적인 것일 뿐더러 한번 고착된 이미지는 쉽게 바뀌지 않는다(국정홍보처, 2000 : 14).

이와 같이 이미지란 사람들이 어떤 대상에 대해서 경험한 여러 가지 정보를 종합해서 만들어 낸 심상으로 정의할 수 있다. 이미지를 형성하게 하는 정보에는 그 대상에 관련된 어떠한 정보도 모두 포함될 수 있지만, 사람들이 그 모든 정보를 이용하는 것은 아니며, 대부분 자신이 입수할 수 있는 한계 속에서 완전하지 않은 주관적이고 부분적인 정보를 통해 이미지를 형성하게 된다. 따라서 이미지는 대상의 있는 그대로의 모습과 동일한 것이 아닌 경우가 많고, 동일한 대상이라도 사람에 따라서 이미지가 다를 수 있다(국가이미지 전략, 1997.4 : 7).

이와 같은 이미지의 정의에 비추어 볼 때, 관광이미지는 다음과 같이 정의된다. 즉, 관광이미지는 관광이 이미지 형성의 대상이 되는 경우로서, 어떤 관광에 대하여 사람들이 갖는 다양한 정보를 바탕으로 다차원적인 속성으로 구성되는, 종합적이고 누적적인 심상이라고 할 수 있다.

이미지의 그리스어 어원은 아이콘, 에이돌론, 판타스마

이미지란 무엇인가? 그러나 이 질문을 던져 놓고 우리는 금방 딜레마에 빠져든다. 그것은 이미지가 그 어떤 대상(객관적 혹은 물질적)에 대한 개념적 혹은 추상적인 의미 규정과는 달리 대상을 구체적이고 감각적으로 재현해 낸 것이기 때문이다.

규정이나 논리에서 벗어나 있다고 여겨지는 것, 즉 우리의 현실 속 그 어느 곳에나 편재해 있어 통일된 의미 부여와 실체 파악이 불가능한 듯이 보이는 대상에 대해 의미 규정을 내려야 하는 어려움이 우리 앞에 놓여 있는 것이다.

게다가 이미지를 바라보고 인식하는 주체가 이미지에 대해 어떤 가치를 부여하느냐에 따라 이미지의 정의는 달라질 수밖에 없다는 어려움도 우리 앞에 놓여 있다.

또한 이미지의 발생·형성의 관점에서만 바라보아도 이미지는 수없이 다양해지며, 심리적·정신적 기층의 관점에서 이미지를 이해하느냐('심상'이라고 우리는 부른다).

우리의 눈앞에 하나의 객관적 실체로 드러난 대상을 이미지로 간주하느냐에 따라 이미지는 각기 다른 방식으로 다양해지기 마련이다. 실제로 이미지 연구와 관련된 학문 분야를 나열하더라도, 언어학, 수사학, 인식론, 형이상학, 신학, 예술사, 심리학, 정신분석학, 사회학 등 거의 전 분야에 걸쳐 있으며 이미지와 관계되는 용어들도, 기호 signe, 상징 symbole, 우의 allégorie, 메타포 métaphore, 엠블렘 embléme, 유형 type, 원형 archétype, 전형 prototype, 표상 schéme, 스케마 schéma, 도표 diagramme, 엔그램 engramme, 모노그램 monogramme, 형상 figure 등 각기 어원이 다른 표현들과 잔해 vestige, 흔적 trace, 초상 portrait, 인장 sceau, 각인 empreinte 등 그 표출 양상이 각기 다른 표현들로 현란하게 이루어져 있다. 너무나도 자명한 듯이 보이지만 실제로는 대단히 복합적으로 이루어져 있는 이미지라는 용어의 개념을 파악하기 위해 우선 어원적으로 그 뿌리를 살펴보기로 하자.

① 아이콘 Eikon, Icon : 이미지를 이해하는 핵심적 단어로서 어원적으로 닮음 resemblance 의 뜻을 갖는다. 그리스어에서 호머 이래로 시각적 경험을 표현하기 위해서 쓰였으며 실재 réalité를 닮은꼴로 재생해 내는 것을 의미하고 있다. 꿈속의 이미지 등 정신적 재현을 표현하는 데도 사용했고 초상화, 조각상 등 물리적 현실의 물질적 표현에도 사용하고 있다.

② 에이돌론 Eidolon : 모양, 형태를 의미하는 에이도스 Eidos로부터 파생된 용어로서 그 뿌리는 '본다'는 뜻의 바이드 weid이다. 에이돌론은 비가시적 현상 혹은 비현실과 굳게 맺어져 있어 때로는 거짓과 연관되기도 한다.

③ 판타스마 Phantasma : 의미상 에이돌론과 근접해 있으며, 빛나게 해서 보이게 한다는 파이노 phaino라는 동사에 뿌리를 둔다. 환영 vision, 꿈 songe, 유령 fantome의 뜻으로 쓰인다.

이미지의 그리스어 어원인 아이콘, 에이돌론, 판타스마 외에도 라틴어 어원인 이마고 Imago가 있지만, 그 용어는 오늘날의 이미지와 거의 동의어로 쓰인다. 이상에서 확인해 본 바와 같이 이미지는 가시적인 형태(동일어로는 독일어의 빌트 Bild와 게슈탈트 Gestalt, 영어의 그림 picture, 형상, 유형 pattern, 틀 frame 등이 그 예)를 지칭하는 경우와 비현실적이고 가상적인 것이며 존재하지 않는 것의 산물을 지칭하는 경우 등 그 의미 규정이 광범위하다는 것을 알 수 있다. 이미지가 어원적으로 지니고 있는 이러한 의미론적 가변성 때문에, 그 단어에 어떤 속성을 부여하느냐에 따라 이미지에 대한 정의와 이해의 방식이 달라지게 되는데, 그 범주는 크게 셋으로 분류할 수 있다.

첫째, 이미지가 모든 지각적 인상 immpression perceptive을 포괄하는 감각적 표현으로 간주되는 경우 : 이때 이미지는 대상이 부재해 있는 경우 그것을 재현해 내는 상상력의 활동에 국한되지 않고 우리의 감각적 직관이 작용한 모든 표현으로 확장된다. 있는 그대로의 대상에 주관적·직관적 인상이 가미되면 그것은 모두 이미지에 해당된다는 입장이다.

이는 스토아학파의 철학으로부터 현대의 경험심리학에 이르기까지 모든 지각이론 théorie de la perception에서 취하고 있는 입장으로서, 이미지-인상 L'image-impression은 인간의 정신에게 하나의 객관적 내용을 전달하는 모든 표현과 동일한 것이 된다.

둘째, 이미지가 단순히 감각적 표현에 국한되지 않고 보다 추상적인 관념의 표현으로까지 확장되는 경우 우리의 지적인 내용은 모두 구체적 경험으로부터 온다는 경험주의적 전통에서 취하고 있는 입장으로서 그 어떤 정신적 표현 속에도 감각적 요소는 들어 있기 마련이라고 생각하기 때문에 이미지와 관념이라는 용어가 혼용되어 사용되기도 한다(특히 18세기의 경험주의). 단지 그 이미지-관념이 최초의 인상이냐 아니면 성찰의 단계를 거친 것이냐의 구분만 있으면 될 뿐이다. 이 경우 이미지는 인간의 모든 지적 활동을 포괄하는 것이 된다.

셋째, 이미지라는 용어는 지각이나 개념과는 대립되는 제한된 경우로 사용하는 경우 : 이 경우 이미지는 기억에 의해 직관을(직관을 부재해 있는 경우) 고정시켜 놓은 표현, 상상력에 의해 그것을 변형시키는 표현들을 일컫는 것이 된다. 이미지는 현존하는 현실과의 정서적 접촉인 지각 perception과도 구분되며 경험적 요소 전체를 추상적으로 집약시킨 개념과도 구분된다. 혹은 달리 말한다면 순수한 지각과 지각된 사물에 대한 개념의 중간에 위치해 있다고 할 수 있다.

이렇듯 감각적인 것과 지적인 것 사이를 큰 폭으로 움직이는 이미지라는 용어를 정의 내리기는 정말로 쉽지 않다. 이미지라는 용어의 범주에 온갖 것을 다 포함시키려다가는 오히려 이미지 자체의 통일성을 잃고 그 함의를 역으로 빈약하게 만들어 버릴 위험이 있으며, 그렇다고 해서 이미지를 비현실적이고 가상적인 표현에만 국한시켜 버리는 것 또한 위험한 일이다. 하지만 이미지에 대한 정의와 이해의 폭이 넓고, 단순한 정의가 어렵다는 사실이 곧 이미지에 대한 성격 부여가 불가능하고 성찰 자체가 불가능하다는 것을 의미하는 것은 아니다. 이와 같은 대립적인 정의가 가능하다는 것은, 이미지 자체가 그 극단적인 입장들을 각기 인정하면서 그것들을 때로는 혼합시키고 때로는 대립시키면서 나름대로 폭넓은 성격을 지니고 있다는 것을 의미할 수도 있다. 요컨대 이미지는 하나의 학문적·의미론적·해석적·인식론적 고정틀을 가지고 있는 것이 아니라 그 모든 것을 연결해주는 구체적 직물로 존재하며, 그 구체성에 바로 이미지 존재의 핵심적 의미가 있고, 그 구체성이 바로 이미지의 편재성을 낳게 하는 것이다.

요약하면, 이미지는 우리의 직관에 나타나 있는 그대로의 객관적 실재로 환원시킬 수도 없고(이미지는 이미 그 무엇의 표현이므로 대상과는 거리를 지니며, 어떤 경우에는 대상 자체가 현실 내에 부재해 있을 수도 있다), 경험적 현실에 대한 추상적 개념, 사고(이미지라는 구체성이 결여된 추상적 사고, 추상적 개념은 불가능하다)로 환원시킬 수도 없다.

그러나 그 말이 이미지가 직관이나 개념화와는 무관한 또다른 영역으로 환원되어 설명될 수 있다는 뜻은 아니다. 다시 이야기하지만 이미지는 그 각기 상이해 보이는 입장·영역들을 연결시켜 줄 수 있는 매개체이면서, 또한 우리가 이 책을 통해 확인하게 되겠지만 그러한 입장·영역들을 낳는 원천이기도 하다. 그렇다면 우리는 이미지가 무엇인가를 알기 위해 이미지를 개념적으로 정의내리려 애쓰기보다는 그러한 광범위한 이미지의 영역을 구체적으로 탐사해 보는 것이 훨씬 유익한 방법이 될 것이다.

(자료 : 유평근·전형준, 이미지, 살림, 2001 : 21~26)

3. 이미지 성격과 이미지이론

1) 이미지의 성격

이미지는 크게 다음과 같은 성격을 가지고 있다(손대현, 1983 : 99).
① 공통성
② 독자성
③ 가변성

현재 행해지고 있는 각종 조사가 이 기본적 성격을 활용하고 파악된 사회, 기업이나 상품에 대한 인지의 측면으로서의 이미지를 가장 '가치가 높은 방향으로의 이해'를 추구하려 하고 있다.

2) 이미지 이론

현대의 이미지란 일방적으로 인간의 마음속에 그려져 있는 사람과 사물의 감각적 연상을 가리키며 주로 감각적인 것을 말한다.

실제로 이미지는 실험심리학·정신분석학·예술론·커뮤니케이션론·의미론·사회심리학 등의 여러 영역에서 각기 다른 관점에서 연구되어지고 있으며, 서로 다른 성격의 '이미지론'이 얼마간 존재하고 있다. 그러므로 일치된 견해를 얻는다는 것은 극히 어려운 문제라고 할 수 있겠다.

그러나 이미지를 어느 대상에 대한 평가로 연결하여 몇 가지의 방법으로 파악할 수 있다고 본다. 이런 관점에서 볼 때 많은 이미지론에도 공통성이 있는 부분이 많이 있으며 그것들을 정리하면 다음과 같다(유현덕, 1990 : 3~4).

① 이미지는 인간과 사물 등이 안고 있는 정서성을 포함한 주관적인 평가이다(예 : 좋다 ↔ 나쁘다).

② 이미지는 대상 그 자체를 나타내는 말과 대상의 상징이 되는 것 등에 따라서 상기되는 관념이나 사물의 총체이다(예 : 경상도의 경주 하면 무엇이 떠오르는가 등).

③ 이미지는 대상이 되는 여러 가지 특성 및 그들에 관한 정보에 따라 결정되는 것이기 때문에 어느 시대, 어느 사회의 일원과 공통성이 높은 것(관광은 정보의 영향이 특히 크다는 것 등이다).

④ 이미지는 개인의 내적인 정신작용의 산물로서 있기 때문에 본질적으로 개별성, 독자성이 있는 것이다(어떤 "느낌"이 드는가는 개개인의 자유이다).

⑤ 형성된 이미지는 행동경향을 어느 정도 규정하는 역할을 하고 특히 정보를 받아들이는 경우에는 '휠타'의 기능을 발휘하는 것이다(좋은 이미지를 안고 있는 대상에 대해서는 접근하려고 들며, 자신이 선호하고 있는 것을 지지하는 정보에는 관심이 높다).

⑥ 이미지는 '학습(경험)'과 '정보'에 따라 변화하는 것이다.

4. 관광이미지의 구성요소

관광이미지는 앞서 언급된 바와 같이 관광이 이미지 형성의 대상이 되는 경우로서 어떤 관광에 대하여 사람들이 가지고 있는 정보를 바탕으로 다차원적인 속성으로 구성되는 종합적이고 누적적으로 이루어진 심상이다.

이렇게 정의되는 관광이미지는 어떤 구조를 갖는가? 스코트(Scott, 1966)는 그의 연구에서 이미지는 대상이 가지고 있는 여러 가지의 속성들에 대한 인식들이 만나는 점에서 형성된다고 하였다. 즉, 관광이미지라고 하면 관광을 형성하고 잇는 스코트 경제, 사회, 문화 등의 속성들에 대한 다양한 인식들이 만나 형성되는 것이다. 아래의 [그림 Ⅰ-1]은 스코트(Scott)가 제시한 이미지 모형을 근거로 하여 변형시킨 관광이미지의 구조도이다.

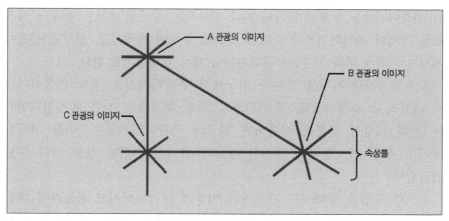

자료 : 국가이미지 홍보전략, 대홍기획, 1997, p.9.

[그림 I-1] 다차원 이미지 구조모형과 관광이미지

이하에서의 내용은 상기 보고서의 내용을 관광측면으로 변형시켜 설명한 것이다.

이때 관광이미지를 구성하는 요소들은 어떤 것인가? 관광이미지를 형성하는 중심적 속성은 대상이 되는 관광의 특성에 따라 달라진다. 예를들면 프랑스는 정치·경제 등의 속성보다는 문화라는 속성이 주로 고려되며, 일본은 경제라는 속성이 많이 고려되고 있다.

일례로 관광홍보를 위하여 한국의 관광이미지를 생각할 때에는 한국에 대한 이미지를 형성하는 해당 국가의 특징과 그 국가와 국민이 중요시하는 것은 어떤 것인가 하는 것이 고려되어야 한다. 왜냐하면 나라에 따라 한국의 이미지 형성시 고려되는 속성들의 종류와 수, 그리고 중요도가 달라지기 때문이다.

관광이미지 형성의 대상과 관광이미지 형성자에 따라 관광이미지를 형성하는 속성들의 종류와 수는 다르지만, 관광이미지 형성에 고려되는 다양한 속성의 종류는 일반적으로 몇 개의 차원으로 정리될 수 있다. 예를 들어, 관광을 생각하거나 평가할 때 사용하는 경제, 사회, 문화, 자연환경, 국민성 등등이 그것이다.

관광이미지를 형성하는 속성의 종류와 수는 이미지 대상지와 이미지 형성자에 따라서 달라지기 때문에 이미지 대상지의 특성이 변화하거나, 이미지 형성자가 변화하면 역시 속성의 종류와 수는 변화한다. 따라서 한 지역의 관광이미지는 상황의 변화에 따라 변화하는 속성을 가지고 있다. 구체적으로 지역의 관광이미지가 어떠한 경로를 통하여 형성되고, 형성된 관광이미지가 어떻게 변화하는지에 대하여는 뒤에서 살펴보기로 한다.

기존의 관광이미지를 조사한 연구에서 관광이미지는 주로 연상이미지로 질문되고 측정되었다. 즉, "관광지 하면 떠오르는 것은 무엇입니까?"는 등의 개방형 질문을 사용하면 한국의 관광이미지로는 "어떠 어떠한 국가", "무엇" 등 한국과 관련된 평가와 한국과 관련된 사물 등이 주로 언급된다.

이러한 응답을 통해서는 관광지가 어떻게 지각되어지고 있는가에 대하여 구체적인 평가는 얻어질 수 있으나, 전 세계의 사람들을 대상으로 관광홍보전략을 수립하는 데 있어서는 장·단기적이며 구체적인 방향을 제시해 주지는 못하였다.

여기에서는 기존의 연구들의 결과들을 바탕으로 관광이미지를 몇 개의 대표적인 차원으로 구분할 것이다. 즉, 기존의 연구에서 개방형 질문에 대한 응답으로 도출된 관광에 대한 평가적 문장 혹은 연상물 등을 공통의 속성을 가진 차원으로 군집화시켜서 그 분류된 차원들이 관광의 이미지로 언급된 모든 사항을 포괄하고, 차원간에는 상호 배타적인 특성을 가질 수 있도록 구성하였다.

이와 같은 방식으로 차원을 구분하여 관광이미지를 파악하게 되면 여러 가지의 시사점을 얻을 수 있을 것이다.

연상으로 얻어진 관광이미지는 현재 관광이미지가 어떠하다라는 상황을 파악하기는 쉽지만, 다양한 응답자들에 의하여 다양한 형태의 이미지가 관광이미지의 요약된 형태로 제시되기 어렵기 때문에 이를 다시 정리하여 통합할 필요가 있으며, 이의 한가지 형태가 위에서 제시한 방법이 될 것이다. 이렇게 몇 개의 차원으로 구분된 관광이미지를 통해서는 관광홍보대상 방안에서 각각 얼마큼의 중요도를 가지고 있으며, 홍보하려는 관광의 각각의 차원에 대하여 어떻게 평가하고 있는가가 측정될 수 있으며, 이는 곧 현재의 관광이미지가 어떤 구조로 이루어지고 있는가를 파악할 수 있게 되는 것을 뜻한다.

즉, 관광이미지를 차원으로 구분하여 파악하면, 현재 관광홍보대상 영역에서 중요시하는 차원은 어떤 것인가를 알게 되고, 이는 곧 그 관광홍보대상 영역에서 그 차원에 대해서 중심적으로 홍보활동을 펴는 것이 더욱 효과적일 것을 의미한다. 또한 관광이미지를 몇 개의 차원으로 구분하게 되면, 관광홍보대상 영역에서 홍보하려는 지역이나 상품의 현재의 관광이미지와 바람직한 이상적인 관광이미지를 파악할 수 있게 되고, 이는 관광이미지 홍보전략의 수립시에도 관광이미지 홍보의 방향과 장·단기적인 우선순위를 파악할 수 있게 될 것이다.

여기서 관광이미지의 장기적 방향이란 우리나라가 이상적인 관광지라고 인식하게 되어 해당지역과 좋은 관계를 맺기를 바라며, 좋은 관계를 유지하도록 하게 되는 것이며, 단기적인 방향은 현재의 관광지에 대한 관광이미지가 실제의 관광지를 제대로 인식한 결과이게 하는 것이다. 따라서 장기적 방향에서 고려되어야 하는 것과 단기적 방향에서 고려되어야 하는 것은 관광지가 현재 어떻게 인지되고 평가되는지에 따라서 달라질 수 있다. 본 책자에서는 구체적인 관광이미지 홍보전략을 수립하기 위하여 위의 사항들을 파악할 수 있는 조사의 틀을 제시하고, 이를 분석하고자 한다. 분석의 내용은 다음과 같다.

① 관광이미지를 구성하고 있는 요소는 국민성, 문화, 전체, 자연경관 등으로 구분된다.
② 효과적인 관광이미지 홍보전략의 수립을 위하여 관광이미지 각 차원에 대하여 홍보대상지역의 주민으로 하여금 그 지역의 각 차원을 평가하게 한다.
③ 관광홍보 대상지에서 관광이미지 개별 구성요소들에 대한 가중치를 조사하였다. 가중치는 이상적인 관광지를 응답하게 하고 그 이유를 조사함으로써 파악한다.
④ 가중치를 고려하여 관광이미지 구성요소들 각각에 대하여 이상적 이미지와 실제적 이미지와의 차이를 조사한다.

위에서 언급된 분석내용의 구체적인 조사는 <표 I-1>과 같이 이루어졌다.

〈표 I-1〉 관광이미지 구성요소

구분	내용					비고
	이상적 이미지	−	실제의 이미지	=	gap	
경제	(가중치 × 7)	−	(가중치 × 평가)	=		
국민성	(가중치 × 7)	−	(가중치 × 평가)	=		
자연경관	(가중치 × 7)	−	(가중치 × 평가)	=		
사회구조	(가중치 × 7)	−	(가중치 × 평가)	=		
문화	(가중치 × 7)	−	(가중치 × 평가)	=		
전반적 평판	(가중치 × 7)	−	(가중치 × 평가)	=		

차원에 대한 평가는 전체 13항목으로 구성하여 측정할 수가 있으며, 이를 다시 위에서 보듯 6개의 항목으로 통합·분류할 수 있다. 13개의 항목은 경제발전, 산업화, 기술수준, 사회안정, 민주화, 자연경관, 역사·전통, 문화발전, 국민 신뢰성, 친절성, 개인적 친근감, 세계적 평판, 전반적 신뢰 등이다.

① NI=각 차원의 가중치를 감안한 차원별 평가의 합(NI=관광이미지)
② 각 차원별 가중치는 관광지에 따라 다르다.
③ 각 차원별 가중치의 도출 : 이상적 관광지의 선택 이유 빈도수의 백분율
④ 각 차원별 평가(7점 척도)
⑤ 관광이미지는 이상적 관광이미지와 실제의 관광이미지로 나눌 수 있다. 따라서
⑥ 이상적 관광이미지 NI(i)=(각 차원별 가중치×7)의 합
⑦ 실제의 관광이미지 NI(p)=(각 차원별 가중치×실제의 평가치)의 합
⑧ 관광이미지 전략은 gap 분석을 통해 그 중요 차원이 도출될 수 있다.
⑨ gap=NI(i)−NI(p)

관광지에 따라 관광이미지 구성 차원에 대한 가중치가 다르며, 해당 지역에 대한 관광이미지 구성차원별 평가가 다르다. 따라서 관광지에 따라 차원별 GAP가 다르며, 특히 중요시해야 하는 차원이 다르다.

5. 관광이미지 형성

관광이미지는 여러 가지 매체를 통해서 전달된 정보에 의해서 형성되며, 관광대상의 모두가 이미지 형성대상이 될 수 있지만, 실제로 그 대상

에 대해서 균등하게 형성될 수는 없다. 또한 사람들이 갖고 있는 여러 가지 관광욕구 속의 중심적인 욕구의 충족과 관련있는 것이 이미지의 대상이 되기 쉽다. 관광은 투자에 대한 유형적 보상이 없이 경험 및 서비스 환상 등을 구매한다면, 관광대상은 일상 생활권으로부터 떨어져 있기 때문에 관광자의 관광대상자의 이동을 전제로 하는 사실 때문에 불확실성 요소를 갖게 되며, 관광정보 원천에 많이 의존하게 된다. 이러한 사실은 관광지에 대한 올바른 인식보다 광고와 판촉을 통한 기대심에 대한 변수 등이 작용하여 잘못된 이미지를 형성하게 된다(유현덕, 1990 : 6).

더욱이 동일한 대상에 대해서도 사람은 저마다 다른 관광이미지를 가지게 되는데, 이는 사람마다 생활가치, 경험 내지 배경, 그리고 욕구 등이 다르기 때문이다. 이러한 가치, 경험, 욕구 등은 개인이 지각하고 생각하고 느끼는 심리적 과정에 영향을 주며, 이에 따라 개개인은 동일한 대상에 대하여 저마다 다른 관광이미지를 형성하게 되는 것이다([그림 I-2] 참조).

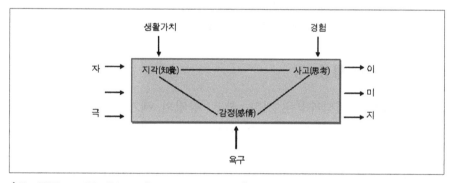

자료 : Williams J.E. Crissy, "Image : What is It." MSU Business Topics, 1971, p. 78.

[그림 I-2] 이미지의 형성과정

1) 관광이미지 형성의 영향요인

관광이미지 형성에 미치는 요인으로 다음의 3가지가 있다.

① 생활가치(life value)

개인의 생활가치(해야 한다-해서는 안된다, 좋다-나쁘다, 옳다-그르다)는 비교적 조기에 형성되며, 오랜 기간 동안 안정적으로 유지된다. 가치

는 잠정적인 것으로서 그 사람의 태도와 선택을 관찰하고 추론함으로써
명백해진다. 어떤 관광지나 상품, 상표 등이 개인의 생활영역의 특정부분
과 관련을 맺게 되면 개인의 가치체계는 이에 대하여 좋다-나쁘다의 관
광이미지를 형성하는데 결정적인 영향을 미친다.

② 경험(experience)

자신의 경험은 물론 타인의 경험을 전해들음으로써도 대상에 관광이미
지를 형성하게 된다. 그런데 오늘날 매스컴의 급격한 발달은 우리의 생
활환경을 무한히 확대시키고 있다. 이 때문에 우리들 인간이 직접 경험
할 수 있는 범위는 상대적으로 줄어드는 관계로, 정보를 통한 간접적 경
험이 더 중요한 영향을 미친다. 이렇게 되면 공중이 관광이미지에 미치
는 영향은 직접적 경험으로부터 정보를 통한 간접적 경험으로 이동된다.

③ 욕구(need)

대상과 관련하여 개인이 갖는 욕구의 만족 또는 불만족이 어떤 대상에
대한 관광이미지의 형성에 영향을 미친다.

2) 관광이미지의 형성과정

관광이미지의 형성과정은 지각, 사고, 감정의 세가지 기본적인 심리적
과정의 상호작용을 통하여 이루어진다. 이들의 3과정의 내용을 살펴보면
아래와 같다(Crissy, 1971).

지각과정(perception process)은 인간이 환경에 대하여 의미를 부여하
는 과정이다. 이 과정은 주관적이며 선택적으로 이루어지기 때문에 동일
한 대상에 대하여 다른 의미를 부여하게 되는 것이다. 이에 따라 저마다
다르게 지각하게 되고 지각상의 차이도 발생하게 된다.

사고과정(thinking process)에는 과거와 관련된 기억과 현재의 지각이
라는 두 가지 투입요소가 있다. 사고는 이들 요소들을 혼합한 것이다. 이
러한 점에서 어떤 대상에 대하여 개인이 갖는 관광이미지는 과거의 기억
과 현재의 지각이 혼합되어 형성되는 것이다.

감정과정(feeling process)은 지각과 사고이전의 감정에 의하여 반응하
는 과정이다. 감정적 반응은 확장효과(expansion effect)를 갖는다. 즉 어

떤 상품에 대해서 좋지 않은 경험을 한 사람은 그 관광지나 상품은 물론 동회사의 다른 상품까지도 구매하지 않게 되고, 그 관광지나 기업자체를 비우호적인 관점에서 보기도 한다. 이와 같은 대상에 대한 감정은 좋은 관광이미지와 나쁜 관광이미지의 형성과 직접적으로 관련된다.

3) 관광기업이미지에 영향을 미치는 요인

관광기업이미지는 조직의 구성원인 직원 한 사람 한 사람의 용모와 첫인상, 행동이 하나로 결집된 고객의 느낌이다. 이외에도 기업시설이나 장비 등의 분야는 조직 내부의 계층별 의사결정과정을 거쳐 집행되는 분야로 포괄적인 관광이미지를 형성한다.

이런 의미에서 관광이미지는 조직의 구성원 개개인이 분담하는 분야와 의사결정과정을 포함한 경영주체가 분담하는 분야로 살펴볼 수 있다. 전자는 주로 교육훈련을 통한 자질의 향상이 주된 관리영역인데 비하여, 후자는 수익적 또는 자본적인 지출이 소요되는 경영정책적 영역에 속한다.

관광조직의 기본적 요소인 개인과 개인이 결합되어 기업의 인적 집단을 구성하는 점에서 개인의 형태를 가장 중요한 덕목으로 삼아야 한다.

그 이유로써 기업의 인적 집단을 구성하는 개개인은 결국 관광객을 위해서 존재하고 그 관광객 서비스에 만족할 때 좋은 이미지를 가지는데 있다. 개인의 형태인 용모나 복장, 언행이나 태도 등을 포함한 매너에서 나타나는 이미지는 집단이미지 곧 조직 전체 이미지를 형성하게 된다.

이러한 개인의 형태를 변화시키기 위해서는 건전한 조직문화의 창출이 대단히 중요하다. 조직체는 저마다 알맞은 조직체계를 가지고 있으며 많은 부서로 구성되어 있다.

그러나 실제 직원이 충원되고 업무가 분담되면 조직의 의도와는 다른 조직형태가 나타나며 때에 따라서는 독불장군인 사람(개인)도 나오게 되어 직능을 초월한 종횡의 영향을 미친다. 그런 과정에서 조직은 변형되고 문제를 만드는 부문과 문제를 해결하는 부문이 나오는데, 그 가운데 끼어 있는 사람들의 형태는 조직의 변화에 크게 영향을 받는다.

문화란 사회를 구성하고 있는 가치관과 신념, 이념과 습관, 그리고 지식과 기술 등을 총칭하는 것으로서 그 문화권에 속한 구성원들의 행동에 영향을 주는 중요한 요소로 인식되고 있다.

조직문화는 조직구성원에 대한 문화를 조직을 이끄는 동인(動因)이라고 말할 수 있으며, 조직의 밑바닥에 흐르고 있는 정신적인 배경이라고도 볼 수 있다. 또한 조직문화는 구성원들의 사고와 행동에 방향과 힘을 주는 바탕으로 조직구성원을 결합시키고 그들의 직장생활의 의미를 부여해주며 그들의 행동을 결정하는 중요한 요소가 된다.

그렇기 때문에 조직문화는 강하든 약하든, 긍정적이든 부정적이든 조직전체에 커다란 영향을 미치며, 그 결과에 조직의 성패가 좌우된다고 믿는다.

관광조직의 설정한 경영목표는 그 목표를 위한 경영정책이 있고 이를 뒷받침할 일관성 있고 통일된 경영층의 형태가 있어야 한다.

관광기업이 경제성과 효율성을 높여 조직의 직원에게 좋은 동기와 사기를 주며, 나아가서는 그 기업이 직원 개개인의 소유와 같은 애착심을 가졌을 때 직원의 형태는 이상에 가까운 것이라 할 수 있다. 그러나 이러한 상태에 이르지 못하면 여러 가지 많은 장애가 생길 것이나, 그것을 돌파하느라 못하느냐에 관광기업조직의 성패가 좌우된다고 할 수 있다.

여기서 가장 중요한 것이 개인의 목표와 조직목표와의 상관관계이다. 인간형태의 한 요소인 성취욕구는 누구나 갖고 있는데, 그 욕구를 자기가 속한 조직에서 달성할 수 있거나 달성 가능성의 정도에 따라 개개인은 그가 속한 조직에 대한 기여도나 자발적인 형태가 크게 변화를 가져온다고 한다. 개인목표와 조직목표와의 관계에 있어 세 가지 유형의 인간형으로 분류할 수 있다.

첫째가 조직의 목표와 개인의 목표가 일치하는 이상형, 둘째는 조직의 목표보다는 개인의 목표가 우선하는 개인목표 우선형, 셋째는 개인의 목표와 조직의 목표와는 별개인 동상이몽형이다. 조직의 발전을 통하지 않고는 개인의 발전이 뒤따르지 않는다는 현실적인 인식을 바탕으로 한 새로운 조직문화의 형성이 새로운 과제이다.

따라서 조직목표 중 관광객 만족의 서비스는 결국 조직문화적 바탕 위에 조직구성원의 의식변화가 선행되어야 한다. 이제 관광객 만족의 서비스는 아는 것이 중요한 것이 아니라 실천만이 중요하다는 것을 행동으로 실증하는 것이 바로 인적서비스로 비계량적인 목표의 핵심이다[그림 I-3] 참조).

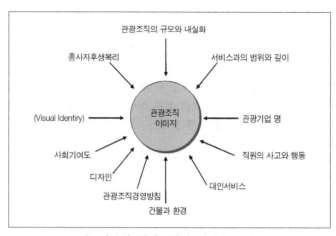

[그림 I-3] 관광조직의 이미지 요인

이렇듯이 공급자측의 정보가 관광마케팅과 미디어를 통해서, 혹은 이전의 경험이나 다른 소비자의 의견을 통해 전달되어, 이것이 동기나 사회경제적 특성과 서로 어울려 지각 혹은 관광이미지가 형성되는 것이다([그림 I-4] 참조).

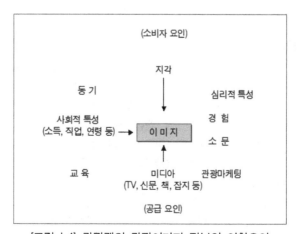

[그림 I-4] 관광객의 관광이미지 정보의 영향요인

더욱 중요한 것은 관광자가 상품으로서 구한 관광지 현지까지 가지 않는 한 진짜 좋은지 나쁜지의 판별은 하기 어렵기 때문에 관광행동은 이미지에 따라 좌우되기 쉬운 행동이 되고 있다.

국가이미지의 형성(연구사례)

국가이미지 형성에는 사람들이 접할 수 있는 여러 가지 매체 경로가 존재하는데, 그 경로를 크게 사람들끼리 직접적인 접촉을 통해 이루어지는 대인적 접촉과 상품과 서비스를 통한 접촉 그리고 대중매체를 통한 접촉의 3가지로 구분해 볼 수 있다.

문화간 접촉과 국가이미지 형성 모형(박기순, 1996)

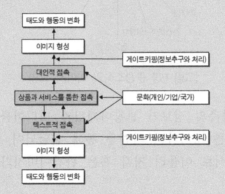

이 매체 경로에 따른 국가이미지 형성 모델에서는 다음과 같이 그 과정을 설명한다.

▌대인적 접촉

대인접촉 매체가 국가이미지 형성에 영향을 미치는 경우는 유학생, 교포, 관광객, 기업인 등 외국 사람들과 직접적으로 부딪혀서 이미지를 갖게 되는 경우이다.

미연방이민국의 최근 자료에 따르면 1994년도 학생비자를 받아 미국에 입국한 한국 유학생과 부양가족수는 모두 45,431명으로 전년 대비 약 57.5%나 증가한 것으로 나타났는데(한국일보, 1996년 5월 15일자), 이들 가운데 일부 소수의 탈선행위나 학생신분에 맞지 않는 과소비, 마약 사용 등의 부정적 실태가 미국 언론에 보도되어 한국의 국가 이미지를 실추시키고 있다.

그리고 미국 교포 자녀 중에서 현재 한인 갱단과 연관되어 있는 것으로 보고되고 있는 인원은 약 2,000명이나 된다고 미연방수사국(FBI)의 보고서는 밝히고 있다(한국일보, 1996년 6월 23일자). 특히 미국의 경우 교포들과 현지 흑인 사이의 갈등이 문제가 되고 있는데, 이것은 교포들이 부지런히 일하여 흑인 거주지역 내에서 부를 축적하기는 하지만 흑인 거주 지역사회에 대한 기여가 부족한 현상에서 오는 갈등이라고 할 것이다.

이러한 갈등이 폭발한 1992년 LA폭동은 최악의 인종갈등현상 중 하나일 것이다. 이 LA폭동 이후 한인교포들과 흑인 여론지도자들 사이에 교류가 늘어난 것은 이러한 갈등관리 차원에서 바람직한 일이라고 할 것이다.

또한 한국인 관광객들의 졸부의식에서 비롯된 외국상품에 대한 소위 싹쓸이 쇼핑관광, 호화 골프관광, 특히 얼마 전 국내 뉴스에 보도되어 문제가 되기도 했었던 태국, 중국, 기타 동남아에서의 섹스·보신관광 추태 등 국가이미지 형성 및 변화에 대인적 접촉의 부정적인 모습이 얼마나 큰 영향을 주는지를 우리는 쉽게 확인할 수 있다.

그러나 직접적인 대인접촉이 이렇게 부정적인 영향만을 주는 것은 아니다. 88년 서울 올림픽에 참가했던 선수단이나 관광객들은 한국의 발전상에 놀라 기존의 한국의 이미지를 크게 변화시키고 귀국했던 예도 있기 때문이다.

그들은 한국 사람들과의 접촉에서 친절함을 느끼고 올림픽 준비에 만전을 다했던 한국인들에 대한 깊은 인상을 받았기 때문이었다. 대인접촉은 변화를 가장 확실하게 이끌어낼 수 있는 강력한 매체라는 점에서 중요하게 다루어져야 한다.

Rogers(1995)는 그의 개혁확산이론에서 개혁을 전파하기 위한 매체로서 초기에 정보를 전달하는 데에는 동시에 많은 대중들을 상대로 정보를 비교적 저렴한 비용으로 전달할 수 있는 매스미디어를 이용하는 것이 좋고, 후에 행동을 변화시켜 개혁을 채택하게 하는 데에는 주변 사람들의 권고와 같은 대인매체가 적합하다는 제안을 한 바 있는데, 국가이미지를 변화시키는 데 있어서 특히 해외여행이 일반화된 지금 대인접촉의 중요성을 다시금 인식해야 할 것이다.

▌ 상품과 서비스를 통한 접촉

상품과 서비스를 통한 접촉에서 국가이미지의 문제는 다른 어떤 것보다 중요하다. 소위 'Made-in' 효과는 아주 강력한 것으로 파악되고 있다. 과거 사회주의 국가에서 햄버거와 콜라, 그리고 팝송의 유입을 막았던 것이나, 얼마 전 한국의 라면봉지를 보고 월남을 결심했던 북한 주민, 벤츠 승용차를 보고 독일에 대한 이미지를 갖는 것 등 여러 가지 사례들을 쉽게 생각해 볼 수 있다.

이런 상품과 서비스를 통한 접촉은 WTO 체제로 교역질서가 변화되면서 법적·문화적·언어적 장애를 극복하고 보다 쉽게 이루어질 수 있는 여건이 마련되었기 때문에 특히 우리나라와 같이 수출지향적인 국가에서는 상품과 서비스를 통한 접촉의 중요성은 각별하다고 할 수 있다.

상품과 서비스를 통한 접촉은 이데올로기적으로 민감한 문제를 만들어 내기도 한다. 과거 구 소련이나 중국 등 사회주의 국가에서 햄버거와 콜라를 금했던 것도 상품과 서비스가 갖는 이데올로기적 속성을 두려워했기 때문이다. 사회주의 국가의 국민들이 햄버거와 콜라에서 물질적으로 풍부한 서방국가의 이미지를 갖고 서방세계를 동경하게 되는 것이 통치자들에게 부담이 된 것이다.

이런 사실에 대해 일부 대중문화 연구자들은 구 소련을 무너뜨린 것은 햄버거와 콜라이지 정치상황에 의한 것이 아니라는 주장을 하기도 하였다.

현재 아프리카나 남미시장에서 한국 TV가 인기라는 등의 뉴스기사는 이들 국가에서 상품접촉으로 인한 국가 이미지 형성이라는 차원에서 의미가 있는 현상이 된다.

▌ 텍스트적 접촉

텍스트를 통해 전달되는 국가이미지에는 해외 각종 기사, 보도 및 영화, 광고 등 대중 문화의 메시지, 그리고 각국 교육 관련서적의 내용을 분석함으로써 측정할 수 있는데, 특히 대중매체를 통해 전달되는 국가이미지는 대중매체의 속성에 따라서 실제 사실과 달라질 수밖에 없다. 실제 세계의 사람들이 머리 속에 갖고 있는 세계의 모습이 상이 한 것이므로 대중 매체가 그리는 세계는 대중매체 종사자들이 인식한 세계일 뿐 실제 세계는 될 수 없다. 특히 TV와 같이 보다 쇼킹하게 화면을 구성하려는 데서 빚어지는 현실 왜곡현상에서 보듯이 현재의 대중매체가 갖고 있는 특별한 문법이나 특성에 따라서 그 매체를 접한 사람들이 갖게 되는 사물에 대한 이미지는 달라질 수밖에 없다. 더구나 대중매체는 마감시간이라는 것이 있어서 시간이 촉박하면 완벽하게 취재가 되어 있지 않다고 하더라도 기존의 비슷한 사건의 틀을 참고로 미리 틀을 짜놓고 보도를 내게 되는데, 이러한 과정에서 왜곡이 일어나기도 한다.

대중매체를 통한 접촉에서 문제가 되는 점은 대중 매체를 통해 전달된 왜곡되고 충분하지 못한 일부분의 지식이 전체에 투사되어 스테레오 타입화된 국가이미지가 형성된 다는 것이다. Himmelweit와 그의 동료들(1958)은 아이들에게 텔레비전이 다른 사람들에 관한 스테레오 타입화된 개념을 심어줄 수 있다는 연구결과를 발표한 바 있다.

여기서 프랑스 사람들을 즐겁고 위트 있는 사람들로 묘사한 텔레비전 방송을 시청하는 아이들은 프랑스 사람들을 그들이 텔레비전에서 본대로 카바레의 예술가처럼 생각하고, 독일인들을 오만하고 무례한 사람들로 묘사한 텔레비전을 본 아이들은 독일인들을 대부분 나찌의 이미지와 연결시키는 경향을 보인다고 하였다. 이들 주장의 결론은 다른 정보원이 없을 경우에 외국의 이미지 형성에 미치는 매스 미디어의 영향력은 매우 크다는 것이다.

▌ 국가이미지의 변화

개인 수용자에게 있어서 국가이미지가 변화되는 과정은 일반 정보처리과정을 통해서 설명할 수 있다. 여기에서는 Donohew(1973)의 정보추구 회피 및 처리과정 모형을 통해서 국가이미지의 변화를 설명해 보도록 한다.

어떤 국가에 관련된 정보가 유입이 되면 일단 정보 수용자는 그 정보가 관심을 가질만한 것인지 아닌지 선별하는 과정에 접하게 된다. 관심 여부는 정보수용자의 직업, 소득, 성별, 취미 등 수용자가 갖고 있는 특성에 따라 결정된다. 만약 관심이 있는 것이라면 그 정보를 이해하는 단계로 진전하게 된다.

다음으로는 후에 그 나라와 관계되거나 혹은 지금과 유사한 정보와 접촉할 때 기준으로 사용하기 위해 저장하면서 그 정보를 토대로 그 대상에 대한 이미지를 형성하게 된다. 그런데 이때 이미 기존의 정보와 그에 따른 국가이미지를 갖고 있는 사람이라면 기존에 자신이 보유하고 있는 그 국가에 관한 이미지 정보와 새로운 이미지 정보를 비교하여 새로운 정보를 받아들일 것인지 거부할 것인지 결정하여야 한다. 새로운 이미지 정보가 갖고 있는 방향성이 기존 이미지 정보와 일치하는 경우와 만약 새로운 이미지 정보가 기존 이미지 정보와 방향성으로는 반대되더라도 정보수용자의 현상황에서 필요한 정보일 경우 새로운 이미지 정보가 선택될 가능성은 높아진다.

이런 선별과정을 거쳐 새로운 이미지 정보를 받아들이기로 선택한다면 관련된 추가 정보를 요구하거나 현재 입수된 정보를 바탕으로 하여 기존의 국가이미지를 수정하거나 기존의 이미지를 강화하게 된다. 일반적으로 기존의 국가이미지에 맞는 정보가 잘 수용되기 때문에 대개는 기존의 국가이미지를 강화하는 결과를 낳을 확률이 높다.

새로운 정보가 기존 정보와 방향적으로 반대되는 정보라면 거부될 가능성이 높은데, 만약 거부되면 수정과정이 여기서 중지되어 기존의 국가이미지가 유지된다. 만약 이미지가 수정된다면 수정된 이미지는 이후에 다시 강력한 정보가 입수되어 수정되지 않는 한 유지된다.

(자료 : 국가이미지 홍보전략, 대홍기획, 1997, pp.15~20)

6. 관광이미지의 역할과 기능

제품이나 서비스, 기업, 여행수단, 방문지, 국가나 사람에 대해 관광객이 가지는 정신적 영상인 이미지는 여행기회의 대안 중에서 선택할 때 강하게 영향을 끼친다. 이 선택과정의 영향은 이미지와 함께 숙고되어지는 다른 고려사항 즉 비용, 이용시간, 타인으로부터의 조언, 뉴스나 광고매체로부터 정보 및 여행사에 의한 권고 등에 매우 강력하게 소구된다. 또한 관광이미지는 현재 및 잠재 관광객에 의해 인지되는 국가이미지로서 정의되기도 한다(유현덕, 1990 : 7).

관광행동에 있어서 이미지의 역할과 기능을 살펴보면 다음과 같다(前田大森, 1980 : 71~82).

① 관광에 대한 이미지는 실제까지 지속되기 쉽다.

② 호감이 가는 이미지는 정보모집과 그곳을 방문하려는 활동을 촉진시킨다.

③ 형성된 이미지는 대상지에 대한 기대로 된다.

④ 기대는 평가에 영향을 준다.

⑤ 관광지 숙박시설에 대한 지식경험의 정도에 따라 이미지의 영향은 달라진다.

⑥ 다섯번째와 관련하여 목적지 우위형(특정대상지로 어쨌든 가는 것을 주된 동기로 하는 타입)이 관광지 이미지의 영향을 가장 받기 쉽다.

이미지의 역할은 관광객의 선택과 행동을 유발하는 데 있다. 모든 사람은 관광지의 선택을 유도케 하는 일련의 이상적이거나 정서적 동기를 가지고 있으며 순서상 이미지는 욕구나 동기보다 우선적이며 상위에 있다. 이때의 이미지는 사전 이미지(before-image)이다.

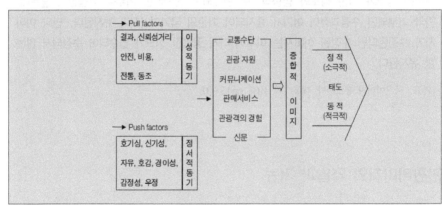

자료 : 손대현, 관광마케팅론, 일신사, 1985, p. 190.

[그림 I-5] 이미지 현상의 도표

[그림 I-5]에서 보는 바와 같이 동기에 있어 정서적 동기는 추진요소 (push factor)이고 이성적 동기는 유인요소(pull factor)라고 할 수 있는데, 전자는 관광객의 사회심미적인 동인을 취급하며, 후자는 관광객 자신의 내적인 상황에서 동기가 유발된다기보다 목적지의 특수한 유인성에 의해 동인된다(Dann, 1981 : 408~423). 동기의 종합은 이미지 발생축과 조합되어 부분적 이미지(on-image)가 형성되면 나중에 총체적 이미지 (after-image)가 탄생되어 태도가 결정, 급기야 관광행동이 유발된다. 이

를 다시 정리하면 [그림 I-6]과 같다.

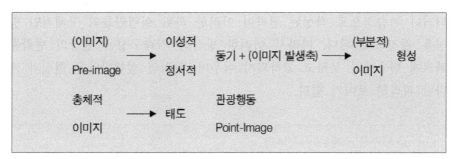

자료 : 손대현, 관광 마케팅론, p.191.

[그림 I-6] 이미지 현상의 정서화

7. 전략적인 관광이미지 방안(연구사례)

관광객이 갖는 우리나라의 관광이미지는 해당 관광지와 관광지와의 특수한 관계, 특정한 이슈의 발생, 문화의 차이 등에 따라서 관광지마다 각기 다른 특성을 갖고 나타날 수 있다. 이러한 점은 관광이미지 제고를 위한 과정이 구체적이지 못한 전략적 틀을 통한 하향적인 지침 전달로써는 성공적으로 이루어질 수 없다는 것을 시사하고 있다.

결론을 먼저 말하자면, 관광지의 다양한 특성이나 문화, 현재의 사정, 그리고 우리나라에 대한 인식 등을 파악하기 전에는 구체적인 전략의 과정이 형성되어서는 안된다. 하나하나의 구체적인 실행안이 효과적인 결과를 맺기 위해서는 전략 구성단계부터 외부로부터(outside-in) 그리고 상향적으로(bottom-up) 접근하는 것이 바람직하다.

이 부분에서는 관광이미지 전략에서 이러한 두 가지 전략 구성의 접근방식이 실제로 어떠한 이점을 가질 것인가 하는 점을 살펴보도록 한다. 먼저 상향식 전략구성에 대해 설명해 보면 다음과 같다.

조직과정에서 보다 일상적이고 전통적인 전략구성 방법은 하향식(top-down) 과정이라고 볼 수 있다. 하향식 전략화과정은 상위목표를 먼저 설정하고 이것이 다음 수준에서의 활동에 대한 지침을 제공하게 되는 방식을 의미한다.

이 과정에서 하위 실행안들은 그것이 무엇이든지 간에 상위의 목표에 부응해야 하는 것이고, 조직 내부의 상층부에서 별다른 정보 없이 기안되거나 관습적으로 작성된 전략이 이러한 하위 실행안들의 구체적인 방침을 결정하게 된다. 따라서 이러한 방식의 전략구성은 현장의 변화를 빠르게 반응하지 못하고 고착되기 쉬우며, 하위의 실행방안은 현실과 커다란 괴리를 보이기 쉽다.

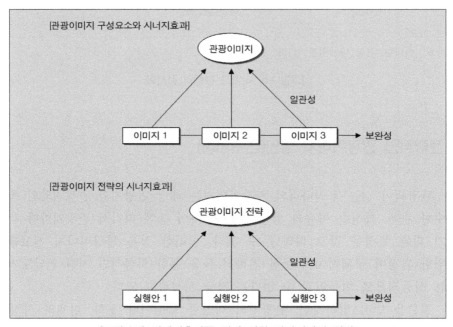

[관광이미지 구성요소와 시너지효과]

관광이미지

일관성

이미지 1   이미지 2   이미지 3 ⟶ 보완성

[관광이미지 전략의 시너지효과]

관광이미지 전략

일관성

실행안 1   실행안 2   실행안 3 ⟶ 보완성

[그림 I-7] 시너지효과를 얻기 위한 관광이미지 전략

반면 상향식 과정에서는 상호 보완적인 실행안들의 가능성을 먼저 타진하게 된다. 이러한 실행안들은 궁극적으로 하나의 일관성을 가지고 전략을 구성하게 되는 것이다. 이 때 상위의 전략수준에서 만족할만한 수준의 보완성이 결과되지 못한다면 하위수준의 실행안 구성과정이 반복되어져야 한다(Ries and Trout, 1990). 상향적 전략 구성과정의 장점은 전략적 융통성과 탄력성을 취할 수 있으며, 또한 시너지(synergy)효과를 얻을 수 있다는 데 있다.

위의 그림은 상향식 접근을 통해 시너지효과(synergy effect)를 얻기 위한 관광이미지의 전략구성도이다. 시너지 효과란 동태적인(dynamic)

체계 속에서 구성 요소들의 결합 효과를 의미하는데, 이것은 일관성과 보완성의 특성이 합쳐지면서 이루어진다. 따라서 첫번째 그림에서 보듯이 하위수준의 관광에 대한 다양한 관광이미지들은 상호 보완성을 가지고 있어야 하고, 동시에 상위의 전반적이고 총합적인 관광이미지에 대해 일관성을 갖고 있어야 한다.

두번째 그림에서는 이에 상응하는 구체적인 전략요소들의 관계를 보여주는데, 즉 하위의 다양한 실행안들은 보완성을 가지며 각기 관광이미지 형성에 기여하게 되며, 이들은 상위의 전반적인 관광이미지 전략에 대해 일관성을 갖고 있어야 한다.

이러한 전략구성에 비추어 상향식 과정의 접근이 의미하는 바는 관광이미지 제고의 시작점은 구체적인 실행안의 수준에 있다는 점이다. 물론 이러한 실행안들은 위의 그림에서 보듯 상호간의 보완성과 상위 전략에 대한 일관성을 반드시 가지고 있어야 할 것이다.

반면 하향식 접근을 택할 경우에 우려되는 바는, 앞서 말했듯이, 현실을 무시한 일방적인 실행안이 도입될 가능성이 크다는 것이다. 사전에 결정된 상위전략의 목표를 달성하기 위해 개개의 실행안은 각 실행상황에서의 구체적인 현실을 다소 무시하게 될 수 있다. 하달식 명령체계의 조직 속에서 실행안을 담당하는 실무자들은 상급자의 지시를 어기기 힘들며, 따라서 실행안의 세밀한 묘미는 살리기 힘들고, 다만 지시된 당면 과제를 달성하는 데만 모든 노력을 투여하는 비효율적인 과정이 반복되기 쉬운 것이다.

상향적 과정이 필요한 또한가지의 이유는 환경의 불확실성에 있다. 관광이미지의 형성과정에는 다양한 불확실성이 존재한다. 즉, 예측치 못한 사건과 사고, 이슈는 예기치 않게 발생하기 마련인데, 따라서 이미 정해진 각본대로 관광이미지를 형성하려는 시도는 그대로 달성되기 힘들다는 것이다. 그러므로 융통성과 탄력성을 감안한 전략 구성과정이 필요하다. 이러한 융통성과 탄력성을 발휘할 수 있는 전략은 하향식으로 구성된 것이 아니라, 하위의 구체적인 문제를 상위의 전략으로 연결시키는 상향식으로 구성되는 것이다.

기존의 하향식 전략 추진과정에 익숙한 사람들은 받아들이기 힘들겠지만, 전략의 과정은 반드시 하위수준에서 시작되어야 한다. 관광이미지 제고전략을 통해 보자면, 전략과정은 세계 여러 나라의 현지 실무자와 전문가들로부터 시작되어야 하는 것이다. 상향적 과정의 전위에는 현지의 존재하는 조직이 있어야 하며, 실행안의 기획과 수행은 이러한 조직이나 해당 지역에 밝은 전문가에게 전담시켜야 할 것이다.

이러한 상향적 전략과정에서 정부나 조직의 상위 수준에서의 임무는 실행안들을 수령하여 이들을 포괄하는 상위적 전략을 구성하고, 각 실행과정을 조정하고 통제하며, 또한 실무자들의 교육과 재교육을 담당하는 역할이 된다([그림 I-8] 참조).

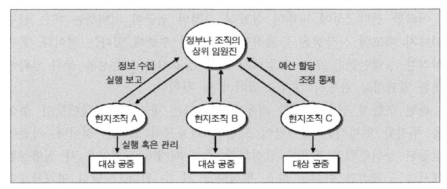

[그림 I-8] 관광이미지 관리의 상향적 과정

앞서 설명한 상향식 접근방법이 전략이 수행되는 조직 안에서의 전략의 과정이 어떤 방향으로 형성되어야 하느냐에 대한 설명이였다면, 외부로부터의(outside-in) 기획방법이란 관광이미지를 지각하는 외부 대상의 생각과 성격이 전략의 주제인 내부의 사정이나 의사보다 선행하며, 의사결정에 있어 우월하게 작용해야 한다는 점에 대한 설명이다.

외부로부터의 접근방법이란 주로 통합적 마케팅 커뮤니케이션(Integrated Marketing Communication : IMC)에서 얘기하는 개념으로서 조직이 봉사하고자 하는 소비자집단에 대한 이해에서부터 전략과정을 시작하거나 또는 전략형성에 앞서 특별한 필요와 욕구를 가지고 있는 잠재 공중을 확인해야 한다는 것을 의미한다(Shultz and Barnes, 1995).

이것은 쉽게 말해서 주문생산의 과정과 같다. 일률적으로 생산한 제품에 대해 소비자가 호감을 갖도록 만드는 것이 아니라 소비자가 호감을 갖고 있는 제품을 생산하는 것이다.

일례로 세계인들이 한국과 한국의 관광이미지를 좋아하도록 설득한다는 것은 비교적 힘든 작업이 될 것이며, 그들의 마음을 바꾸기 위해서는 엄청난 비용이 필요할 것이다. 그러나 이미 그들이 좋아하는 관광이미지를 전달하는 경우는 비교적 덜한 노력이 요구되는 과정이다. 호의적인 태도를 이끌어내기 위한 설득작업과 장애물 제거과정은 필요치 않다. 그들이 호감을 갖고 있는 것을 그들에게 단순히 전달하면 되는 것이다.

[그림 I-9]에서 보듯이 내부로부터의 접근과 외부로부터의 접근의 차이는 관광이미지 설득과정과 이미지 변화과정의 차이라고 설명할 수 있다. 전략에 대한 내부로부터의 접근은 한 관광지가 갖고 있는 면모나 속성들은 고정시킨 채 그에 대한 인식만을 개선하려는 노력이 되기 쉽다.

한편, 외부로부터의 접근을 실제로 관광이미지를 갖는 목표 청중이 호감을 갖는 방향으로 관광이미지의 속성을 수정하고 변모시켜 가는 과정이 된다. 이러한 과정이야말로 세계적으로 사고하고 지역 위주로 행동한다는("think globally and act locally") 명제에 상응하는 것이다.

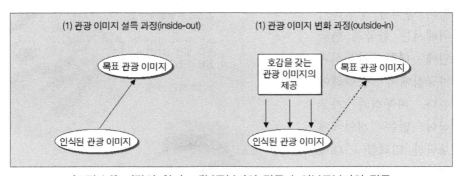

[그림 I-9] 시각의 차이 : 내부로부터의 접근과 외부로부터의 접근

본 연구사례는 국가이미지 전략(대홍기획, 1997.4) '전략적인 고려사항의 기본적인 틀을 유지해가면서 관광이라는 틀 속에 대입 접목시킨 것이다.

제2장 한국의 이미지

1. 우리의 뿌리찾기

바람직한 한국인의 삶의 양식을 구현하기 위해서는 한국과 한국인에 대한 자부심과 자긍심에서 출발해야 한다. 자부심과 자긍심이 없는 개인에게 보람찬 미래를 기대할 수 없듯이, 마찬가지로 민족이 자기 자신에 대한 자긍심이 부족하다면 그 민족은 스스로를 천덕꾸러기로 만든다. 자부심, 자긍심

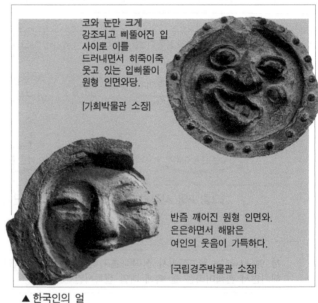

코와 눈만 크게 강조되고 삐뚤어진 입 사이로 이를 드러내면서 히죽이죽 웃고 있는 입삐뚤이 원형 인면와당.

[가회박물관 소장]

반즘 깨어진 원형 인면와. 은은하면서 해맑은 여인의 웃음이 가득하다.

[국립경주박물관 소장]

▲ 한국인의 얼

은 결코 자만심과는 다르다. 자만심은 상대방을 낮게 보면서 자기를 올리는 유아(唯我)적이고 폐쇄적인 자세인 반면에, 자부심은 자신과의 관계에서 자신이 설 수 있는 터전을 마련하는 정체성 확립의 준거가 되는 것이다. 따라서 자만심이 폐쇄적인 국수주의를 낳는다면 자부심은 열린 민

족주의를 낳는다.

이러한 민족의 자부심은 그 민족이 지닌 문화적 전통에 대한 인식이 없이는 향유되지 않는다. 그 동안 우리는 우리의 문화적 전통을 마치 박물관의 골동품을 보는 것처럼 하나의 객관적 대상물로서 보아온 느낌이 든다. 현재는 과거라는 터전을 통해 마련되는 것이고, 전통문화는 오늘의 일상생활에 깊숙이 자리잡고 있는 것이다. 전통적인 정신문화는 지나간 시대의 유물이 아니라 현재 생활문화를 지배하는 일상적 가치관의 뿌리이다.

뿌리란 땅 속에 파묻혀 있는 식물의 생명 근원으로서 식물의 줄기를 튼튼하게 성장시키고, 꽃을 피게 하고, 드디어는 그 식물의 열매를 맺게 하는 원동력이 되는 것이다. 그런데 우리가 식물을 감상할 때에는 흔히 그 식물의 줄기와 꽃과 열매를 보고 말하지 그 식물의 뿌리를 보고 말하지 않는다. 그 이유인즉, 우리의 시각에 들어오는 것은 줄기며, 꽃이며, 열매일 뿐이며, 그 식물의 뿌리는 땅 속에 파묻혀 있어 보이지 않기 때문이다.

민족의 경우에도 마치 식물에 뿌리가 있는 것처럼 그 민족을 성장케 하고 그 민족문화의 꽃을 피우고 민족 삶의 열매를 맺게 하는 뿌리가 있는 것이다. 그러나 한 민족의 뿌리는, 땅을 파헤쳐 그 식물의 뿌리를 드러내서 분석하기 전에는 그 뿌리의 정체를 알 수 없는 것처럼, 평상적인 인간의 시각으로는 쉽사리 알 수 있는 것이 못된다. 그리하여 우리들은 밖으로 드러난 몇 가지 삶의 양식을 보고 그 민족을 평가하는 경향이 많다. 말하자면, 그 민족의 뿌리를 혹은 자기 민족의 뿌리를 잘 모르고 그 민족 혹은 자기 민족에 관하여 이야기하는 경우가 많이 있는 것이다.

이와 관련된 대표적인 예는 한국인의 민족성에 관한 논의에서 살펴볼 수 있다. 종래의 우리나라의 민족성에 관한 논의는 흔히 선악, 우열, 시비를 한데 묶어 장·단점을 거론하고 있는데, 이를 목록으로 만들어 정리하여 보면 마치 우리 민족이 모든 장점을 다 가지고 있으면서 또한 모든 단점을 다 가지고 있는 민족으로 비친다. 또한 외국인이 한국인을 보는 시선은 우리가 우리 자신을 보는 시선과 매우 판이한 경우가 많다. 예컨대 6·25전쟁 때 유엔군 총사령관을 역임했던 리지웨이 대장은 그의 저서에서 "한국인은 에이레 사람처럼 개성주의적"이라고 썼다. 즉 자기

주장이 강하고 반항적이며, 어떠한 투쟁방식도 주저하지 않는다고 지적했다. 이러한 현상은 우리 민족의 뿌리를 도외시한 채 겉으로 나타난 여러 모습들만을 보고 나름대로 평하기 때문으로 볼 수 있다.

이렇게 뿌리를 밝히지 않고 겉으로 나타난 표피만을 가지고 한국인을 이야기한다면 바람에 휘날리는 버들가지처럼 어지러울 뿐이다. 이것은 바람에 따라 극단적인 낙관론으로 나타나기도 하고, 이른바 스스로를 '엽전'으로 비하시키는 비관론으로 표현되기도 한다. 이러한 상황에서는 결코 진정한 자부심이나 자긍심이 생길 수 없으며, 오히려 자만심과 패배감만이 어지럽게 교차할 뿐이다. 여기서 한국인의 삶의 양식의 정체성을 밝히고, 바람직한 삶의 양식을 구현하는 데 있어 한민족의 원형질을 밝히는 그 중요성은 더해 간다. 즉 현재의 난관과 도전을 극복할 지혜의 실마리를 여기서 찾을 수 있으며, 또한 이를 통해 삶의 원리를 계승하고 주체적으로 발현시킬 수 있는 디딤돌을 마련할 수 있기 때문이다.

그러면 우리 한민족의 문화가 삶의 양식의 바탕이 되면서 먼 옛날부터 오늘에 이르기까지 한민족의 생명력을 유지시켜온 근원은 무엇인가?(박용헌외, 1986 : 55~58)

이것을 간단하게 설명할 수는 없겠으나 한마디로 한국문화의 정수는 '자연주의'에 있고, 한국문화는 자연주의 문화론의 집대성이라 규정할 수 있다. 자연과 인간의 관계는 서양과는 달리, 자연은 절대로 인간이 대립할 상대가 아니라 의지하고 몰입해서 '조화 harmony'를 이루며 '평화롭게' 살아갈 터전이므로 자연과 인간은 대아와 소아, 또는 대우주와 소우주 관계로 보았다. 구미인들이 규칙제일의 'dry'한 'good-bye'문화인 것에 비해 동양의 심정은 'wet'하고 미련같은 것을 남기는 'see you again'의 문화이다. 林周二에 따르면, '서양의 유목민이 맥작문화라면 동양의 수도 농경문화·도작문화권은 습윤한 민족성을 갖게 해서 wet한 상민감정(常民感情)을 낳은 결과가 되었다고 한다. 이 도작문화의 손노동에 따른 예술성·근면성이 오늘날 공업기술의 정교성을 낳았다고 하지만, 영농방법이 기계로 대체되고, 젓가락 대신 포크로 바뀌지고 있어 이 논리도 더 통하지 않게 되었다. 동양사상은 농본문화가 갖는 자연과의 조화사상을 특징으로 했다.

자연은 물질만이 아니라 정신에도 함께 있는데, 상징적 자연주의의 대표적 모델이 음양오행이다. 한국의 종교, 사상·철학, 건축, 예술 등을 봐도 자연에의 몰입과 존중·순응하는 자연중심적 사고가 주제이다. 유·불·도는 다같이 농경생활의 춘하추동이라는 4계절의 순환관념을 바탕에 둔 자연조화의 생활관을 이상시하였다.

무아사상(無我思想)은 인간이 자연의 극히 미약한 일부라는 것이며, 우리나라의 건축을 보면 완만한 곡선의 미는 한국의 자연조건과 조화를 이루는 독창적인 미이다. 건축사학자이자 문화재 전문위원인 신영훈은 "한국의 집은 자연과의 융화를 그 특징으로 하고 있다. 태양열을 이용한 한옥은 지붕과 태양열의 각도, 마당으로 반사되어 들어오는 양광(陽光), 나무와 흙, 종이를 건축소재로 이용한 건축기법으로 그야말로 살아 호흡하는 구조를 갖추고 있다"는 것이다.

동양화는 자연중심적 사고의 그림이다. 자기가 귀족, 양반의 그릇이라면 옹기는 서민, 민중의 도기로 한국 자연미를 잘 나타내 주는 극치이다. 얼핏보면 투박하고 거칠게 보이지만 서민의 삶을 섬세하게 나타내 주며 우리의 정서, 순수성, 질박성을 잘 대표해 주고 있다. 이런 사고는 선진문화를 개방적·진취적으로 받아들이나 결과적으로는 그것에 동화되지 않고, 민족생리에 맞도록 개방적 포용성을 발휘하는 수용과 운용에서 뛰어난 '조화' 내지 '종합'하여 동양사상의 일대 저수지를 이루었다. 원효의 '화쟁론(和諍論)'이나 음양의 조화를 내는 '태극이론(太極理論)'이 그 좋은 예이다(손대현, 1998 : 216~217).

'한'의 묘리(妙理)가 가꾸어 온 얼들

'한'의 묘합 원리를 한국 기층문화의 씨앗으로 한 우리의 정신문화의 뿌리는 불교·유교 등의 외래문화를 주체적으로 수용하면서 우리의 민족문화로서 꽃피고 열매를 맺게 하였다. 이러한 정신사적 흐름 속에서 우리가 가꾸어 온 삶의 양식의 맥은 무엇인가? 이것은 섣불리 대답할 수 없는, 우리 모두가 계속 깊이 생각할 문제이다. 여기서는 이를 연구하는 학자들이 거의 동의하는 내용들을 중심으로 살펴보고자 한다.

첫째, 사람을 중히 여기는 생각이다. 이것은 무속·원시신앙이나 단군신화에서도 잘 표현되고 있음을 우리는 알고 있다. 이것은 서양 정신사에 있어서 신(神)에 대항하는 인간중심적인 휴머니즘과는 매우 다르다.

우리는 신 중심도 아니고 인간 중심도 아닌 하늘과 땅이 결합된 존재로서의 인간의 귀중함이다. 이것이 바로 단군이고 그 후손이 바로 우리 민족이다. 얼마나 넓고 크게 인간을 중히 여기는가. 이러한 사상은 도도히 흘러 동학사상에서는 인내천(人乃天), 천심즉인심(天心卽人心)과 같은 명제가 도출된다.

둘째, 풍류(風流)와 신바람 기질이다. 우리 고대의 제천의식은 모두 이 풍류와 신바람과 관계가 있는 나라 행사였다. 아마도 풍류와 신바람은 우리 민족의 성격구조에 뿌리 깊이 박힌 체질일 것이다. 풍류를 통해 신(神)을 만나고 신(神)바람을 어깨에 일구면서 덩싱덩실 춤을 춘다. 이것은 세속의 먼지를 훌훌 털어버리는 춤이다. 이것은 '멋의 문화'를 만든다. 이 풍류가 제일 멋지게 구현된 것이 화랑도이다. 세계의 무사단 중에서 우리의 화랑도처럼 자연을 즐기고 춤과 노래를 사랑한 예는 없는 것 같다. 그러나 이러한 풍류와 신바람은 절제되지 않을 때 무궤도한 '놀이'로 변질되고 정도를 벗어날 때 비뚤어진다. 우리 사회의 여러 향락적인 병폐가 이와 무관하지는 않으리라.

셋째, 지금 우리가 사는 현세와 땅을 중히 여기는 생각이다. 무속·원시 신앙에 나타난 여러 의식들은 먼 저승을 위한 것이 아니라 지금을 생각한 것이다. "이승의 개발자가 저승의 정승팔자보다 낫다"는 속담은 이를 잘 표현해 주고 있다. 이러한 생각은 다시 이 땅을 보호하고 이 땅에 지상 낙원을 만들겠다는 염원으로 나타난다. 신라의 화랑들이 죽어서 미래불인 미륵 부처가 되어 서방정토에 가지 않고 신라에 화랑 미륵불로 태어나겠다고 소망하고 있다. 이것은 신라 불국 정토사상을 낳게 하고, 불교를 호국적 성격으로 변하게 한다. 배달 겨레의 '밝'사상, 즉 광명사상도 이 땅을 밝히자는 것이다. 이상향이 다른 곳에 있지 않고 지금 우리가 사는 여기에 있다. 따라서 기독교적 세계관처럼 구원을 기대하지 않으며, 여기에 인간들이 이상향을 만들고자 한다. 그러나 이것이 극단적인 현실주의와 악수하게 될 때 속물주의로 타락할 염려가 있다. 또한 역사의식의 결여, 형이상학적 가치 의식의 결여, 실용적인 목적 제일주의적 삶의 형식으로 변질될 위험이 있다. 이것은 오늘의 우리 사회를 진단하는 데 많은 시사점을 주고 있다.

넷째, 문화존중의 마음이다. 우리의 원(原) 한국인은 고대 중국문화를 이룩한 동이(東夷)족이고, 일본의 문화는 한민족의 이민들이 이루어 놓았음은 주지의 사실이다. 우리 민족은 수많은 외래문화의 홍수 속에서도 '한'의 묘합원리로 이들을 우리 줄기에 접목시켰다. 불교가 그렇고, 유교가 그렇고, 또한 기독교도 그러할 것이다. 한때 중국 대륙을 지배했던 만주족이 지금은 소멸되고 만 역사적 사실이 입증하고 있듯이, 문화력을 갖지 못한 민족은 오래 지속하지 못한다. 참으로 한민족의 문화력은 온갖 외래문화를 수용할 수 있을 정도로 넓고 깊었으며 한민족을 영생(永生)하게 하는 원동력이 되고 있는 것이다.

이렇게 문화를 존중하는 마음은 평화를 아끼는 마음으로 연결된다. 우리 민족이 외족과 싸운 것은 남을 침략하기 위한 것이 아니고 우리를 보호하려는 데서 나온 것이다. 우리 민족은 결코 창과 칼로써 무장한 힘에 대해서는 존경을 하지 않고 이들에게 끝까지 맞선다. 우리 조상의 자랑스러움은 결코 힘으로 남의 땅을 정복해서 만족되어지는 것이 아니고 문화를 통해서 충족되어진다. 조선시대에 나타난 일부 모화(慕華)적인 생각은 결코 사대 근성에서 나온 것이 아니라 문화에 대한 존경의 표현으로 보아야 할 것이다. 이렇게 반도에 치우친 조그마한 나라였지만, 우리 조상들은 남들이 부러워하는 문화 대국을 이루어 놓았다. 앞으로 한민족 국가가 지향할 목표도, 세계를 밝힐 수 있는 문화강국이어야 할 것이다.

다섯째, 선민(選民)의식과 나라 사랑하는 마음이다. 우리가 사는 이 금수강산은 하늘의 뜻을 펴기에 가장 알맞은 신성한 강토임을 밝히고 있다. 여기서 우리 민족은 천손(天孫)으로서 선택되었다. 따라서 이 강토는 인류의 기원과 이상이 펼쳐지는 자리이고 자손 대대로 의미있고 가치있는 삶을 살아야 하는 거룩한 영역인 것이다. 여기서 현실 정토(淨土)사상이 나오고, 인도에서 석가가 불교를 창시하기 전에 이미 신라에 불교가 있었다는 전불(前佛)사상을 가지게 된다. 이 땅을 보호하기 위하여 고대사회에서부터 대한제국에 이르기까지 이 땅의 정신문화를 창조해 온 인물들은 국난을 당하여 한결같이 호국정신으로 싸웠다. 불교의 승려들이 그러하였고 유교의 선비들이 그러하였다. 무사도 군인도 아닌 승려·선비들이 창과 칼을 들고 국난극복에 앞장선 것은 세계 여러 나라와 비교해 볼 때 매우 특이한 것이다. 근래에 많은 신흥 민족종교들이 세계의 운세를 가늠하면서 후천개벽(後天開闢) 시대에는 한민족이 이 땅에서 세계를 이끌어 간다고 주장하고 있음은 은연중에 선민사상과 나라 사랑하는 마음을 반영하고 있다고 볼 수 있다.

여섯째, 가족 간의 연대의식과 공동체의식이다. 그리스도교에서 하나님은 믿음이요, 소망이요, 사랑이다. 그러나 한국의 부모는 아마도 자식들이 믿음이요, 소망이요, 사랑일 것이다. 한국인의 가족연대의식은 상고사회에서 지금까지 변치 않고 내려오는 정신일 것이다. 우리의 문화유적에 여기저기 지석묘가 많이 보인다. 조상숭배의 짙은 풍습이 수천년의 풍상 속에서도 변치 않고 내려오는 거석처럼 우리의 의식에도 남아 있다. 이러한 가족 연대의식은 유교를 통해 더욱 체계화되고 견고해졌다고 할 수 있겠다. 가정은 하나의 정신무대이다. 가정은 체험된 정신적 가치의 공간이지 편의의 장소가 아니다. 한국인의 삶의 양식에 나타난 가족문화는 개인주의 대 전체주의의 갈등을 초월하고 있다. 가정 속에서는 개체도 부인되지 않고 전체도 부인되지 않는다.

> 따라서 가족문화는 전체와 개체가 만날 수 있는 지평을 열어 준다. 여기서 진정한 공동체의식이 형성된다. 가족 연대 의식이 미흡할 때 진정한 민족 공동체는 형성되기 어렵다. 이러한 의미에서 우리의 가족문화는 참으로 중요한 가치이다. 그러나 이 가족문화가 개방성을 띠지 못하고 폐쇄성으로 치달을 때 족벌주의·문벌주의로 나타나 공동체의 통로를 막는 장애가 될 수 있다. 오늘의 삶의 양식의 중요한 과제는 우리의 가족문화를 보존하면서 열린 자세로 공동체에 어떻게 연결시키느냐 하는 것이다.
>
> (자료 : 박용헌 외, 한국인 그 얼과 기상, 신원문화사, 1986, pp. 67~71)

2. 고유문자의 과학화

우리 민족이 옛날부터 만들어 쓴 문자는 음양으로 구분해서 한자와 한글이 있다. 지금까지 한자는 중국인의 글이고 한글은 오로지 세종대왕 때 창제했다는 것도 한번쯤은 집고 넘어가야 할 것이다.

먼저 한글을 보면 세계의 어떤 문자도 쉽게 표시할 수 있고 어떤 언어의 발음도 쉽게 표현할 수 있다. 그런데 한때 일본의 오향청언(吾鄕淸彦)씨는 삼종부라고 하여 그들 민족신앙으로서 신사에 모시는 유품 속에 기록된 일본신대문자(日本神代文字)와 아비유문자(阿比留文字)가 한글과 비슷하며 그 문자의 발견 역사가 세종대왕 때보다 오래되었다는 이유로 한글은 자기나라 선조가 만든 아비유문자가 조선으로 건너가 변경된 글이라고 주장한 것이다. 그들이 부르는 '아비유문자'는 사용된 지역이 지금은 일본 땅이 대마도인데, 그 대마도는 알고 보면 고대 우리나라인 삼한의 통치지역이었으므로 아비유 문자가 한글로 변형된 것이 아니라 고조선 단군임금 때 창제된 가림토문이 대마도로 건너가 일본에 유포되었던 것이다.

여기서 보면 오향청언씨는 이 가림토문을 일본의 고대문화로 망각한 것이며 이것은 분명히 고대 한글인 가람토문의 오래된 역사성을 확실히 반증하게 되는 것이며, 우리의 문화가 일본으로 전래되었다는 것을 확증해 주는 것이다.

그것을 확증하는 증거로서 일본의 대마도 속언(俗言)인 '구다라 아랑고 도 샤버루나' 즉 풀이하면 '백제 것이 아니면 말도 하지 말라'는 뜻으로 되어 있고 일본의 조상신인 '니니기도 미고도'를 모시는 임도신궁(霖島神宮)의 주산(主山)이 현재의 명칭은 규슈가고시마켄(九州鹿兒島縣)이지만, 과거에는 가라구니다게(韓國岳)라고 불려졌다.

　이것만 보아도 일본 대마도는 백제의 문화를 분명히 접하였으며 칭송해 왔다는 것을 알 수 있다.

　한편, <삼한신기(三韓神記)>에 의하면, 自古九州對馬乃三韓分治之地也 本非倭人世居地로 기록되었는데, 풀이해 보면 규슈와 대마도는 삼한의 통치 지역으로 일본인은 살지 않았다고 기록하고 있다.

　한편, 후한서 <동이전>에는 왜, 즉 일본은 한(韓)의 동남 바다 가운데 위치하였고 마한과 진한은 남쪽으로 왜와 접하였다고 기록된 것을 보아 도 구주와 대마도는 그 당시 우리나라의 고대국인 삼한의 통치국이었음 이 밝혀지는 것이며 우리의 문화가 이전되었음을 밝히는 것이다.

　우리나라 사람인 계연수 선생이 썼고 일본학자가 번역한 <한단고기>라는 책 단군세기 편에 보면 단군 3세의 임금인 가륵왕이 재위 45년 때 신하인 삼랑 을보륵에게 명하여 이미 정음 38자를 만들었고, 그 문자의 명칭을 가림토(加臨土)라 하였으며, 이 <가림토>문으로써 신지라는 직책 을 가진 고글이라는 사람에게 명하여 <배달유기>라는 책을 만들게 하였 으며 가람토문을 사용했다는 기록이 있다.

　한편, <단기고사>라는 책에도 박사 을보륵이란 사람에게 명하여 국문 정음을 정선했다는 기록이 나오고 있다.

　이러한 내용의 원문은 다음과 같다.

　　庚子二年時俗尚不一方言相殊雖有象形表意之眞書十家之邑語多不通百 里之國字難相解語是命三郎之普勒選正音三十八字是爲加臨土其文曰
　　庚子二年時俗尚不一方言相殊雖有象形表意之眞書十家之邑語多不通百 里之國字難相解語是命三郎乙普勒譔正音三十八字是爲加臨土其文曰

　·ㅣㅡㅏㅓㅗㅜㅑㅕㅛㅠㅈㅇㄱㅁㅁㅅㅿㅈㅊ솝
　솝ᄒᄋᄊᄴᄓᄅᄀᄻᄽᄀᄎᄽᄀㅍㅍㅍ

辛丑三年命神誌高契編修位達留記
甲辰六年命列陽褥薩索靖遷于弱水終身棘置後赦之仍封其地是爲凶奴之祖

丙午八年廉居叛帝討之於支伯特夏四月帝登不咸之山望民家炊煙少起命
减租稅有差

戊申十年頭只州濊邑叛命余守己斬其酋素尸毛犁自是稱其地曰素尸毛犁
今轉音爲牛首國也其後孫有陜野奴者逃於海上據三島偕稱天王

癸未四十五年九月帝崩太子鳥斯丘立

(계 연수씨가 쓴 桓檀古記의 원문과 한글의 고문인 가림토)

또 세종대왕 때 신숙주, 정인지 등을 중국 요동에 있는 음운학자 황찬
에게 7차례나 파견했다는 기록이 나온다. 즉 이것은 옛날에 사용하다가
쓰지 않게 되어 버린 가림토의 음운 발성법을 배워오도록 한 것이 아닌
가 하는 것을 추측할 수 있다. 그 당시 창제했다면 그렇게 먼 곳을 7번
이나 파견할 이유가 없기 때문이다.

한편, 고조선 단군임금 때 사용된 가림토문 38자는 다음과 같다.

·ㅣㅡㅓㅜㅡㅠㅑㅖ쯔ㅊㅅㅇㄱㅣㅁ口ㄴㅿㅈㅊ슈
쇼ㆆ씨ㅅㅂㅸ㠯ㄹ뷔ㅐㅎㅋㅊㅊㄲㅍㅍ

이것을 보면 지금의 한글 24자와 동일한 것도 있고 비슷한 것도 많지
않은가? 이러한 모든 것을 볼 때 한글은 세종대왕 때 창제된 것이 아니
고 예전에 있던 것을 부흥시켰다는 것이 확실시되고 있는 것이며, 한편
여기에서 우리의 한글 사용은 5천 여년의 유구한 역사를 가지고 발전되
어 온 것이라는 것을 알 수 있다. 따라서 우리 민족은 오랜 문자 사용의
문화국임이 밝혀지는 것이다. 또한 우리의 문자 비슷한 것이 인도에서도
사용했던 흔적이 발견되어 우리의 문화가 고대에 이미 인도로도 전파되
어진 것임이 요사이 학계에서도 연구하여 밝혀지고 있는 것이다.

한때 미국의 버클리대학 레이코트(Lakott) 교수는 "한글은 세계문자 가운
데 가장 아름답고 쉽게 배울 수 있는 좋은 문자다. 한글의 문자적 우수성은
아무리 강조해도 오히려 부족한 감이 없지 않다"고 한글의 우수성을 강조하
였으며 일본의 언어학자 가나와자(金澤三郎)는 "한글은 세계 문자 중에서
가장 새로운 것의 하나로 한자나 가나(일본문자)와는 달리 순전한 알파벳식
표음문자이다. 한글은 세계의 문자 중 유례 없는 구조를 갖고 있다"라고 하
였으며 우리나라에 선교사로 왔던 게일(J. Gale) 선교사는 "한국에 와서 한
글에 반했다"라고 한 것은 한글의 우수성을 말한 것이다.

그러므로 우리의 한글은 사실상 오래된 역사와 발음과 표기에 있어서도 세계의 어느 언어와 문자를 초월할 만한 신출귀몰의 재주를 간직하고 있다고 말할 수 있을 것이다.

　우리는 한때 한글은 우리 민족이 만들었고 한자는 중국인의 글이라고 생각해 왔다. 그래서 한글 전용 정책까지 써 오기도 했지만, 요사이는 한자도 우리 민족이 만들었다는 역사적 고증이 밝혀지고 있다. 그 이유는 한자는 원래 거북 등뼈(갑), 소뼈, 짐승의 뼈에 새겨진 문자로서 물체의 형상을 본뜬 상형이므로 갑골문자(甲骨文字) 또는 상형문자로 불리워지는데 그 갑골문자는 중국의 하남성 지방 즉 동이인(東夷人)의 통치지역인 은나라의 은허 땅에서 1918년부터 많이 발견되어졌다.

　갑골문자는 한자의 시원인데 한자는 중국의 요순임금 때 만들어 사용하기 시작했다고 밝혀져 왔는데, 그 요 임금은 동이인에 속한 황제(黃帝)의 5세손이라고 중국의 사마천이 쓴 <사기(史記)>에 기록되어 있다. 그 당시 선한 정치를 한 순 임금 역시 동이민족이라는 것이 밝혀지고 동이민족은 바로 우리 한민족인 우리의 선조라는 것이 밝혀졌기 때문이다.

　<사기(史記)>의 원문을 참조하면 다음과 같다.
　‘黃帝生於白民……自屬東夷……帝堯起黃帝至佶子五世號唐堯’
　(史記卷 13에서)

　순 임금의 동이에 대한 기록은 맹자 3권째에 보면 다음과 같이 쓰여져 있다.
　‘孟子曰舜生於諸於遷馮負夏卒於鳴條東夷人也’
　‘諸馮負夏鳴條皆地名在東方夷服之地東夷中國極東處’

　즉 맹자가 말하기를 순 임금은 저풍이란 땅에서 태어나서 부하라는 땅에 이사하여 살았고 명조라는 땅에서 돌아가시니 동이 사람이다. 저통·부하·명조는 지명으로서 동이에 속한 땅에 있는데 중국의 극동쪽에 있다.

　여기에서 보면 우리의 민족 원류인 동이족에 속한 은나라 때의 순 임금은 점복(占卜)을 치기 위하여 만든 갑골문자에서 시작된 한자의 시원은 우리민족이었다는 것을 알 수 있다.

3. 예절문화의 원조

우리나라는 현재 대부분의 예절이 중국에서 들어온 유교문화에서 비롯된 전통과 습관이라고 인식하고 또 그렇게 받아들여 왔다.

그렇지만 그것이 중국에서 시작되어 우리나라에 전래된 문화라는 사실은 잘못된 것이다.

그 이유는 유교의 문화는 공자 이후부터 시작된 것으로 볼 수 있는데, 공자는 약 B.C. 2537년경에 태어났지만 우리 동이민족은 단군기원만 따져도 4319년 전에 이룩되어 공자가 출생하기 전 이미 1800여년 가까이 존속되어져 왔으며, 공자 이전에 예절과 예의의 생활관습이 행하여져 온 것을 알 수 있기 때문이다.

한편, 안호상 박사의 「한웅과 단군과 화랑」이라는 책(冊) 31페이지에서 보면 "공자 자신도 동이겨레의 자손이다"라고 밝혀놓고 있다.

공자의 「춘추전」에 보면 다음과 같이 쓰여져 있다.

舜在五教于四方父義母慈兄友弟恭子孝

즉, 순 임금이 5가지의 가르침을 사방에 펼치니 곧 "지아비의 의와, 어머니의 자비와, 형제간의 우애와, 제자는 공경하고 아들은 효도하는 것이니라"라고 한 것은 바로 인간윤리의 원조는 한민족인 동이민족에서 시작되었다는 것을 알 수 있다. 또한 이것은 공자가 태어나기 전에 이미 동이에서는 인간의 윤리를 존중해 왔다는 것을 시사해 주고 있는 것이다.

또한 「동이열전」의 위안록왕 10년 공빈기에 보면 다음과 같이 쓰여져 있다.

慶舜生於東夷而人中國爲天子至治貞冠百王

즉, 순 임금은 동이에서 출생하고 중국에 입적하여 왕이 되어 통치하였으나 세상 왕의 으뜸이라고 기록되어 있어, 도덕정치를 한 순 임금이 동이사람임을 밝혀 놓은 것이다.

또한 「동이열전」에 보면 다음과 같이 쓰여져 있다.

紫府仙人은 有通之學하니 過人之智라, 黃帝가 受內皇文於其門下하야 代帝而爲帝라.

즉, "자부선인은 동이사람인데 학문에 통달하고 초인적인 지혜를 가진

사람이다. 중국의 임금인 황제가 내황문이라는 직책의 벼슬을 주어 황제를 모시면서 여러 가지 생활문자를 가르쳤다"라는 기록이 나온 것으로 이것 역시 동이민족이 중국에 대해 생활습관 문화인 예절을 가르쳐 온 것이 고증되는 것임을 알 수 있다.

한편, 중국에서 존속되어 온 한자 3만여 자의 발음기호인 반절음이 중국과 일본의 한자사전에도 모두 우리나라의 반절음 발음을 기준으로 기록되어 온 것을 중국 정부가 1918년 11월에 주음자모(主音子母)라는 표의문자를 창제하여 전통 깊은 반절음과 전혀 다르게 한자발음을 표기하게 된 사실만으로도 한자의 창제와 5천년 간의 한자권 문화의 시원이 동이민족임을 입증해 주는 것이다.

그 당시 요순 임금이 다스렸던 은 나라 때의 한자문화의 시원이 된 갑골문자는 차원 높은 표의문자로서 모두 우리말 이두문으로 그 발음기호인 반절음이 표기되었으며, 한자문화에서 비롯된 황하문화는 옛날 중국 대륙을 장악한 동이국의 문명이었음을 알 수 있다. 그 문명이 오늘날에 이르러서는 일본문화에까지 한자문화로 동화 발전하여 온 것이다. 그러나 아직도 동이민족의 직손인 우리 한민족만이 우리의 찬란한 문자문화를 모르는 어리석음을 범하고 있었던 것이다. 따라서 요사이 한글전용의 말이나 주장들이 가라앉고 한자 겸용의 메아리가 다시금 솟아오르고 있는 것은 한편 다행한 일이라 할 것이다.

중국인들은 동이를 오랑캐라고 풀이하였지만, 사실상 그 글자를 풀이해 보면 이(夷)는 하늘에서 몸을 내려보낸 큰 사람이라고 풀이되며 역시 천손민족임을 글자 자체에서 풀이가 나올 수 있다.

일(一)은 하늘을 뜻하고, 궁(弓)은 몸을 이야기하며, 인(人)은 사람으로서 바로 하늘에서 몸을 내려준 사람이란 뜻이다.

그러므로 우리민족은 동이민족이며 한자를 만든 민족이라고 결론을 내릴 수 있겠으며, 바로 동이민족인 우리는 세계최대의 과학적인 문자 즉 발음하기 쉽고 표기하기 쉽고 뜻깊은 문자인 한자와 한글을 소유하고 있다는 문화민족의 긍지와 자부심을 가져야 할 것이다.

'소학 명륜장(小學明倫章)'에 보면 다음과 같이 쓰여져 있다.

'孔子曰小連大連이 善居喪하야 三日不怠하며 三月不解하며 期悲哀하며
三年愛하니 東夷之子也라'

즉 소학이라는 책 명륜장에 보면 공자가 말하기를 "소련 대련이라는
이름을 가진 형제가 착하게 살다가 부모가 돌아가시는 상을 당하여 삼일
을 잠자지 않고 부모님 장례를 치르고 석달을 머리를 돌보지 않고 3년간
을 슬퍼하며 자식의 도리를 다 하였으니 그것이 동이사람이라"고 예찬한
것을 보면 역시 효(孝)의 원조도 동이사람임을 알 수 있다.

역시 같은 내용이 "단기고사" 단제 2세 2연도에도 보면 다음과 같이
설명하고 있다.

'春正月에 以大連으로 爲攝司하고 以小連으로 爲司徒라. 大連小連은 檀
朝重臣이라, 忠孝兼全이러니 當親喪하야 三月不懈怠하고 三年悲哀하니
東洋倫理元祖니라'고 기록되어 있다.

즉, 정월 봄에 대련이란 사람으로 하여금 섭사라는 벼슬을 주고 소련
이란 사람으로 하여금 사도의 벼슬이 주어져 지냈는데 이 두 소련과 대
련의 형제는 단군왕조를 모시는 중신인데 충효를 완전히 이행하였으며
부친상을 당하여 3개월을 게을리 하지 않고 3년에 걸쳐 상을 치르니 바
로 이 두 분이 동이인의 형제로서 동양윤리의 원조라고 밝혀져 있다. 한
편 '논어공치장, 자한편'에 보면 다음과 같이 쓰여져 있다.

'道不行이라 乘桴하여 浮于海하리니 子欲居 九夷하시니 或曰陋커니 如
之何있고 子曰君子之居에 何陋之有리오.'

즉, 공자가 67세에 도(道)를 펴려고 천하를 수레로 돌아보니 옳은 도를
펼 곳이 없어 모국인 노나라로 다시 돌아와 제자들에게 "세상에 도를 행
하지 않으니 뗏목이나 타고 구이, 즉 동이에 가고 싶다고 슬퍼하니 그의
제자들이 구이는 누추한데 어떻게 살려고 하십니까"하고 질문을 했을 때
공자는 "군자가 살고 있는데 어떻게 누추하리오"라고 대답했다. 이 대화
에서 공자는 동이를 얼마나 존경하고 갈망했는가를 알 수 있는 것이다.

한편 「동이열전」에 보면 다음과 같이 쓰여져 있다.

'東方有古國하니 名曰東夷라…… 始有神人檀君하여 遂應九夷之推戴而
爲君하니 與堯並立이라 其國雖大나 不自驕矯하고 其兵雖强이나 不侵入
國하고 風俗淳厚하야 行者讓路하며 食者推飯하고 男女處而不同席하니

可謂東方禮義之君子國也라 是故로 殷太師箕者가 有不臣於周朝之心而避居於東夷地요 吾先夫子欲居東夷而 不以爲陋라.'

동방에 오래된 나라가 있으니 이름이 동이라. 단군이라는 신선이 처음 있어 구이에 왕을 추대되었는데 그것이 요 임금과 같은 시대인데 나라의 힘이 비록 크나 교만하거나 자랑하지 아니하였고, 군사의 힘이 가하였으나 타국을 침략하지 않았고, 풍속이 아름다워 길을 갈 때는 먼저 가시라고 양보하고, 밥을 먹을 때는 먼저 드시라고 사양하고, 남녀가 같이 동석하지 아니하며, 가히 동방예의지국이요 군자의 나라니라.

이런 고로 은나라 때 태사라는 벼슬을 지낸 기자라는 사람에게 주나라의 왕이 그에게 주나라의 신하를 하라고 높은 벼슬을 주었지만, 그 사람은 동이사람인지라 벼슬을 하여 신하되기를 거부하고 동이에 살았는지라, 오선부자 즉 공자는 말하기를 동이는 누추하지도 않고 더럽지 않고 하였다.

예기(禮記)의 제왕편(制王篇)에 보아도 서융(西戎), 남만(南蠻), 북적(北狄)에 대해서는 흉악하고 게을러 법도가 없는 무리라고 하여 멸시하는 반면 동이에 대해서는 어진 사람이라고 칭송하고 있다.

「후한서(동이전)」에 보면, "일찍부터 우리 민족은 동방예의지국이니 군자불사지국이니 하는 호칭을 들을 만큼 예의가 밝았고 또한 어질고 의로운 성품을 지녀왔다"고 기록되고 있다. 확실히 이러한 고증자료를 보면 우리 동이민족이 생활풍습인 효와 예절의 원조임이 확실히 밝혀지는 것이다. 예절이 결코 유교에서 전래된 것이 아니라 우리 고유 전통 풍습이 유교에 영향을 준 것임을 알 수 있다.

고대 중국문헌 「산해경(山海經)」이나, 「후한서」의 기록에 나타난 우리 민족의 모습은 다음과 같다.

"동방사람을 가리켜 이(夷)라 하는데, 이(夷)란 뿌리를 가리킨 뜻깊은 글이다. 그 어질고 생명을 사랑함이 마치 만물이 땅에 뿌리를 내리고 나오는 것과 같아 그렇게 말한 것이다. 따라서 그들은 천성이 유순하고 도리로써 교화하기 쉬우니 마침내 군자가 불사하는 나라가 되기에 이르렀다. 그들은 모두 제 고장에 어울려 살면서 음주와 가무를 즐기고 모자를 쓰고 비단옷을 입으며 제사용 그릇을 사용한다. 이른바 중국이 예의를 잃으면 가서 배워 올 만한 곳이다"라고 기록된 바와 같이, 정착 농경문화를 꽃피워 온 우리민족은 풍류를 즐기는 동시에 의관(衣冠)을 정제하여 위엄이 있었고, 또한 도리로써 깨우치면서 이내 교화가 되는 매우 합리적인 민족임을 알 수 있는 것이다.

한편, 고조선의 8조 법금에서도 예속숭상의 정신이 엿보이는데, 즉 남의 것을 훔쳐 노비가 된 자는 비록 곡식이나 돈으로 방면되더라도 사람들이 그를 더럽게 여겨 결혼하지 않았다든가, 부인들이 정신하여 음란하지 않았다는 기록이 있다. 이러한 여러 가지를 보면 우리 동이민족이 고조선 때부터 예(禮)를 숭상한 시조라는 것이 한층 더 확실시되어지는 것이다.

당 현종이 신라에 사신을 파견하면서 신하에게 이르기를 "신라는 군자의 나라요, 자묘 서책을 이해하여 중국과 닮은 점이 있으니 각별히 주의하라"고 한 기록이 있다. 이와 같이 우리 고유의 전통 예절이 단군 때부터 시원되어 중국에까지 영향을 주면서 고구려 신라를 이어 조선조에까지 내려온 것인데, 조선조 때 문정공의 벼슬을 지낸 사계 김장생 선생의 글을 보면, 역사의 변천 속에서 생활풍속인 예(禮)도 시대에 따라 변해온 것임을 알 수 있다.

즉, 선조 16년 1583년에 삭계 김장생 선생이 쓴 「상례비요(喪禮備要)」에 보면 다음과 같이 쓰여져 있다.

　'喪禮備要는 蓋因家禮本書하고 而參以古今之禮와 諸家之說을 隋事添補하고 間亦附以時俗之制하야 便於實用者니라.'하였다.

즉, "상례비요는 「개인사례」라는 책을 주되게 참고하고 예부터 내려오던 여러 가지 세상의 풍문을 참고하여 넣을 것은 넣고 뺄 것은 빼어 보충하여 세상풍속을 정하여 사람들이 실제 쓰게 한 것이다"라고 되어 있다. 이 기록에서 보면 현재 많은 외침의 역사 속에 기준된 법서가 없어 우리 고유의 상례예절을 찾아 기록하여 시행해온 김장생 선생의 노력이 두드러지게 나타나고 있는 것이 우리 고유풍습의 상례임을 밝히고 있다.

한편, 선조 32년 1599년에 김장생이 쓴 「가례즙람(家禮覽)」에 보면 다음과 같다.

　'朱子家禮所載裁에 固已詳備어늘 而或有古今異宜와 不合於時用者를 委巷之士 有不能領其要而通其變常하니 以是病焉이라.' 하였다.

즉, "주자가례에 기록된 것은 오랜 옛날에 기록된 것이어서 옛날의 풍속과 현대의 풍속이 때에 맞지 않아 차이가 있는지라 시골 선비들이 어떤 기준을 놓고 따를 수가 없어 마음대로 정하여 각자가 시행하였으니 그것이 잘못된 병인지라, 새로 책을 만들어 기록하였다"라고 하는 취지를 기록하였는데, 시대에 따라 풍습은 변함을 알 수 있고, 그러나 우리 고유의 전통예절을 따른다면 김장생 선생의 「가례즙람」에 기록된 것이 가장 근래의 타당성 있는 전통예법으로 볼 수 있겠다. 이와 같이 우리가 이러한 역사적인 문헌의 고증을 본다면 바로 우리의 조상인 동이민족이 동양의 예절문화의 효시오 원조임이 틀림없는 사실이다. 그러므로 유교 문화권은 우리 동이의 문화를 바탕으로 받아들여서 중국에서 자기들대로 수정된 것이 힘에 의한 외침에 의해 우리 고유의 풍습과 예절을 그들의 것으로 일부분 수정하여 받아들인 것으로 간주될 수 있겠다. 따라서 인류도덕을 존중한 예절문화의 원조요 동이의 후손인 우리는 다시 한 번 불타는 민족의 긍지를 계승해 나가야 하겠다.

4. 예술문화의 우월성

우리 민족은 창조와 조화를 바탕으로 하여 유구한 예술의 전통성을 이어온 문화민족임을 자처할 수 있다. 나무가 죽었다가 되살아나는 것은 뿌리가 살아 있기 때문이다. 우리 민족이 그토록 심한 간난고초를 겪고도 도약의 발돋움을 할 수 있게 된 것은 튼튼한 민족문화의 뿌리가 있기 때문이다. 오상고절(傲霜孤節)을 자랑하는 청송(靑松)이나 국화(菊花)처럼 늘 외롭게 보이지만 우뚝하고 인내를 가지고 고고하게 걸어온 뼈대있는 민족문화, 그곳에 조상의 애환(哀歡)과 꿈이 서려 잇고 겨레의 빼어난 재질과 진선미(眞善美)의 정화(精華)가 번득인다.

그러나 우리는 우리 전통의 맥박과 정신의 뿌리인 민족문화의 진수를 얼마나 제대로 이해하고 있는가? 분명 우리의 찬란하고 자랑스런 문화이지만, 바로 우리의 곁에 있어 등하불명(燈下不明)이라는 무관심 때문에 정말 세계에 빛나는 선조들의 유산인 예술문화를 사시(斜視)하고 있지는 않는지, 누구나 한 번쯤 생각해 봐야 할 것이다. 특히 많은 예술문화 중에서도 석굴암이나 첨성대, 한옥, 금관, 청자, 백자 등의 차원 높은 예술성은 세계에서도 찾아 볼 수 없는 진수인 것이다. 석굴암은 자연의 암벽을 뚫어 내부공간을 마련하여 종교적 장엄을 꾀했던 화강암의 덩어리이자 조각품이다.

석굴암은 중국의 운강석불, 일본의 호오류우사 금당벽화와 더불어 동양 3대 미술품의 하나로 일컬어지고 있지만, 인간의 힘으로 단단한 돌을 밀가루 반죽을 만지듯이 웅장하면서도 곡선미가 넘치게 다듬은 그 기교는 정말 신품(神品)이 아닐 수 없다. 그러한 예술작품은 승화된 생활미학의 결정(結晶)이며 조국을 지키려는 강인한 민족정신에서 우러나온 것이다. 오랜 세월의 풍상(風霜)을 이기고 오늘날까지 변함 없이 서 있는 그 모습은 창건 당시의 표현할 수 없었던 고통과 영광이 오늘날 우리의 후손에게 말하듯하다. 1000여년 이상 말없이 지난날의 영광을 간직한 채 오늘을 맞기를 바라는 그 마음으로 대하의 흐름처럼 교훈을 내리고 있는 것이다.

한편, 첨성대는 동양 최대의 천문대로 알려진 국보 제31호로써 1천 3백여년의 풍상을 겪고도 경주시 인왕동에 지금도 우뚝 서 있다. 쌓아올린 돌 하나하나에 물이 괴지 않도록 모서리를 둥글게 다듬은 것이라든지, 또 10단 이하는 화강암으로 쌓되 비를 많이 맞는 부분의 그 윗부분을 물에 강한 화강암으로 쌓은 것 등에서 우리는 당시 선조들이 기울인 섬세한 배려와 성의에 놀라지 않을 수 없다. 1000여년 전에 이미 천체를 관측하여 연구해 온 선조들의 예지를 그 후손들인 우리가 우주경쟁의 주역으로 계승하지 못한 것은 자책감을 느끼지 않을 수 없다.

한편, 한옥의 운치와 기교만 보아도 한민족의 정감과 예술성을 인지할 수 있다. 일찍이 일본의 민속예술가 야나기씨는 한옥의 지붕에 나타나는 곡선의 물결을 볼 때 '피안(彼岸)의 바닷가에 물결치는 은은한 파도소리'를 듣는 것 같다고 경탄해 마지않았다.

곡선의 물결, 율동미, 이는 우리 아낙네들의 주름치마나 초가지붕의 둥그런 모습이 그러하듯이 '생명'을 상징하는 것이 아니고 무엇이겠는가? 특히 눈 내리는 겨울날 한옥의 지붕은 그 진가를 발휘하게 되는데, 기왓골마다 쌓인 순한 하얀색과 숫기와의 등에 밴 묵직한 암회색이 엇갈려 보여 주는 정연한 리듬엔 말할 것도 없고 고고한 달빛이라도 부서져 내리면 보는 이는 한동안 시간이 정지된 꿈의 세계로 빠져든다. 또한 더운

여름에는 대청 마룻문을 열어 놓으면 에어컨이 없이도 그렇게 시원해서 좋고 겨울에 포근하고 따뜻한 온돌방은 우리만 가지는 독특한 따사로움이다. 그러나 우리는 우리의 선조가 물려준 그러한 예술적이고 실용적이고 과학적이고 운치가 있는 문화의 가치를 모르고 있는 것이다. 이 어찌 쉽사리 없애 버리고 외국문명에 밀려온 콘크리트 아파트 건물만이 최고이겠는가? 우리는 우리의 이러한 전통 건축물에서도 우리의 참 모습을 스스로 찾아야 할 것이다.

어디 이것뿐이랴!

세계의 어느 누구도 추종을 불허할 자기 기술, 기술이라기보다는 자기의 예술이라고 말할 수 있을 것이다.

박종화 선생은 「청자부」에서 다음과 같이 노래하고 있다.

「천년의 꿈 고려청자/빛깔 오호 빛깔/ 살포시 음영(陰影)을 기린 갸륵한 빛깔아!/조촐하고 깨끗한 비취(翡翠)여/가을 소나기 막 지나간/구멍 뚫린 가을 하늘 한 조각/물방울 뚝뚝 서리어/ 곧 흰 구름장 이는 듯하다」

고려인은 언제나 하늘 속 같이 파랗고 그윽했으며 꽃은 푸른 언덕에서 피고 진다는 상념(想念)으로 생명과 삶의 근원을 찾아 왔는지도 모른다.

노랑색도 아니고 주홍색도 아닌 오직 푸르름 그것은 자연으로 돌아가고 싶어하는 마음이었을 것이다. 그러한 염원이 청자의 비색(翡色)을 만들지 않겠는가?

한 개의 상감청자(象嵌靑磁)!

위는 배부르고 아래는 야위어서 자못 아이를 밴 새악시 같은 자태에서 육감적인 느낌조차 그냥 지나칠 수 없는 깊은 사색을 가져보기도 하며 싱싱하게 피어오르는 청신한 새악시, 도톰한 어깨가 흘러 가지런히 두 다리로 섰으니 누구인들 생명의 보배로움을 느끼지 않을 것인가라고 청자의 자태를 사물의 내면세계를 보는 시인들은 노래하지 않고 배길 수 있었겠는가?

일본의 우찌야마는 그의 저서 「조선 도자기 감상」에서 다음과 같이 설명하고 있다.

「"만일 신에 달하는 도(道)란하고 묻는 사람이 있다면 지금의 나는 한마디로 고려 도자기를 통해서라고 대답하기에 주저하지 않으리라. 아마 세계 각 국의 도자기를 통하여 고려 도자기만큼 정적(靜寂)한 마음이 풍부한 도

자기는 없을 것이다. 고려자기를 볼 때마다 나를 무(無)에 상도(想到)하게
한다. 희다 하기엔 너무나 푸르고 푸르다 하기엔 너무나 희다. 깨끗하고 그
윽하게 고요한 색조는 무의 세계에서 빠져나온 것임을 생각게 한다. 동양정
신의 극치라 해도 지나친 말이 아닐 것이다"라고 극찬했다」

한편, 박종화 선생은 「백자부」에서 다음과 같이 노래하고 있다.
「'하이얀 자기/이조의 병아/빛깔 희고도 다사로웁고/소박하면서 꾸밈없
는 솜씨야/진실로 진실로/아버지와 할아버지/산림처사의 무명도포다.'」

조선백자! 항아리 어깨에 흐르는 선의 아름다움 하며 우유빛 색채미는
차갑다기보다는 다사로운 정감을 주고 있으니 이 또한 어머니의 흰 살결
을 간직했음이 아니고 무엇이랴!

우리는 그러한 정취 속에서 우리의 심성(心性)을 길러 왔으니 두고두고
희고도 푸른 청조함을 기리고 누리는 한국인으로 있었음이 아니겠는가?

청자빛 동양의 하늘과 백자빛 솜털구름의 조화는 곧 우리 백의민족의
심미안의 근원이요 정신의 바탕이었다. 수천년의 역사가 곧 이 자연과의
친화에서 맥맥이 이어져 왔고 꽃피워져 온 것이 아니겠는가!

촛불의 조명을 받아 다소곳이 놓여 있는 자기 앞에 서노라면 말을 잃
고 만다. 주는 말로도 그 신비의 자태를 옮길 수가 없다.

맑고 푸른 생명감과 함께 영롱히 그려진 시부와 그림 등에서 금방이라도
고려인의 숨소리가 들리는 듯, 조선인의 가락이 울려올 듯하다. 이처럼 빼어
난 민족예술의 정화(精華)인 청자와 백자! 세계 모든 문화 애호인들로부터
우러름을 받는 민족예술의 결정체(結晶體), 고려청자와 조선백자!

우리는 탁월하고도 독창적인 이 민족예술의 향기를 오늘에 이어받아
더 한층 우리의 역사인식과 긍지를 가져야 할 것이다.

민족정기가 시들면 국가도 민족도 설 땅을 잃는다. 민족정기는 바로
민족의 문화를 바탕으로 하여 성숙되는 것이다.

우리는 현재 성숙되기 위한 바탕을 가지고 있었지만 그 바탕의 형상과
진가를 모르고 있어왔다.

이러한 석굴암, 한옥, 첨성대, 자기 등은 우리 민족의 예술품의 일부분
이면서 세계에 우뚝 솟은 예술문화의 꽃이며 민족의 자랑이다.

일례로서 일본의 민속예술가이자 메이지대학 교수였던 야나기(1889~

1961)는 '조선의 벗에게 드리는 글'에서 한국의 예술에 대해 다음과 같이 평하고 있다.

「나는 오랫동안 한국의 예술에 대해 마음 속에서 우러나는 경념(敬念)과 친절의 정을 가슴 깊이 안고 있다. 당신네 조상들의 예술처럼 내 마음을 송두리째 열어 젖혀준 예술을 나는 본 일이 없다. 그것보다 더 인정이 끌리는 예술이 또 있다는 예를 나는 모르고 있다. ―그 곳에는 아름다움이 깊이 스며 있으며 속으로 파고드는 조용한 신비의 마음씨가 살아 있는 것이다. 한국미는 고유하고 독특한 것이며 누구도 결코 범할 수 없고, 누구의 모방도 추종(追從)도 허락할 수 없는 자율의 미인 것이다. 한국의 예술이 위대한 것은 그 민족의 미(美)에 대한 놀랄만한 직관(直觀)의 소유자라는 의미, 그리고 그것은 결코 조야(粗野)의 미에 있는 것도 아니요, 강한 특질에 있는 것도 아니며, 다만 그것은 참으로 섬세한 감각의 작품이라는 점에 있다」고 찬탄을 금치 못한 바 있다.

한편, 일본 유인(裕人) 천황의 친동생이며 고고학자인 삼립관(三笠官)씨는 도쿄를 위시한 3개 도시에서 순회개최 전시된 '한국미술 5천년 전'을 구경하고서 이렇게 말했다.

「한국미술 5천년 전을 잠깐만 살펴보아도 일본의 역사와 미술을 크게 고쳐 써야 할 것으로 생각된다. 또한 일본의 고대 문화가 얼마나 한국의 영향을 받고, 일본민족이 얼마만큼 한국민족에게 신세를 졌는지 알 수 있다. 내 자신의 고향도 고대에는 한반도의 영향을 크게 받아 왔다. 나도 한국인의 후손인지 모른다고 솔직히 한국의 예술을 칭송하였다.」

일본의 조각가 다전미파(多田美波)씨는 다음과 같이 표현하고 있다.

「중국의 청동기 전을 보았을 때에는 아무런 감동도 없었으나, 한국미술 '5천년 전'의 한국전시를 통해서는 깊은 감동을 받았다. 중국의 것은 기교적으로 아주 뛰어나 있었으나 장식적(裝飾的)이었는데 반해, 한국의 것은 도자기를 비롯 회화, 조각 등 모두 피부에 배는 인간적인 감동을 불러 일으켰다」고 하였다.

이 외에도 "우리 선조들은 후손들을 위해서 무엇을 남겨 놓았는지 얼굴이 화끈거려 혼났다", "한국문화는 일본의 뿌리임을 직감했다"고 탄식과 경탄을 하는 일본 시민들은 이루 헤아릴 수 없이 많았다는 것이다.

한편, 미국에서 개최되었던 '한국미술 5천년 전' 이후 미국의 '워싱턴 포스트지'에서는 다음과 같이 평가하고 있다.

「아롱거리는 금제왕관, 정교한 금, 비취의 세공, 품절세의 미(美)를 간직한 청자, 따뜻함과 인간미 넘치는 불상과 민화 등 모든 것이 황홀한 미술품들 뿐이니, 한국이 중국과 일본 사이에 위치한 전략적 위치와 부단한 외국세력의 피비린내 나는 침략에도 불구하고, 기적적으로 하나의 문화적 실체로서 독자적 위치를 지켜 왔음을 알 수 있다」고 평가했다.

'타임지'에서는 다음과 같이 표현하고 있다.

「한국은 수많은 외세의 영향 때문에 그 고유의 예술이 편협되거나 외래의 것에서 파생되어 온 것이 아닌가 하고 생각되어 왔으나, 이번 전시를 통해 가장 포괄적이고 독창적인 예술이라는 인식을 갖게 되었다」고 놀라움을 표시했다.

이와 같이 세계의 뭇 사람들로부터 찬탄받는 우리 선조들의 살아 있는 예술성은 모든 것이 자연을 존중하며 자연의 섭리에 따라 자연과 함께 살아가는 가운데 이루어진 창작물인 것이다. 우리는 낚시질을 하되 그물질을 하지 않으며, 활로 새를 쏘기는 하되 잠든 새는 잡지 않으며, 사냥을 하되 번식기는 피하고, 밝은 태양 아래서 일하되, 어둠 속에서는 안식을 취하고, 열매를 따먹되, 마지막 열매는 남겨 두는 동양의 지혜를 지니고 살아온 선조들의 정신을 되살려야 하겠다. 고귀하게 가꾸어 왔던 자랑스런 우리의 민족문화는 선조들의 정신이 살아서 움직이고 있는 것이다. 우리의 선조들은 분명 후손인 우리에게 찬란하고 고귀한 문화를 물려주었다.

현재의 우리는 선조 대대로 물려받은 민족문화에 대한 새로운 인식은 물론 우리 문화의 우수성에 대한 긍지를 가지고 수만대에 태어날 후손들에게 더욱 고귀하고 자랑스런 문화를 유산으로 남겨야 할 것이며, 우리는 지켜야 한다. 우리는 예술을 전통에 기반을 두어온 창조물이다. 주체성을 몰각(沒却)한 분별 없는 외래 문화의 무조건적 수용은 배격되어야 할 것이다.

한국적 미의 특성

우리 민족이 선호하고 형성해 왔던 고유의 미적 특성은 우리 민족의 문화 속에서 정체성과 자부심을 공고히 함과 동시에 정신성과 그 대표적 산물인 식·의·주를 이해하는 근거가 된다. 우리의 미는 외적 아름다움보다는 정신적인 아름다움을 표출하는 것이 특징의 하나라고 할 수 있다.

한국문화의 정신은 '은근과 끈기'로 지적되기도 하였으며, 한국예술의 특징은 멋으로 규정되기도 하였다. 이후 한국의 멋을 체계화한 논문이 발표되기도 하였다. '미'를 표현하는 한국어의 어휘로 '아름다움', '고움'과 '멋' 등 세 가지가 있는데, '아름다움'이라는 말은 'beauty'와, 고움은 서양 미학의 '우아미'와 상통한다. 그러나 '멋'은 다른 민족의 어떤 개념과도 상통하지 않는 한국 특유의 미의식이고, 아름다움의 정상성을 변형해서 체득한 한국적 고유미로 규정되었다. 그렇기 때문에 한국적 미의식의 규명은 바로 '멋'의 특질을 찾는 데서 이루어지며, 한국 예술의 미적 범주인 것이다.

또한 멋의 미적 내용은 형태미로의 멋, 정신미로의 멋으로 구분되기도 하였다. 형태미는 '비정제성'(非整齊性)의 멋이다.

한국미의 특징은 수학적 균제가 적용되지 않고 정해진 규율을 일탈하는 경우가 많다. 이러한 불균제성은 미의 '다양성'을 수반하는데, 그것은 정지된 아름다움보다는 '율동성'을 나타내어 늘 '곡선의 미'로 나타난다는 것이다. 표현미로서는 멋은 '원숙성'과 '왜형성(歪形性)', '완롱성(玩弄性)'을 들었다. 멋을 체득하고 그것을 표현하려면 기법의 능란함이 곧 멋이며 이것은 일종의 형태의 왜곡을 통한 왜형성으로서 정상적인 기법 이상의 멋을 표현한다. 여기서 여유와 유희의 기분을 드러낸 '완롱성' 또는 '해학성'이 담겨 있다.

멋의 정신적인 특질로서 조지훈은 '비실용성'과 '화동성(和同性)', '중절성(中節性)' 그리고 '낙천성'을 들었다. 일례로 긴 옷고름은 실용성과 무관한 미적 충동이고 마음을 후련하게 하는데 효용이 있다. 이 비실용성이 초규격성이나 비정제성과 표리가 되듯이, 화동성은 원숙성이나 다양성과 표리가 된다. "멋에는 규각(圭角)과 갈등과 고절이 없다. 조화와 흥취의 세계이다. 그러므로 멋의 화동성은 고고성과 통속성의 양면을 동시에 지닌다. 허랑성과 엄격성, 사치와 높은 고양이 공존한 멋은 중용의 균형을 유지하는 '중절성'이 있어야 하고, 유유자적하는 자연의 생활과 기쁨을 외부에서 찾지 않고 내부에서 즐기는 낙토(樂土)의 경지가 있기 때문에 '낙천성'이 수반되어야 한다"고 보았다.

1920년대 독일인 신부 에카르트(Eckardt)는 한국인이 "타고난 예술에 대한 민족적 재능과 미적 심미안"을 잘 나타내고 있는데, 그것은 "참으로 깊이 자리잡은 예술감각이고, 인위적인 것이 아니고 천부적인 것"이라고 기술하였다.

또한 한국미의 특징은 불교미술에서 보이듯이 '무한한 내재미(內在美)'로 구성되거나, '질박(質朴)', '담소(談笑)', '무기교(無技巧)의 기교'로 주장되었으며, 순리의 아름다움, 간박(簡朴) 단순한 아름다움, 고요와 익살의 아름다움, 담담한 색감의 해화미(諧和美) 등으로도 언급되었다.

이상과 같이 선학들은 무한한 정신성의 내재와 순수하고 자연스러운 외적 형태에서 한국 고유의 미적 특성을 찾고 있음을 알 수 있다. 무한한 정신세계는 질박, 겸손, 절제, 품위, 희화적 성품 등으로 이해되고, 외적 형태에 있어서는 비정제, 불균제, 왜형, 무기교로 묘사하여 정선된 아름다움이 결여되어 있는 듯하지만, 천부적인 고전미에 진지함에 내재되어 있다는 에카르트의 설명처럼 정신성과 외적 형태가 전체적으로 조화를 이룬 미적 특성을 찾을 수 있다.

5. 한국적인 것의 모색방안(연구사례)*

1) 국학? 한국학?

미학이라는 학문은 18세기 유럽에서 그 이름이 생긴 새로운 학문이고, 주로 독일과 서구에서 발전해 오다가, 변화되는 세계와 함께 마르크스주의가 가담하는 양태를 띠고 발전해 왔다. 그런 의미에서 오늘의 주제와 과연 얼마나 맞아떨어질 수 있느냐 하는 것에 대해 상당한 의문이 있다. 한국학이라고 했을 때 우선 그 정의 문제가 거론된다. 여기에서는 한국학국제대회 때의 논의들을 참고하고자 한다. 당시 김충열교수는 발제를 통해 한국학을 이렇게 정의한 바 있다. "한국학이란 한반도와 오늘날의 만주 일대를 무대로 단일민족으로 구성된 한민족이 수천년간 연출해 온 사람의 과정과 형태를 시공을 초월해서도 이해하고 전수할 수 있게끔 문자, 도상, 행위 등을 통해 보존하는 모든 지·행 작업을 하나의 학문체계로 집대성해 놓은 것을 말한다. 이러한 국학은 이미 밝혀진 옛 자취에 국한되어 진행되는 단편적 학문이 아니라, 아직 밖으로 드러나지 않은 유적과 유물들을 지속적으로 발굴하여 치밀한 검증을 거쳐 역사를 보다 정확히 규명하는 개방된 학문이다." 이 규정이 논의의 출발점으로 마땅하다고 생각한다. 중국에서 온 류우열교수도 호적의 국학에 대해 소개하

---

*김문환, '한국적인 것의 모색방안' plus, 1997. 1, pp. 113~115.

면서, "국학의 사명은 사람들이 중국의 과거 문화사를 이해하려고 하는 것이고, 국학의 방법은 역사의 관점으로 모든 과거의 문화와 역사를 정리하려 하는 것이고, 그 목적은 중국의 문화사를 만들려고 하는 것이다"라고 했는데, 앞의 정의와 일맥상통한다고 본다. 그런 쪽에서 본다면, 결국 한반도와 만주에서 오랫동안 목숨을 이어온 한민족의 형태를 당시의 사회상황과 연관지어, 또 그 당시의 영향관계들과 연관시키면서, 민족의 오늘과 미래를 위한 지혜를 찾아내는 것으로 한국학의 성격을 규정시켜야 할 것이다.

그런데 좀 아쉽게 생각되는 것은 한국학을 지역학이라고 단정지어서 말하는 경향이다. 물론 우리의 역사중 대부분이 한반도와 만주일대를 주무대로 삼았기 때문에 지역학으로서의 한국학이라는 말이 성립될 수 있다고 생각한다. 그러나 결국 사람이 문제라고 한다면 한민족이라는 점에 좀더 밀착해서 생각해 보아야 할 것이다. 한민족이라고 하는 단위가 어떻게 형성이 되고 어떤 생활의 지혜들을 이어왔던가 하는 궤적을 일단 밝혀내는 것이 중요하다고 본다. 만일 이처럼 한민족이라는 단위를 중요한 요소로 설정한다면, 적어도 최근세사에서 수난의 역사와 함께 흩어져 있는 세계속의 한민족을 어떻게 다룰 것이냐 하는 점이 숙제거리로 남아 있다고 본다.

현재 전세계 140여개국에 520만명의 한민족이 흩어져 살고 있다. 더군다나 우리가 관심을 갖는 것이 21세기 한국학의 방향과 과제라고 한다면, 한반도에서 각축을 벌이고 살아왔던 우리만큼이나, 어떤 연유였던 간에 이곳을 벗어나서 세계 각처로 흩어진 사람들이 새로운 문화와 충돌하는 속에서 자기를 보존하고 또 변화시켜 간 과정에 관한 연구가 있어야 된다고 생각한다. 말하자면, 한민족이 지녀온 생활의 지혜를 한반도와 만주 벌판에 국한할 것이 아니라, 전세계 140여개국에 흩어져 있는 한민족으로까지 확대해서 세계화와 연관시키는 연구가 필요하다고 본다 이스라엘 텔아비브 대학에 아주 흥미로운 연구시설이 있다. 디아스포라 뮤지엄이라고 하는 건데, 전세계에 흩어져 있는 유태 백성들의 흔적을 모아 놓고, 그 속에서 민족의 끈질긴 역사적 지혜를 탐구하는 종합박물관이자 연구기관이다. 한국학도 이처럼 범위를 넓게 잡아 보는 것이 필요하다는 생각이 든다.

명칭의 문제에 관해서는 비단 인문학뿐만 아니라, 인문학의 한 가지라고 할 수 있는 예술연구영역에서도 상당히 오랜 논란이 있어 왔다. 말하자면, 양악과 국악이 갈등을 벌인 적도 있고, 한국화를 양화와 구별하려는 움직임도 있었다. 최근에는 양악, 국악의 구별이 필요 없는 게 아니냐? 결국 한국사람으로서의 의식과 정서를 담아낼 수 있는 음악이라면 소재를 전통음악에서 잡아왔든 서양음악에서 잡아왔든, 결국 우리의 어법으로 당대의 의식과 정서를 표현한 것이면 되지 않느냐 해서 '민족음악'이라는 개념을 쓰는 사람도 없지 않다. 만일 우리가 한민족의 생활과 연관되는 과거와 현재, 미래를 대상으로 잡는다면, 외국학자들도 함께 참여해야 한다는 생각 속에서 한국학이라는 명칭이 국학보다 더 적합하다고 생각한다. 심정적으로 우리 것이니까 더 사랑하고 아끼자 하는 뜻에서 '국학', '우리 학문'이라고 부르고 싶다 하더라도, 하나의 학문으로 성립되기 위해서는 비교적 객관적인 한국학이라는 이름을 붙이는 것이 옳다고 본다. 외국에서 공부하는 사람들이 좀더 객관적으로 들여다보는 것에 반해서 이 분야를 연구하는 한국사람들은 좀더 열정을 갖자고 하는 호소는 있을 수 있어도 학문의 명칭 자체가 달라지는 것은 바람직하지 않다고 본다. 당시 토론 중에서는 "우리나라에서 문학·사학·철학 등 분야에 종사하는 인문과학자들 뿐 아니라 현대의 정치·경제·사회를 연구하는 사회과학자들이 자국의 과거와 현재의 역사현상을 연구할 때 이를 국학이라 부르고, 외국의 연구자들이 한반도 전체의 정치·경제·사회·문화 등을 연구할 때 한국학이라 부르는 것이 온당할 듯하다" 하는 주장이 있었는데, 심정적인 태도를 얘기할 때에는 모르지만, 학문대상을 한정할 때에는 한국학이 보다 많은 사람들의 참여를 허용할 수 있는 명칭이 되리라고 생각한다.

2) 만들어 가는가? 만들어져 있는가?

다음으로 방법론에 대해 논의해 보고자 하는데, 방법론의 문제가 필요성과 연관되어야 한다고 생각한다. 말하자면, 어떤 학문이나 목적의식이 뚜렷이 세워질 때 이에 합당한 방법과 분야가 결정된다고 보는 것이다. 그런 의미에서 왜 한국학을 개척해야 하고 또 발전시켜야 하느냐 하는 문제가 조금 더 토론이 되어야 한다고 생각한다. 앞에서 언급한 모임의 기조 강연은 이를 두 가지로 밝히고 있다. 거기에서 "하나는 민족모순의 해결이라는 것이고, 다른 하나는 생명모순의 해결이다"라고 한국학을 발전시키는 목표의식이 밝혀져 있다(임재해 교수). 또 김충열 교수도 "결국은 옛 선인들의 삶의 의지와 슬기를 체득해 내어 그것을 오늘날의 우리 삶과 연결시켜 생명의 지속성 및 민족통일성을 확인하는 연원으로 삼고 온고이지신으로" 어떤 창조성을 덧붙이자 하는 얘기로 필요성 내지는 목적을 얘기했다. 필자는 이 두 가지 의견이 상당히 중요하다고 보면서도 또 하나의 제안(이정훈 교수)이 좀더 공감을 살 수 있다고 본다. 즉, "한국의 풍부한 정체성을 보존함으로써 세계문화의 다양성에 공헌하는 것이 지구촌 공동체나 한국 자체에 대한 우리의 의무"라는 의견이 우리가 왜 한국학을 보다 더 의미 있게 보아야 되는가에 대한 포괄적인 대답이 될 수 있다고 본다.

일제 침략으로 인해 우리의 정체성에 대한 관심이 높아질 수밖에 없었고, 또 서구문명의 폐해가 우리 속에 좀더 극렬해지면서 생명모순의 문제까지 포함해서 우리가 과연 이렇게 살아도 되느냐하는 반성이 일어남에 따라, 현실의 모순을 조금 더 민감하게 밝혀내야 할 필요성이 증대했다. 이때 과거만큼이나 우리가 현재 살아가는 모습을 조명하는 작업이 있어야 하며, 따라서 마땅히 현대학문들의 성과를 수용하는 쪽으로 그 방향이 잡혀져야 된다고 생각된다.

민족의식이라는 것도 그렇다. 민족의 일원으로서의 존엄성과 인간으로서의 위치가 억압되고 있을 때, 우리는 당연히 방어적인 또는 전투적인 태세를 택할 수밖에 없다. 그런 면에서 일종의 문화충격으로부터 벗어나고자 하는 방어적인 태도가 한국학에서 하나의 전제로 깔려 있다는 것을 인정한다. 그러나 거기에만 머물러서는 문제가 있다. 남이 가해오는 피해로부터 자기를 방어하겠다고 하는 단계가 어느 정도 해소됐다면, 그 후 어떤 방향을 잡아가야 하는가가 문제이다.

이때 우리는 자칫 잘못하면 이기주의적인 성향에 빠질 위험을 스스로 경계해야 한다. 개인만큼이나 집단이 갖고 있는 이기주의는 상당히 강력하다. 집단이기주의는 개인이 갖고 잇는 이기주의를 증폭시켜서 개인의 힘으로는 얻을 수 없는 것을 집단을 통해서 획득하겠다고 하는 동기를 아주 교묘하게 숨기고 있기 때문에, 집단이기주의에 대한 우리의 태도가 분명해야 한다. 우기가 통일을 이야기하는 것은 북한이나 남한이나 할 것 없이 민족의 구체적인 단위들이 자기 이익을 옹호하기 위해 권력을 잡은 집단의 이기주의로 인해 야기되었던 고통을 극복하기 위해서이다. 말하자면 그러한 집단이기주의의 사슬을 스스로 끊어낼 수 있는 결단이 있어야 된다는 것이다. 그런데 다른 민족은 어떻게 되든 상관없이 우리 민족만 잘 살겠다고 하는 쪽으로, 우리는 자존심을 살리겠다고 하는 쪽으로만 국학 또는 한국학을 내세운다면, 이것은 굉장히 큰 폐해를 가져올 것이 예감된다. 그런 입장에서 생명모순의 극복을 목표로 삼겠다고 하는 것은 상당히 옳다고 본다. 세계를 하얀 꽃이니 빨간 꽃 일색으로 물들이지 않고 각자가 자기의 꽃을 피우게 하자는 것으로 목표를 정하고, 그 꽃밭을 아름답게 만들려고 한다면 나와 타자의 관계를 잘 조정하고 이해해야 하기 때문이다. 이처럼 내가 누구라는 것을 알고 상대방이 누구라는 것을 알기 위해 가장 필요한 것은 다르다는 것과 틀리다는 것의 구별이다.

한국학을 자칫 잘못 끌고 가다보면 내가 생각하는 것, 내가 살아온 방식은 옳고 남의 것은 틀리다라는 생각을 키우게 될 수도 있는데, 이렇게 되면 한국학은 오용될 가능성이 있다. 처음부터 필요성과 목적에 보다 적극적인 의미를 부여하면서 세계문화에 기여할 수 있도록 우리의 개성을 좀더 찬란하게 개발하겠다고 하는 쪽으로, 다시 말해서 이제는 피해의식에서 벗어나 좀더 적극적인 자세로 한국학을 생각해야 된다고 본다.

말하자면, 한국학이 나 자신을 알고 다른 사람과의 관계 속에서 값싸게 협상하거나 폭력에 굴복하지 않는 의미 있는 주체를 확립하기 위한 것이 그 목표라고 한다면 당연히 열린 학문이라고 하는 특징을 가질 수밖에 없다. 이런 맥락에서 '만들어 가는 국학'이라고 하는 쪽에 관심이 간다. '만들어 가는 국학'은 '만들어져 있는 국학'과 대비해서, 지금 여기에 있는 것을 움직일 수 없는 것처럼 생각하는 것에 대해 저항한다고 여겨지기 때문이다. 말하자면, '만들어 가는 국학'은 과거가 단순히 과거이기 때문에 존중되어야 된다든지 움직일 수 없다는 것이 아니라, 생성과정이 무엇이냐 하는 것을 면밀히 연구함으로써 미래에 대한 지침을 찾는다는 뜻을 함축하고 있다고 생각한다. 그렇지만 그 만들어 가는 과정에 대해 너무 물리적으로 접근해서는 안 된다고 생각한다. 그 보다는 오히

려 비유컨대 일종의 화학적인, 생물학적인 접근이 필요하다고는 생각한
다. 예를 들어 양파의 본질을 알기 위해서 양파껍데기를 하나씩 제거한
다고 치자. 그렇게 해서 맨 끝에 남은 대궁이가 양파의 본질이라고 할
수 있겠느냐는 것은 의문의 여지가 많다. 마찬가지로 한국문화형성에 영
향을 줬던 요소들을 이것은 기독교적이니까, 유교적이니까, 불교적이니까
하고 뺄 수 있느냐는 것이다. 그 경우 남는 것은 아마도 샤머니즘뿐일텐
데, 이조차도 우리가 독자적으로 형성한 것이 아니라는 데 문제가 있다.
한국문화의 형성과정에서 이러한 새로운 영향들이 왜 작용했을까 하는
역동적인 접근이 '만들어 가는 학문'을 하려는 사람들에게는 좀더 관심거
리가 되어야 한다고 생각한다. 한마디로 해서, 결국 비교문화학적인 방법
을 택할 수밖에 없다. 그러기에 사람들은 너무 우리 문화의 고유성을 자
랑하는 사람들을 조금 경계하고 있다. 다시 말해서, "한국의 고유한 문화
유산을 고립적으로 다루지 않고 동서양의 다른 문화의 상관관계 속에서
재발견하며 외부세계와의 동적인 상호작용 속에서 파악해야 한다." 사실
상 우리가 갖고 있는 여러 문화요소들은 멀게는 간다라 또는 스키타이로
부터, 가깝게는 중국, 일본으로부터 왔다. 그러기에 문화요소들 자체보다
는 오히려 그것들을 우리의 생활조건과 조화시켜온 지혜가 자랑거리라면
자랑거리일 수 있다. 세계시민으로 살아가야 하는 오늘의 우리들은 과거
에도 이와 같이 다른 요소들을 흡수해서 독자적인 문화를 형성해 왔다는
것을 자랑으로 생각하면서 이웃들과 동질 의식을 키워 가는 한편, 다른
것들을 계속해서 우리 것으로 소화해내는 창의성을 지켜 가는 노력이 필
요하다고 생각한다. 그런 입장에서 마땅히 비교문화론이 방법론적으로
합당한 것으로 채택되어야 할 것이고, 그것을 통해서 '열린 국학' 또는
'만들어 가는 국학'의 목표가 이루어질 것이라는 생각을 해본다.

그런 의미에서 중국에서 온 류우열교수가 소개한 호적의 주장, 즉 "귀신
을 쫓기 위해서 과거를 공부하는 것이다. 과거라고 하는 것이 우리를 너무
억압해서 헤어나오지 못한다면, 오히려 이 귀신의 정체를 알아내는 것이 해
방의 근본이 된다"라는 주장이 제대로 음미되어야 한다고 생각한다. 우리가
학문을 하는 근본이유는 개인의 차원이든, 집단의 차원이든 우리들의 역량
을 최대한 발휘할 수 있는 조건을 만들어 주자는 것이고, 그 길을 터 주자
는 것이다. 우리를 사로잡고 있는 악령들을 내쫓는 관심을 우리가 해방적

관심이라고 한다면, 마땅히 해방적 관심에 입각해서 열린 자세로 대화하고 남들의 성과를 수용하는 방법론이 존중되어야 한다.

3) 타자화된 자연

자연을 이용의 대상으로 생각해 왔던 도구주의적 접근이 오늘의 환경 파괴를 초래했다는 것은 오늘날 하나의 정설이다. 따라서 우리가 자연을 어떻게 이제와 다르게 대해야 하느냐 하는 질문에 대한 답들을 하나의 보완책으로 찾아보아야 할 것이다. 자연을 이용하지 않고도 과연 생존이 가능한가 하는 문제에 부딪히면, 우리는 물론 자연을 이용할 수밖에 없다. 하지만 먹이 외에 다른 존재를 죽이는 동물은 사람밖에 없다는 표현을 되새겨 보아야 한다. 예를 들면 오늘날 기독교에서 창조질서의 보존이라고 하는 목표아래 이제까지의 성경해석, 특히 창조신화의 해석이 잘못되었다는 반성이 일고 있다. 말하자면, 정복하라는 구절만 읽고 생육하고 번성케 하라는 구절은 안 읽었다 하는 차원에서 새로운 태도를 갖춰가고 있다.

전공 쪽에서 본다면, 자연을 단순히 이용의 대상으로만 보았던 시절에 이를 관조의 대상으로 볼 것을 권장했던 미학의 출발이 의미하는 바가 되새겨져야 한다고 생각한다. 자연을 이용하지 않고 바라만 보고 있으면 굶어 죽는다. 생존을 위해서 자연을 이용할 수밖에 없지만, 그러나 여기에서 머물지 않고 그것으로부터 무엇을 배우려고 하는 태도도 익혀야 한다. 이것은 바로 자연을 타자로 보는 태도이다. 근대문명의 맹점은 타자를 인정하지 않는 태도이다. 상대방을 내 연장선상에서 보고 취급하는데서 우리의 비극은 출발했다.

그런 의미에서 자연을 타자로서 인정하고, 대화를 나누고, 의미를 찾아내려고 하는 것과 같은, 넓은 의미에서의 미학적인 접근이 요청된다고 본다. 그런 점에서 해방의 학문으로서의 미학이 갖는 의미를 우리의 전통과 어떻게 연결할 수 있을지 연구하는 것, 이것이 바로 전공 쪽에서 볼 때 하나의 중대한 과제가 된다.

6. 가장 한국적인 것은 무엇인가?(연구사례)*

1) 개 요

우리에게 있는 것과 없는 것, 한국학(성)이라는 주제를 보면 우리 전통 생활문화의 현대적 수용이라는 과제로 맺어지고 있다. 일찍이 우리 전통 연희를 오늘의 정서에 맞게 재창조하는 작업에 몰두해 본 경험이 있는 사람으로서는 이것이 여간 어려운 일이 아님을 익히 알고 있다. 탈춤에서 창작탈춤으로, 그리고 마당극이라는 이 시대의 새로운 양식으로까지 발전시키는 과정에 열심히 참여해 왔지만, 아직도 우리 전통문화의 본령이 뭔지 어렴풋이만 느껴지니 말이다. 시대에 따라 전통문화가 왜 중요하고 필요한지에 대한 이유가 달라지기도 하고, 그에 따라 논의의 핵심도 달라진다. 일제시대에 민족의 존립이 위태로웠을 때 단재 신채호선생은 우리의 역사를 '아(我)와 비아(非我)의 투쟁'이라고 보고 외래의 침략에 대항하는 아(我)로소 상고시대의 고유사상을 내세워 민족의 정체성으로 삼고자 하였다. 일제말과 전쟁의 참화를 겪으면서 우리 민족의 정서는 한(恨)이라 하여 역사를 뛰어넘는 추상화의 시도도 있었다.

1960년대에 다시 한국학에 대한 관심이 고조되었던 것은 4·19혁명 이후의 민족주의적 경향과 관련이 있고, 이후 급격한 산업화로 농촌문화가 파괴되면서 전통문화를 보존하여야 한다는 주장도 강해졌다. 1970년대에는 독재정권에 저항의 방법으로 이와 같은 전통민속문화의 민중적 특성이 연구되었고, 또 한편으로는 권위주의적 독재체재를 정당화하기 위해 유교의 충(忠)·효(孝)사상을 왜곡하여 강요하기도 하였다. 그렇다면 이즈음에 다시 한국학에 대한 관심이 고조될 수 있는 여건은 무엇인가? 위에서 잠깐 살펴본 바와 같은 지난 반세기의 (전통)민속문화의 부상기와 그 상황이 매우 다르다. 산업화 이후에 태어난 세대들이 인구층의 가장 많은 부분을 형성하고 있고, 문화환경 또한 전통의 가치와 연속성을 찾아보기 힘들 정도이다. 세계화의 추세에 따라 생활문화의 양태도 날로 서구화되어 이제는 그 점이 바로 세대간의 단절의 요인이 되기도 한다. 그런데 이러한 '세계화'가 오히려 한국학에 대한 새로운 관심의 배경을

*박인배, '한국적인 것은 무엇인가?', plus, 1997. 1, pp. 116~117

제공하고 있다. 국제적인 경쟁에서 점차 문화의 중요성이 부각됨에 따라
각 나라의 특성을 드러낸 (문화)상품만이 부가가치를 높일 수 있다고 한
다. 그래서 "가장 민족적인 것이 가장 세계적이다"라는 역설적인 명제 또
한 다시 한번 타당성을 가지게 되었다. 그렇다면 우리에게 '가장 민족(한
국)적인 것'은 무엇인가? 세계적인 보편성과는 다른 한국적인 것이 분명
히 있기는 있는가? 우선 한국적인 것은 어떤 조건을 만족시켜야 하는지
에서부터 이야기를 시작해 보기로 하자.

2) 현재성을 가지고 있어야 한다

전통가옥을 보존한다고 아무도 들어가지 못하게 하고 집을 비워놓으면
사람을 살게 할 때보다 더 빨리 허물어진다는 말을 들은 적이 있다. 사
람을 살지 못하게 하면 역사 속에 잘 보존은 되겠지만 박제화되어 이미
'오늘을 살아가는 우리'의 것은 아니다. '선조의 것'이 되기 때문이다. '우
리말'의 범주를 파악하는 데서도 마찬가지다. 혹자는 영어발음을 그대로
가져다 놓은 '컴퓨터'라는 말은 우리말이 아니라고 하겠지만, 그렇다고
'컴퓨터'를 '셈틀'이라고 한다고 해서 그 뜻을 바르게 옮긴 것은 아니다.
우리의 고유사상과 말이 있었다고 하더라도 고려시대와 조선시대를 지내
면서 많은 한자어와 그에 비롯된 사상체계가 들어왔고, 그것들 자체가
전통문화의 주요 영역을 차지하고 있다. 이와 같이 시대의 변화에 따라
우리의 전통문화는 외래의 문화와 만나면서 새로운 모습으로 변화하여
오늘에 이르고 있다.

3) 역사성을 살펴야 한다

그러나 위와 같이 현재 우리의 모습을 '한국적'이라고 하는 데는 누구
도 반론을 펴지는 못하겠지만 모두가 불만이다. 우리사회의 생활문화 변
화속도가 너무 급격해서 이 새로운 문화에 대한 적응이 잘 되고 있는지
아닌지 불안하기 때문이다. 지금 옛날 한옥에 살고 있는 사람이더라도
구들장이고 부엌이고 고치지 않은 채로 사는 사람은 아무도 없을 것이
다. 심지어는 기둥이고 주춧돌까지 바꾸어 놓은 경우도 많이 보았다. 이
러한 변화는 바로 전세계에서 예를 찾아보기 어려운 급격한 산업화에 의

한 것이다. 서구에서의 '근대화'는 민주주의 발전과 경제의 발전이 일정한 순환을 이루면서 진행된 데 비해 우리나라의 근대산업화는 독재정치하에서 물질적 부만 증대시켜 놓은 꼴이어서 그 기반이 심히 불안정하다. 언제 어디서 성수대교나 삼풍백화점 붕괴와 같은 사고가 또 생겨날지 알 수가 없다. 아니 작은 규모로는 날마다 무너지고 있을지도 모른다. 단단해 보이는 건축물이 이러할진데, 보다 복잡한 양상을 띠는 문화에 있어서는 그 정도가 더욱 심하다. 여기에 미래의 삶에 대한 방향이 명확하게 잡히지 않음으로 해서 생기는 세기말적 불안이 더욱 가중되고 있다.

4) 문화에 대한 시각교정이 이루어져야 한다

그러나 우리의 의식에 여러 층위가 있듯이 문화도 다양한 층위로 구성되어 있다. 그러므로 현재의 모습이 단순히 표면적인 것에 불과하고 진짜 한국적인 것은 여전히 땅속을 흐르는 물과 같이 지속될 것인지, 아니면 상당히 깊은 곳까지 변화가 이루어졌는지 알 수가 없는 일이다. 다만, 현재 우리가 변화를 바라보는 관점에도 많은 왜곡이 있어 왔다는 점을 간과해서는 안된다. 즉, 우리의 근대화과정에서 만들어졌던 지배이데올로기들은 우리 사고방식에 많은 색안경을 끼워 놓았다는 이야기이다. 예를 들어 "밀가루가 쌀보다 영양가가 우수하다"라는 말을 우리는 많이 들어 왔다. 그런데 이 이야기는 식량문제를 해결하기 위해 값싼 밀가루를 들여왔는데 한국사람의 식성은 쌀밥을 고집하니 밀이 쌀보다 영양가가 높다는 '계몽'이 이루어졌다. 집을 뜯어고치는 '주택개량' 사업에서는 이런 일이 없었는가? 아니면 우리의 사고자체가 아직도 이런 왜곡된 틀속에 얽매여 있는 것은 아닐까? 문민정부에 들어와 이와 같은 맥락에서 '역사 바로세우기'가 진행되고 있으니 5·16혁명을 군사쿠데타로 규정하기만 하였을 뿐 그에 뒤따른 일방적 개발정책의 문제점에 대해서는 미처 살펴보지도 못하고 있는 실정이다. 세계적으로는 지금 이러한 일방적 발전론이 가지는 한계와 자연파괴적 개발의 후유증에 대한 점검이 심각하게 이루어지고 있다. 그럼에도 아직 우리의 사고 속에는 경제제일주의와 개발우선논리가 당연한 듯이 자리잡고 있는 것은 아닐까?

이와 같은 왜곡에 대한 반성으로 지난날의 문화유산에 대해서 좀더 새로운 각도에서 되돌아볼 필요가 있다. 그래서 문화유산에 대한 새로운 안목이 확장되어야 한다. 유홍준교수의 '나의 문화유산답사기'가 몇년째 베스트셀러가 되고 있는 것도 그것이 단순한 문화유산 해설서가 아니기 때문이다. 책제목에 '나의'라는 수식어가 붙었듯이 저자의 독특한 해석이 돋보였다. 물론 그렇다고 해서 그 책이 기존의 연구성과를 우리 사회가 1970~80년대에 편견으로 말미암아 되돌아보지 못했던 측면을 새롭게 부각시켜 놓은 데 특징이 있다. 비단 건축물 등으로 남아 있는 유형의 문화유산뿐만 아니라 그 속에 깃들어 있던 무형의 정신문화에 대한 이해는 보다 더 넓은 안목을 필요로 한다. 여기에 항상 현재적 재해석이 중요해진다. 탈춤에 대한 연구도 1960년대에는 주로 국문학자들에 의해서 대본을 중심으로 연구되었다. 명칭도 가면을 쓰고 하는 연극이라고 해서 '가면극'이라 하고 서구연극의 기준으로 보면 서사극적 요소를 많이 가졌다고 분석되었다. 그러나 1970년대초에 들어 학생들이 이를 직접 배워서 공연을 해보니 그런 연극적 분석보다는 '춤으로서의 신명'이 더 중심인 것으로 알아 '탈춤'이라고 부르게 되었다. 그 뒤 탈춤을 오늘날의 사회에 복원시켜 보려는 노력의 일환으로 공연의 사회적 기능에 대한 관심이 높아짐에 따라 탈춤이 추어지던 전통시대의 촌락공동체와 탈춤과의 관계에 대한 해석도 나오고 '탈굿' 또는 '대동굿'이라는 말도 생겨났다. 이와 같이 현재적 복원을 시도하면 할수록 전통에 대한 이해의 폭도 깊어진다고 할 수 있다. 따라서 한국적인 것을 찾아내는 작업은 어찌보면 현재 표면 문화현상의 어지러움속에 묻혀 있는 땅속의 문화유산을 파내는 작업과 비교될 수도 있다. 그렇다면 얼마나 깊이 파고 들어가야 가장 한국적인 것의 원형을 찾을 수가 있을까?

5) 식민지시대의 문화말살을 뛰어넘어야 한다

1960~70년대 근대화과정에서의 편견과 무지로 말미암아 묻혀버린 전통민족문화의 요소들이 많이 있다. 하지만 그보다 더 중요한 것은 그런 일들이 그렇게 서슴없이 자행되도록 만든 배경이다. 일제의 민족문화 말살은 문화재를 도굴하여 훔쳐갔을 뿐만 아니라 문화적 열등감을 심어 놓는 교묘한 문화정책을 펼쳐 놓았다. 이광수 등의 '민족개조론'이 여기에 놀아난 대표적 실례라고 볼 수 있다. 나라를 잃은 패배의식에서도 그랬겠지만, 민족문화의 전통을 모두 미개하고 열등한 것으로 받아들이게 한

것이었다. 이리하여 더욱 골이 깊어진 문화적 사대주의는 모든 문화예술적 모방의 대상을 일본을 창구로 하는 서구문화에 두게 되었고, 이는 해방 이후에도 그대로 온존되었다. 이른바 '일제잔재 청산'의 실패로 말미암아 사회 곳곳에 전통 민족문화에 대한 무지와 편견을 심어놓았다. 그 위에 근대화의 바람이 휘몰아쳤으니 '구습'은 다시 살펴볼 겨를도 없이 모두 팽개쳐졌다. 그 결과 우리는 우리 문화의 역사속에서 일제시대에 큰 단절을 발견하게 된다. 역사의 저 깊은 땅속에서부터 자연스럽게 스며 올라오는 한국성이라는 수맥을 콘크리트로 쳐발라 버리고 여기에는 쓸데없는 쓰레기만 쌓여 있다는 팻말을 붙여 놓은 것과도 같다고나 할까. 그래서 늘 한국적인 것에 대한 갈증에 시달릴 수밖에 없고, 요즈음과 같이 절실히 필요할 때에도 한국성이 있느니 없느니 하는 소모적인 논쟁에 휩쓸리게 된다. 그렇다면 다시 시추고을 뚫어 수맥을 현재와 연결시키는 작업은 어떻게 가능할까?

6) 현재적 삶과의 관계속에서 자기 정체성을 살려야 한다

다시 처음의 조건으로 돌아왔다고도 볼 수 있는데, 모든 문화는 현재적 삶의 필요에 의해서 발전되는 것이다. 문화재를 발굴해 놓고 잘 보존하여 놓았다고 그 위력이 돋보이는 것은 아니다. 우리 민족이 과거 5천년의 유구한 역사를 가졌다고 해서 그것이 오늘날에 어떤 영향을 미치는가? 그 자부심으로 말미암아 오늘날에 필요한 해석을 적극적으로 해낼 수 있을 때 문화민족의 전통은 다시 이어진다고 본다. 그러므로 가장 한국적인 것은 우리 문화의 역사성 속에서 오늘날과 접맥된 부분에서 찾아질 것이다. 그러나 이 오늘날의 필요가 근시안적인 안목에서 바라보느냐, 아니면 좀더 미래를 바라본 안목이냐에 따라 달라질 수도 있다.

근대적 발전의 한계가 날로 드러나 새로운 세계인식의 패러다임이 절실히 요구되고 있는 시기이기도 하기에 이 땅에서 근대 이전의 삶을 살아온 우리의 전통문화는 어떻게 해석하느냐에 따라 반짝이는 보석이 될 수도 있을 것이다.

7) 북한의 문화를 고려하여야 한다

위와 같이 한국적인 것을 오늘날의 현실에 맞게 갈고 닦아가는 일 중에 결코 빼놓을 수 없는 대상의 하나는 북한의 문화이다. 50년전까지는 동일한 문화전통을 가지고 있었으나, 분단 이후 50년을 서로 전혀 다른 체제속에서 문화를 발전시켜 옴에 따라 현재는 매우 다른 이질성을 갖게 되었음을 인정하지 않을 수 없다. 그럼에도 말과 글을 비롯하여 문화의 많은 부분이 소통에 지장이 없을 정도의 공통점을 가지고 있다. 그렇다면 이 부분이야말로 한국적인 것의 원형이라고도 할 수 있지 않을까. 하지만 문화라는 것이 무슨 화학물질과 같이 그 성분을 분석적으로 계량할 수 있는 것은 아니기에 이런 추론도 결코 쉽지는 않다. 그럼에도 이 지구상에서 반세기 이상을 끌어왔던 냉전체제가 소멸된 지금, 그 양체제의 틈바구니에서 갈등을 증폭시키고 같은 민족문화의 전통을 이질적인 문화로 만들어온 상태에서 다시 하나의 문화로 통일시켜가는 과정이야말로 분단민족의 비애이자 한편으로는 가장 한국적인 것을 다시 확인하는 과정이 될 수 있지 않을까 한다.

관광산업에의 얼과 매력

5천년 동안 내려왔던 보릿고개의 굶주림을 단 30년 동안 몰아내었지만, 우리는 반만년 동안 내려온 찬란한 전통문화를 좀 심하게 말하면 단 30년 동안에 무너뜨린 부끄러운 역사를 아울러 기록했다. 지금 우리는 다시 심각한 '정신적 보릿고개'를 맞고 있다. 우리는 외국의 가치관에 '얼'빠진 한국사회를 차분히 반성해야 한다. 남의 문화를 중심으로 사물을 바라보는 태도를 일러 '타문화 중심주의'라고 하는데 우리는 지금 너무 '문화 사대주의'에 빠져 있다. 오늘날 세계는 대체로 서구문화의 신드롬에 빠져 있다. 현대 한국사회는 미국의 소비문화, 일본의 향락문화의 소용돌이에 있으며, 특히 미국문화가 우리 사회를 지배하고 있다.

서울 어디를 가나 미국식 패스트푸드 음식점(웬디스, 버거킹, 맥도날드, 켄터키 치킨 등)이 즐비하고, 라디오를 틀면 미국에서 유행하는 팝송이 흘러나오고, 미국의 영화도 히트작이 동시 개봉되는 등 식사, 음악, 생활양식(life style), 거리모습까지 서울은 마치 미국 일변도의 복사판과 같다.

로마에서는 지상뿐만 아니라 지하에 있는 고적의 손상을 우려해서 지하철을 뚫을 수 없다는 호고주의(好古主義)를 펴는데, 편리와 현대보다는 전통을 존중하는 정신을 배워야 한다. 우리는 지금까지 근대화와 개발이라는 미몽 속에서 많은 문화전통을 너무나 가볍게 생각하고 유실하였고, 우리의 전통문화를 윤색·오염시키는 문화제국주의에 대해 너무 방심하였다.

21세기를 살아가는 숨가쁜 한국인에게 국제경쟁의 강화는 어쩔 수 없는 도전이다. 우리에게 최고의 국제경쟁력을 갖추는 방법은 '자국문화(自國文化)'의 확실한 이해로부터 출발해야 하는데, 정작 우리의 역사와 문화에 대해서 자세히 모르고 있고, 또 자세히 알아보려는 노력도 부족하다. 지구촌시대에 전통문화만을 고집함은 매우 어리석다. 그러나 우리의 전통문화를 이룩한 그 '바탕'위에 세계의 개화된 문화, 이문화를 배워 어디까지나 우리의 전통과 미풍이 주(主)가 되고, 외래의 문화가 객(客)이 되는 골격에서 삶을 누릴 때 비로소 우리는 든든히 설 수 있으며 주체적 문화의식이 확립될 것이다. 문화가 오래되면 될수록 그 독특성은 크다. 선대(先代)의 선조들은 우리에게 찬란한 유산을 남겨 주었으나 중대(中代)의 조상들이 그 좋은 유산을 옳게 쓰지 못하는 바람에 나라를 망치고 말았다. 이른바 주(主)가 되는 통치를 못하고 안타깝게도 항상 객(客)이 되는 통치를 했기 때문이다. 근대에 사는 우리는 전통과 현대를 어떻게 조화하며 새 도약을 할 것인가? 정보화·국제화 사회에서 앞으로 한국의 전통과 정체성을 어떻게 적응할 것인지, 어떻게 우리가 문화적으로 주관과 혼의 민족이 될 것인지는 사실상 매우 어려운 숙제이지만 그러나 다함께 풀어 나가야 할 일이다.

관광산업의 발전은 마땅히 우리의 고유문화, 전통예술, 정체성을 바탕으로 해서 이 문화적 매력(魅力)이 관광산업의 기초가 돼야 한다. 관광은 사실 인간의 생생한(가짜가 아닌) 사회문화적 표현이 그 대상이다. 가능한 모방이나 아류에서 탈피하여 자기 것을 보다 깊이 있게 파고 들어갈 때 이것이 진자 관광정신이요 문화요, 국제경쟁력이요, 관광매력관리의 포인트가 되는 것이다. 그러나 원리는 참으로 단순하고 명료한데 실천(praxis)하기란 그리 쉽지 않다.

(자료 : 손대현, 한국문화의 매력과 관광이해, 일신사, 1998, pp.233~234)

제3장
관광지 이미지

1. 관광지 이미지란?

관광객은 자신이 갖고 있는 관광이미지를 기본으로 관광지를 선택하고, 관광지로 향하고 있다. 따라서 관광지의 이미지를 높이는 것은 관광객이 모이도록 하는 효과를 높이는데 있어서 특히 중요하다.

▲ 금강산

사람들은 대부분의 경우, 이미 사전에 형성된 이미지='선유경향'을 다수 가지고 있다. 관광지에 대해서도 동일하여 대부분의 관광지에 대해 많은 이미지를 사람들은 이미 가지고 있는 것이다. 관광이미지전략이라는 것은 이러한 사람들이 품고 있는 다수의 관광지에 대한 '선유경향'에 대해서 해당관광지에 대한 호의적인 '선유경향'을 만들 것인지 또는 해당관광지에 대한 '선유경향'을 호의적인 것으로 바꿔서 한번은 방문해 보고싶은 관광지의 하나로까지 그 이미지를 높이는데 있다.

가령, 사람들에게 해당관광지에 대한 호의적인 이미지를 갖게 했다면 그것은 해당 관광지에 대한 잠재수요를 창출해 내는 것이 된다. 나중에 언급할 관광선전은 그 잠재수요에 동기를 부여하여, 해당관광지로 발걸음을 돌리게 하는 작용이다([그림 III-1] 참조).

이러한 이미지전략과 선전활동과의 관계를 기업과 상품의 관계로 보충 설명한다면 다음과 같이 된다. 유사한 상품이 범람하는 시대에는, 어떤 상품을 제조판매하는 기업전체의 이미지라 높지 않다면 상품에 대한 선전만으로는 좀처럼 상품이 팔리지 않는다. 이 때문에 기업에서는 기업의 기본자세를 호소하는 등의 이미지광고를 내거나 사회활동 등의 PR에도 힘을 쏟으며, 또는 문화활동 등도 행하여 기업이미지를 높여 해당기업이 만드는 상품이 주목받기 쉬운 토양을 만드는데 노력하는 것이다.

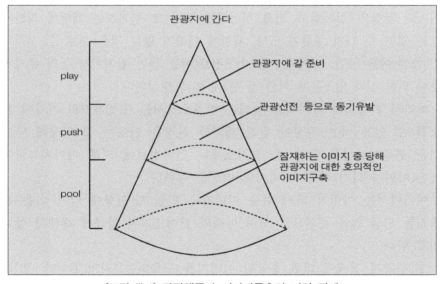

[그림 III-1] 관광행동과 이미지구축의 여러 단계

관광지와 관광상품의 관계도 이 기업과 상품의 관계와 거의 유사하여, 관광지전체(행정계)에 대한 이미지를 이미지전략 등으로 높여, 개별적인 상품, 예를 들면 스키장이나 온천지 혹은 개별적인 관광시설, 관광코스 등이 주목받기 쉬운 토양을 만든다고 하는 관계가 된다.

2. 관광지이미지의 형성

관광지에 대한 호의적인 이미지를 구축할 수 있겠는가? '이미지'는 일반적으로 시각의 체험에 근거하여 형성된다고 생각되어지는 경향이 있지만, 시각만이 아니라 청각, 촉각, 미각, 후각, 근각(피부나 근육으로 느끼는 전신적인 감각)의 6개의 감각을 통한 '知覺', 언어에 의한 '意味', 위치나 관계를 이해하는 '구조적 인식'의 3가지를 통해서 형성된다고 한다.

예를 들면, 어떤 호텔에서 정성이 담길 환대를 받았다고 하는 이미지(인상)를 가정한다면 그 이미지는 몇 개의 지각을 통해서 마음이나 신체전체로 느끼게 되며, 게다가 환대를 한 사람의 시각적인 인상뿐만이 아니라, 민박집 자체의 느낌이나 그 민박집이 있었던 위치나 주변환경에 대한 이미지 등을 수반하고 있는 경우가 일반적이어서 결코 단순하지는 않다. 이 호텔의 예처럼 관광지이미지의 형성은 '실체험'에 의해 형성되는 것과 또 한가지는 체험에 의하지 않는 것의 두 가지 종류가 있다. 체험에 의하지 않는 것은 주로 ① 시각적인 소재(예를 들면 사진 등), ② 언어정보(예를 들면 잡지기사 등의 문자정보에 의한 것과 입소문에 의한 것 등)에 의해 형성된다.

따라서 관광지의 이미지를 높이는 방책으로서는 ① 6가지의 지각에 호소할 수 있게 하는 정성이 담긴 쾌적한 환경을 만드는 등 인상에 남기 쉬운 관광지조성을 추진, ② 시각소재나 언어정보에 의해 이미지능력이 높은(이미지 되기 쉬운) 이미지의 발신을 행한다.

여기에서는 이미지 되기 쉬운 이미지를 만들고, 인상에 남기 쉬운 관광지를 만들 것을 주안으로 하여 아래와 같이 5가지 항목에 대해서 살펴기로 한다.

① 관광지 전체에 대한 통합된 이미지를 구축하는 '지역CI'수법, ② 판매촉진활동의 전개에 의한 이미지조성, ③ 관광지를 클로즈업하여 이미지 되기 쉬운 관광지를 조성하는 방책, ④ 관광지의 쾌적함(Amenity)을 높여 이미지 업하는 방책, ⑤ 이미지의 개선에 의해 이미지를 유지하거나 높이거나 하는 방책

관광지의 속성	
기후	청명, 온도, 강우량, 습도
자연자원	beach, 호수·해안선, 강·수로(운하), 산림, 식물군, 동물군
하부(infrastructure)	급수량, 배수, 에너지공급, 원거리통신, 도로철도, 항만·marina, 공항
관광자	숙박시설, 레스토랑, 관광기관, 쇼핑, 스포츠시설
레크리에이션 시설	레크리에이션 파크, 동물원 오락
문화	역사적 특색, 극장, 콘서트 홀, 박물관, 전람회 페스티발
경제·정치·사회	산업구조, 정부조직, 계획제도, 언어, 종교, 습관·풍속, 환대 (hospitality)
관광발전의 주요소	기후, 교통수단, Amenity(특히 시설), 문화

3. '지역CI' 수법에 의한 관광지이미지의 통합

관광지에서 선전하는 이미지가 매번 바뀌거나 또는 선전하는 매체나 방책마다 다른 이미지가 선전된 경우에는 결과적으로 작은 이미지가 산만하게 선전된 것이 되어 해당 관광지에 대해 제각각의 인상을 남기게 된다. 또한 각지로부터 봇물처럼 관광정보가 쏟아져 나와, 홍수와 같은 상황에 작은 돌을 던진 것에 불과하여 효과를 높이기는 어렵다. 따라서 자치체나 관광협회의 부족한 관광선전예산으로 효과적으로 이미지를 높이기 위해서는 이미지 선전 때마다 오히려 상승적으로 이미지가 높아지도록 계획성을 갖고 선전될 필요가 있다. 그러기 위해서는 관광지로서도, 또는 그곳에서 선전되는 이미지에 관해서도 통합성을 유지하는 것이 필요하다.

이러한 계획성을 갖고 통합한 이미지를 창출해내는 수법으로서 고안된 것이 'CI'이다. 원래 'CI'는 기업이미지를 높이기 위한 수법이지만, 이것을 지역이미지를 높이기 위해 이용하는 것이 '지역CI'이다.

CI의 C는 '법인조직의', '공동의' 등을 의미하는 'Corporate'의 두문자이며, 'CI'에서는 '기업의'로 번역되어져 있다. I는 '동일한 것', '신원' 등을 의미하는 'Identity'의 두문자이지만, 'CI'는 조어(합성)여서 일반적으로는 '기업의 존재증명' 등으로 번역되어 있다. 덧붙여서 '지역CI'에서는 CI를

Community Identity로 부르고 있다. 'CI'는 미국에서 1960년대 대기업에 의해 시작된 수법으로 개략적으로 아래와 같은 수법을 밟는다.

① 해당기업에 대한 내외의 평가조사, ② 내외의 평가를 참고로 기업이념을 정리·재구축 ③ 신이념에 근거한 시각소재(상표나 광고등)에 의한 광고활동 및 신이념에 근거한 문화활동·사회활동의 전개, ④ 신이념에 근거한 상품개발, 서비스 조성, 관광객응대의 개선 등을 전사적·조직적으로 행하여 참신한 기업이미지를 구축하는 수법이다.

일본에서는 최근 CI를 도입하는 기업이 늘어났지만, 빠르게는 1971년 합병한 第一勸業은 이 도입(당시는 이것을 CI라고는 부르지 않았다), 이듬해에는 이토요카당이 도입하여 효과를 거두었다.

관광지에서의 CI(이하 관광지CI라고 부른다)의 도입의 전개수순은 그림 III-2와 같다. 중요한 점에 대해 해설해 둔다.

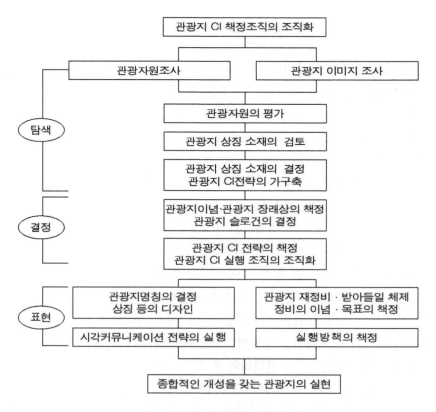

[그림 III-2] 관광지CI의 순서

① 관광지CI를 책정하는 조직에 민간의 참가를 바란다. 민간의 경영적인 센스를 기대하는 것과 지역통째로 관광지CI를 전개하여 효과를 높이는 데는 민간의 협력은 불가결하다.

② 관광자원조사는 관광지로서의 내부로부터의 눈과 외부로부터의 눈으로 다시 재검토하여 관광지로서의 상징이 될 가능성을 가지며 자랑거리가 될 만한 소재, 그것은 해당관광지에게 있어서는 보물과도 같은 소재를 찾아두는 작업이다.

③ 외부사람 등이 해당관광지에 대해 어떠한 이미지를 갖고 있는가를 관광지이미지조사 등으로 확인한다. 새로운 조사가 바람직하지만, 캐러벤(Caravan)이나 관광전시회 등의 기회를 타행할 수도 있다. 그러한 이미지를 참고로 하면서 어떤 이미지전략을 세우면 좋은가를 검토한다.

④ 관광자원의 평가단계에서는 상기 ②와 ③에 입각하여, 관광자원조사에 발견한 보물의 후보에 대해서 서로 평가해 본다.

　　또한 그 보물 후보가 ⑦에서 후술하는 구체적인 '나타내는 것', '일으키는 것'을 위한 소재로서의 가능성에 대해서도 검토해 둔다.

⑤ 이상의 경과를 거쳐 관광지의 상징이 되는 소재를 압축하여 보물을 결정하는 것이다. 가령 보물을 발견할 수 없는 경우는 새로운 목표로서 보물 만들기를 두는 것도 하나의 방편이다. 또한 가령 보물이 다수 있게 되면 그것을 분해하여 무언가 공통하는 요소를 발견해 낸다. 일례로 일본 宝塚시의 경우는 宝塚歌劇의 歌聲이나 시내를 횡단하여 흐르는 武庫川의 소리, 市의 상징적인 시설인 음악홀에 설치된 카리옹(타악기의 일종)의 소리등의 상징적 소재로부터 공통되는 요소로서 '음'을 추출하고 있다. 이상으로 탐색하는(살피는) 단계가 끝난다.

⑥ 계속해서 상징이 되는 보물에 근거한 관광지로서의 향후 존재양상(이념이나 목표)을 생각하여 관광지슬로건으로 타나낸다. 자치체 등에서의 슬로건에는 '물과 신록과 태양' 등과 같이 어디에서도 사용할 수 있는 듯한 언어가 나열되어 있는 예를 자주 발견한다. 이러한 사례를 낳는 것은 갑자기 슬로건을 생각하려고 하는 것이 큰 원인이 된다. 위에서 언급해 온 것과 같은 프로세스를 밝고 있으면

좀더 의미 있고 개성을 느낄 수 있는 것을 창출해 낼 수 있는 것도 가능하다. 덧붙여서 타카라쥬카(宝塚)시의 경우는 '흅의 도시 宝塚'를 이미지화하고 있다. 이상을 근거로 관광지CI전개의 구체적인 프로그램과 실행조직을 결정하여, '결정하는' 단계가 끝난다.

⑦ 마지막으로는 드디어 구체적인 행동으로 옮길 단계인 '나타낸다'와 '일으킨다'이다. 한편으로는 상징소재를 상표로써 디자인하거나 상징이 되는 색깔을 결정하는 등으로 하고 그런 시각적인 소재를 중심으로 홍보·선전활동(시각커뮤니케이션활동) 등을 행하고, 앞서 설정된 관광지로서의 존재양상(이념, 목표)을 눈에 보이는 것과 같은 형태로 구체적으로 표현한다.

또한, 한편으로는 상기이념과 목표에 근거한 관광지의 재정비나 수입(수납)체제의 정비를 행하는 것이다.

상기처럼 관광지의 재검토와 재평가로부터 시작하여 관광지조성의 이념을 새롭게 설정하고 그것에 근거한 시각커뮤니케이션활동과 관광지의 재정비를 조직적으로 전개하므로 새로운 관광지이미지를 통합한 것으로써 창조해 낼 수 있는 것이다.

4. 판매·촉진활동에 의한 이미지업

관광지의 이미지업을 의도한 판매·촉진활동으로 크게 나누어 2종류이다. 하나는 관광지 그 자체를 이동시켜 사람들에게 보일 수는 없기 때문에 그 일부인 사람이나 산물 등 이동시킬 수 있는 것을 수요지로 옮겨 행하는 것과 수요자를 관광지로 끄는 방법이다. 양자는 각각 하나는 직접적으로 수요자에 대해 행하는 것과 하나는 매스컴이나 여행대리점 등의 관계자에 대해 행하는 것의 두 가지로 나뉜다([그림 III-3] 참조).

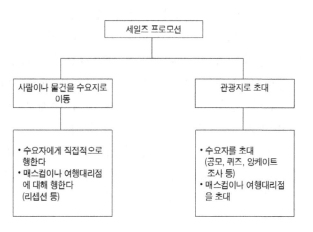

[그림 Ⅲ-3] 세일즈 프로모션

사람이나 산물을 수요지로 이동하여 행하는 촉진활동의 대표적인 것은 관광 캐러벤(Caravan)이다. 해당 관광지로 향하기 위한 교통거점 등에 가서 Novelty(본래는 새로운 것이라고 하는 의미이지만, 기념품 또는 사례품 등의 의미를 담아 선물하는 물품을 말함)에 관광팜플렛 등과 함께 통행인에게 건네주는 것이 일반적이다.

Novelty에 지역관계자 등으로부터 마음이 담긴 친필의 메시지 등을 첨부하기도 하면 높은 효과를 얻을 수도 있다. 또한 이러한 기회를 포착하여, 해당 관광지에 대한 이미지나 관광객의 방문을 가로막고 있는 요인 등을 조사하는 앙케이트를 실행하는 것도 하나의 방편이다. 의외로 앙케이트를 통해서 예기치 못한 발견을 얻을 수도 있어, 추천하고 싶은 수법의 한 가지이다. 어떠한 경우에도 캐러벤은 Novelty가 없어지면 종료한다는 단순한 것이므로 단시간의 것이 많고 더욱이 1년에 1회에서 2회정도의 단발적으로 행해져서는 효과가 적다고 할 수 있다.

이러한 것으로부터 수요지에 회의장을 설치하여, 며칠 간에 걸쳐 향토연예를 보인다거나, 간이음식점을 설치하여 산물의 판매도 행하는 등의 캐러벤과 관광상품전시회의 중간적인 타입의 것도 행해지고 있다.

수요지의 매스컴 등의 관계자에 대해 행하는 촉진의 대표적인 수법은 리셉션이다. 호텔 등을 회의장으로 하여 특산품에 의한 간이점을 설치하거나 관광지를 소개하는 비디오나 영화, 강연, 전시 등에 의해 관광지를 소개하는 것이다.

한편, 관광지에 수요자를 초대하여 환대하는 예도 최근 늘고 있다. 관광지의 장점을 직접 보거나 접해 봄으로 좋은 이미지를 갖고 돌아가, 입소문에 의해 그 장점이 널리 퍼지는 것, 해당관광지에 대한 팬이 될 것을 기대하여 행하는 것이다. 또한, 비슷하게 모니터제도처럼 돌아갈 때 관광지에 대한 감상 등을 받아, 향후의 관광지의 존재 양상이나 서비스의 개선 등의 참고로 하는 것 등도 행해지고 있다.

수요자를 초대하는 방법으로써는 일반공모에 의한 것, 해당 관광지에 관련된 퀴즈에 의한 당선자, 해당 관광지에 대한 이미지조사 등의 앙케이트의 상품으로써 초대하는 등의 방법을 생각할 수 있다.

5. 관광지의 클로즈업

관광지의 이미지능력을 높이기 위한 방법의 일환으로 관광지의 특정자원이나 인재 등을 클로즈업(현재화)하는 것도 유효한 한가지 수단이다.

우선 단편적으로 물건이나 개인을 현재화(顯在化)하여 팔거나, 이미지전략의 상징적인 소재로 하는 것을 생각할 수 있다. 일본의 경우를 중심으로 살펴보면 다음과 같다. 생산하는 사람도 대부분 없어지거나 산업으로써도 거의 소멸된 '紅花'를 디스티네이션캠페인(통산, 대형관광선언으로 칭하고 있다)의 상징으로 내건 山形縣의 예는 대표적인 것이다. 덧붙여 이 캠페인 이후 紅花의 생산자도 늘어 지역산업으로써 활용한 제품도 늘고 있다고 한다.

계속해서 관광지로서의 특질을 일정한 테마로 결부시키는 것으로 클로즈업하는 것을 생각할 수 있다. 단일한 자원이나 관광대상만으로는 관광지를 대표하는 소구력(訴求力)은 갖지 않지만, 그것에 공통되는 특질을 테마로써 결부시킴으로써 이미지능력을 높이려고 하는 것이다. 水戸街道의 宿場마을이나, 土浦城의 城下마을이었던 土浦 시내에 남아 있는 수많은 역사적 자원과 상점가, 풍부한 녹음으로 둘러싸인 農家集落·농업경관지 등의 시전체를 지금도 살아 있는 야외 박물간으로써 통째로 클로즈업한 것이다. 호반의 城下마을 코스 등 여러 개의 코스를 설정, 연도의 자원이나 대상을 해설하는 사인이나 안내표지, 방향지시사인, Pocket

Park풍의 휴식공간의 정비 등도, 筑波에서 열린 과학박람회가 개최된 연도부터 정비하고 있다.

더욱이 이미 언급한 관광루트나 코스에 의해 관광대상을 연결하는 수법도 관광지의 자원이나 대상을 클로즈업하므로 관광지의 이미지를 취하기 쉽게 하는 것도 한가지의 방법이라고 할 수 있겠다.

6. 쾌적함(Amenity) 조성

관광지의 이미지를 높이기 위해서 관광지의 쾌적함을 정비하는 것도 중요하다. 관광지로서의 쾌적함을 높이면 방문한 관광객에 대해 좋은 인상을 갖고 돌아가게 할 수 있어, 재차 방문할 수 있는 동기부여에 큰 요인이 될 뿐만 아니라, 입소문을 통해 그 좋은 인상이 퍼져갈 가능성도 크다.

역으로 지금까지 언급해 온 수법에 의해 가령 관광지로서의 이미지가 높아졌다고 해도 방문한 시점에서 관광지에 쾌적함을 느낄 수 없게 되면 틀림없이 이미지가 떨어지게 되어 높은 이미지에 의해 품은 기대가 큰 만큼 오히려 배신당했다고 하는 인상을 갖게 될 수도 있다.

관광지로서의 쾌적함을 높이는 것은 몇 가지 있지만, 우선 그것에 공통되어 있는 중요한 점을 들면 다음과 같다.

① 결코 외관이 아니라, 어디까지나 관광객을 세심하게 배려하는 마음이 있는가 어떤가의 문제이다.

② 무엇이 요구되고 있는가를 분별하여 너무 티내게 하거나 하여 친절을 가장한 강매가 되지 않도록 주의한다.

관광지의 쾌적(상냥)함을 만드는 요소로서는 우선 관광객의 응대의 문제를 들 수 있다.

또한 관광지에 있어 공중화장실의 정비문제도 관광지의 쾌적함을 좌우하는 커다란 요소 중 하나이다. 용지난, 유지관리로 손이 드는 이유 등으로 인하여 공중화장실의 정비가 충분하지 못한 것이 관광지의 실태이다. 더욱이 정비하여도 대부분이 오물과 악취가 방치되어 있어, 오히려 쾌적함을 저하시키는 요인이 되는 경우가 많다.

이러한 관광지에 있어서 공중화장실의 상황에 있어 관광지조성을 우선

기분 좋은 공중화장실로부터이다라고 하는 취지에서 그 시사하는 바가 크다. 우선 몇 개의 다른 환경이나 마을에 맞게 외관을 정합시켜, 더욱이 질 높은 설계, 디자인을 행하여 보라. 이 때 통상의 공중화장실이라는 인상이 적어지고 그 장소의 환경과 융합되어질 것이다. 또한 정비에 있어서는 공중화장실에 대해 철저한 연구가 되어 있어, 예를 들면 악취는 공기보다 무거우므로 환기통을 발치에 설치하거나, 어린이용 변기와 세면대와 여성용 갱의실을 설치하는 등 세심한 배려를 하고 있다.

시내의 상점이나 공적인 시설에 영향을 미쳐, 좋은 뜻으로 협력해 주는 곳을 '공중화장실'로 제정하여, 작은 간판을 내걸고 시민이나 관광객에 개방한 몇 개의 예는 공중화장실의 존재양상에 현재까지도 획기적이라고 할 수 있는 시사를 주고 있다.

주위의 경관에 어울린 디자인으로 휴게소도 병설하고 더욱이 매일 청소하는 등 완성후의 유지관리에도 중점을 두어보아라. 관광지의 공중화장실에 대해서도 드디어 이러한 움직임이 시작되었다고 말할 수 있겠다.

관광지의 쾌적함을 높이기 위한 것으로 관광지의 조경도 중요하다. 특히 꽃에 의한 환경연출은 효과가 높다.

또는 관광지에 있어 관광정보의 제공도 관광지로서의 쾌적(상냥)함을 높이기 위해 빼놓을 수 없는 것이다. 관광지에서의 안내, 방향지시 등의 표지 등도 관광정보의 일환이지만, 이것들이 과부족 없이 정비되어 있는 관광지는 적다. 정비되어 있는 것으로는 무기적(無機的)으로 그 관광지의 분위기와는 위화감을 느끼게 하거나 반대로 보아란 듯이 과대하게 포장하고 있어 마치 표지가 주역인 것과 같은 인상을 주고 있는 것도 상당수 볼 수 있다. 관광지의 쾌적함으로서의 표지는 마땅히 있어야 할 곳에 꾸밈없이 더욱이 그 관광지다운 개성을 갖고 만들어져 있는 것이 바람직한 것이다.

7. 이미지개선

관광지로서의 이미지를 유지하건, 저하된 이미지를 개선하는 문제도 관광지이미지전략의 한가지로서 중대한 문제이다. 그러기 위해서는 항상 관광객을 보내는 여행대림점 등의 정보나 의견을 취합하여 관광지의 존

재양상이나 시설·서비스의 개선으로 연결할 수 있는 정보의 피드백시스템을 만드는 것도 빼놓을 수 없다.

우선, 관광지에 대한 불만대책이 있다. 불만을 불만그대로 갖고 돌아가게 해서는 관광지로서의 이미지가 떨어지고, 그것이 입소문 등으로 발전될 가능성도 있다. 관광지의 요소에 '고충처리'를 설치하거나 관광협회 등에 관광고충접수전화를 설치하는 등으로 해서 고충을 흡수하길 바란다. 더욱이 고충에 대해서 대응이 적절하거나 고충제기자가 이름을 밝히거나 서명되어 있는 경우에는 자상하게 회답하거나 하면 오히려 이미지를 높이는 데에도 연결될 것이다.

또한 여행대리점 등의 관계자의 의견을 듣고 관광지로서의 개선을 꾀하는 것도 중요하다.

그 외의 이미지의 개선책으로서는 이미 언급한 초대여행에 의한 의견의 청취나 앙케이트조사 등에 의한 이미지조사를 근거로 한 이미지 개선 등을 생각할 수 있다.

이상 관광지의 이미지를 높이거나 관광지로서의 이미지를 포착하기 쉽게 하는 수법에 대해서 관광지CI에 의한 것, 관광지의 클로즈업에 의한 것, 쾌적함 조성의 의한 것, 그리고 마지막으로 피드백시스템으로의 이미지 유지·개선에 대해서도 생각해 볼 수 있다.

이들 수법을 개별적으로 전개한 경우에서도 그 나름의 효과는 높아진다고 할 수 있다. 그러나 이들 수법 하나하나가 각각 중요한 것이어서 이들 수법상호에 관련성을 갖게 한 일관성 있는 토탈전략으로써 그 안에서의 행정과 민간역할분담과 협력체제의 존재양상까지가 전개된다면 보다 효과가 높게 되는 것은 물론이다.

8. 지역 관광이미지 재정립

관광지 마케팅의 핵심은 유망한 소비자계층에 대해 긍정적 이미지를 심는 것이다. 이제는 지방차원에서도 지역의 긍정적 이미지를 정립하기 위한 노력이 이루어져야 한다. 긍정적 이미지 형성을 위해서는 먼저 부정적 이미지 불식이 필요하다. 폭동, 전쟁이 일어났거나 재해를 경험한 지역들이 특히 이러한 이미지 전환에 노력하고 있다. 미국 애틀랜타시티나 뉴저지 같은 곳은 새로운 이미지 형성을 위해 카지노 오락을 도입했다. 그러나 한번 잠재여행자의 뇌리에 심어진 부정적 이미지는 쉽게 교정하기 어렵다. 이러한 부정적인 이미지의 예는 다음과 같은 것을 들 수 있다. 레이크 에리(Lake Erie)는 죽은 호수다. 뉴욕시티는 불결하고 실업자로 들끓는다. 워싱턴D.C.는 무법지대이고 살인의 수도이다. 또한 많은 미국인들이 모든 제3세계국가 도시들의 관광시설이 3류 수준일 것이라고 짐작해 버린다.

관광지의 이미지는 잠재여행자의 의사결정과정에 영향을 미치기 때문에 매우 중요하다. 관광지의 이미지에는 두 가지 종류가 있다. 그 하나는 자연적 이미지(organic image)로 언론매체, 동료들의 조언을 통해 소비자들에게 심어진다. 다른 하나는 유도된 이미지(induced image)로 각종 관광선전프로그램에 의하여 관광지 마케팅 기획자가 의도하는 긍정적인 방향으로 심어지는 이미지이다.

자연적으로 발생하는 이미지를 인위적으로 유도하여 긍정적인 방향으로 전환시키는 일은 결코 쉬운 일이 아니지만, 대체로 다음과 같은 방법을 통해 이미지를 개선시킬 수 있다(한국관광공사, 1992, 12 : 432~433).

1) 긍정적 이미지의 발굴·활용

아무리 전체적으로 부정적인 이미지를 갖는 관광지라도 그 구성요소중 일부분은 긍정적이거나 뛰어난 이미지를 가지고 있게 마련이다. 따라서 마케팅기획자는 자기지역의 긍정적 이미지를 발굴, 이를 각종 선전프로그램을 통해 강조하는 것이 바람직하다.

예를 들어 미국 캘리포니아 유타(Utah)시는 전체적으로는 부정적 이미지를 갖고 있었으나, 공원과 야외레크리에이션시설이 다른 도시보다 훌륭하다는 사실에 눈을 뜬 이 지역 관광마케팅 기획자들이 공원과 야외레크리에이션활동의 풍부함과 다양성을 각종 관광진흥활동을 통해 적극적으로 선전한 결과 상당한 호응을 얻고 있다.

2) 대형행사의 기획

대형행사를 개최하는 것도 관광지의 부정적 이미지 불식에 큰 도움이 된다. 언론매체의 관심을 끌어 홍보효과를 거둘 수 있으며 이러한 행사 준비로 숙박시설, 회의시설, 교통시설을 확충하면서 실제적으로 자체의 이미지를 개선할 수 있다. 미국 루이스빌(Louisville)의 켄터키 더비 (Kentucky Derby : 대경마), 캐나다 캠루프(Kamloops)시의 각종 스포츠 행사, 미국 펜실베이니아주 레하이 밸리(Lehigh Valley)의 문화행사 등은 대형행사 개최를 통해 지역 이미지를 향상시키고 관광객 유치증대에 성 공한 대표적인 사례이다. 이러한 대형행사는 자기지역의 특성과 여건을 고 려하여 결정하여야 한다.

3) 언론인 및 업자 초청 관광(Familiarization Tour)실시

여행작가, 언론인, 여행대리점, 여행도매업체 등은 소비자의 관광지 선 택에 큰 영향을 미친다. 많은 소비자가 이러한 전문가의 조언을 기초로 여행지를 결정한다. 따라서 이렇게 영향력 있는 인사들을 초청, 자기지역 의 관광매력을 실제로 경험할 수 있도록 기회를 제공함으로써 먼저 이들 이 가지고 있는 부정적이거나 왜곡된 이미지를 수정하는 것이 효과적이 다. 이러한 초청사업은 지방자체단체가 지역 관광업체들의 도움을 받아 공동 수행하는 것이 바람직하다.

4) 관광선전도구의 개선

저속한 관광선전은 오히려 관광지의 이미지를 악화시킨다. 희미한 사 진, 불량한 인쇄, 오자, 탈자, 부적절한 표현, 선전가치가 없는 관광자원 소개로 이루어진 관광안내책자는 예산낭비에 불과하다. 따라서 예산과 노력이 더 많이 들더라도 관광선전도구는 고급화해야 한다.

캘리포니아 유타시의 경우 긍정적 이미지를 가진 관광소재를 선별, 저명 한 작가에게 문안을 의뢰하고 전문사진작가에게 촬영을 의뢰하여 멋진 관 광안내 브로셔를 발간, New Yorker, Better Homes and Gardens, Travel Holiday 등 널리 읽히는 간행물들에 삽입·배포함으로써 부정적 이미지 개 선에 큰 효과를 보았으며, 결과적으로 관광객이 크게 증가하였다.

5) 국제적인 관광회의 및 교역전 유치

국제적인 여행·관광기구들은 항상 연차총회 및 교역전 개최지를 물색하고 있다. 이러한 연차총회 및 교역전의 유치가 지역 이미지 개선에 큰 도움을 줄 수 있다. 일본국제호텔모텔협회(JHA), 미주여행업자협회(ASTA), 세계여행업자연맹(WFTA) 등 관광관련 국제기구의 회원들이 총회 및 교역전 참가시에 개최지를 방문함으로써 그 지역에 대한 이미지를 바꾸어놓을 수 있다.

9. 지역 관광이미지 통일화

최근에는 역구내 등에 여러 개의 포스터를 연속적으로 붙여놓은 것을 많이 볼 수 있다. 비슷한 유(類)의 시리즈물이거나 동일한 포스터를 5, 6매 연속 붙여놓은 것은 一群으로서의 디자인효과를 노린 기법이다. 일군으로서의 주목도를 높이는 한편, 역구내 경관과의 조화를 도모하는 것이다.

관광선전의 경우 선전주체가 다름에 따라 선전형식 및 내용이 다른 것은 당연한 일이지만 같은 주체가 행하는 관광선전이 상호 관련성이 없는 것은 이해할 수 없는 일이다. 지도, 팜플렛, 각종 간행물의 사이즈가 제각각이고 색상, 디자인도 제각각인 경우가 많다. 이것은 앞으로 지방자치단체가 관광마케팅에 나섬에 있어 가장 주의해야 할 점의 하나이다.

일군으로서의 강조성과 통일적 이미지를 효과적으로 구사하기 위해서는 각 지방자치단체마다 고유의 꽃, 고유의 새, 고유의 산업 등 지방의 특성을 활용, 고유의 색상, 기본적인 디자인 패턴, 캐치프레이즈를 정하고 지방의 독자성을 표출할 수 있는 통일된 관광이미지를 관광선전책자 표지, 안내판, 관광시설 등에 부여하는 것이 바람직하다.

일본의 경우 소규모 지방자치단체에 이르기까지 CI의 붐이 일고 있다. CI는 기업의 이미지를 동시에, 일체적으로 쇄신하고 개성화하는 기법으로 Corporate Identity의 준말이다. 마크(社章), 로고타입(기업을 대표하는 디자인문자), 심볼컬러(기업을 상징하는 색) 등을 제정, 디자인에 활용하여 이것을 사내외 커뮤니케이션활동에 철저히 이용함으로써 기업의 자세 및 주장과 이미지를 일치시키는 것이다. 이 CI기법을 행정 전체에 통일적으로 사용해 관광이미지 쇄신을 기하는 일본의 지방자치단체로는 가나 카와(神奈川)현이 있다. 이 현은 1983년부터 디자인폴리시조사연구위원회 를 구성, '가나카와디자인계획'을 입안했다. 오사카府, 구마모토현, 요코스 카(横順賀)시 등도 CI를 통해 지역의 아이덴티티 창출에 성공했다.

CI를 지역행정에 적용시키는 것을 일본에서는 커뮤니티아이덴티티 (Community Identity)라고도 한다. 관광부분에 있어 커뮤니티아이덴티티 는 다음과 같은 여러 각도로 활용이 가능하다.

① 인적 요소에 의한 것(Human Identity) : 의식 향상 및 접객태도·언 어·서비스 개선, 관광관계자의 유니폼 등

② 시각적 요소에 의한 것(Visual Identity) : 관광지의 이념 및 이미지 를 표상으로 하는 로고타입, 마크, 심볼, 컬러 등

③ 광고선전에 의한 것(Idea Type Identity) : 관광지 선전 및 홍보에 있어서의 통일된 흐름

④ 환경적 요소에 의한 것(Environmental Identity) : 건축물의 배역, 간 판, 길 가구(벤치 등), 차량, 식재 등

⑤ 상품소재에 의한 것(Product Identity) : 관광토산품, 관광행사, 관광 용 식사, 관광시설

한편, 지역의 관광수용태세 향상을 도모함에 있어 지방자치단체에서 가장 먼저 착수해야 할 것은 지역 관광안내표지의 개선일 것이다.

관광표지는 교통표지와 달라 단순히 정보 전달을 하는 수단이 아니며 그 자체가 관광물이 될 수 있다. 더구나 관광표지는 여행자가 만나는 최 초의 관광물이 되는 경우가 많으므로 더욱 중요성을 띤다.

관광안내표지는 일반적으로 다음의 4가지 기능을 하고 있다고 볼 수 있는데, 최근 들어 강조되고 있는 것이 이미지형성기능이다.

① 안내 및 유도기능 : 접근방법 명시

② 설명기능 : 관광대상에 대한 설명

③ 주의지시기능 : 금지사항, 주의를 요하는 사항, 위험을 피하기 위한 지시사항 등

④ 이미지형성기능 : 지역의 이미지 표출

일본의 경우, 각 지방마다 관광안내표지판에 향토색을 반영, 특유의 나 무나 돌을 사용하거나 풍경과 어울리는 디자인을 구사하여 이국적 정취

와 환영의 느낌을 더해주고 있다.

　관광안내표지가 관광안내라는 본연의 기능을 효율적으로 수행하고 지역의 관광물의 하나로서 지역이미지 형성에 기여하게 하기 위해서는 무엇보다도 계획작업, 실시작업, 관리작업의 유기적인 시스템화가 필요하다. 관광안내표지의 개선을 위해 유의해야할 점으로 그밖에 다음과 같은 점을 들 수 있다.

①　필요한 장소에 설치
②　알아보기 쉽게
③　정보의 정확성(거리, 시간 등)
④　정보의 실용성
⑤　주의 경관과의 조화
⑥　따뜻한 느낌이 들게
⑦　우수한 디자인
⑧　디자인 및 재질의 통일성(CI도입)

나라별 이미지(National Brand Image)

국 명	국가이미지	이미지대상
미국	다양성의 나라	• 자유의 여신상 • 디즈니랜드 • 햄버거
캐나다	자연의 나라	• 스키, 산림 • 호수 • 록키산
러시아	보드카의 나라	• 보드카 • 보르시치 • 발레, 붉은광장
독일	철학과 맥주	• 맥주 • 소시지
프랑스	식도락의 나라	• 포도주 • 에펠탑 • 상제리제, 빵
스위스	전쟁없는 산악국가	• 알프스 • 스키 • 시계

스페인	플라멩코, 투우의 나라	• 플라멩코 • 투우 • 카르멘
오스트리아	음악의 나라	• 스파게티 • 피자 • 트레비 분수
이탈리아	음식의 나라	• 스파게티 • 피자 • 트레비 분수
영국	비틀즈가 영웅인 나라	• 비틀즈 • 근위병 • 신사
그리스	고대사의 나라	• 지중해 • 그리스 신화 • 올림픽
이란	석유, 사막의 나라	• 석유 • 사막
이집트	피라미드의 나라	• 피라미드 • 사막 • 스펑크스, 나일강
오스트레일리아	코알라의 나라	• 코알라 • 양 • 캥거루
브라질	커피의 나라	• 커피 • 카니발 • 아마존
중동	비단길	• 만리장성 • 모택동 칼라 • 실크로드
인도네시아	수카르노의 열대성	• 댄싱 • 고무, 수카르노 • 발리
인도	힌두교의 나라	• 카레 • 사리 • 힌두교
싱가포르	관광의 나라	• 바다 • 통상 • 관상
필리핀	이미지의 문제가 있는 나라	• 바다

「일본의 Seibu Parco사가 해외 20개국에 대하여 100명의 일본인 남녀에게 설문조사한 내용이다.」

제4장 상품 이미지

1. 관광상품의 의의

상품은 인간생활에 필요하거나 도움이 되고, 나아가 인간욕망의 대상이 되어 생활에 만족을 추구해 주는 하나의 생활수단이고, 곧 소비나 생활문화의 구성요소가 된다.

그러므로 상품은 소비자, 곧 생활자가 일상생

▲ 한국의 음식

활 속에서 잠재적으로 필요로 하는 욕구(needs)와 이에 대한 상품의 공급자(생산자와 판매자), 다시 말해 기업의 기술력·생산력·인력·연구개발 등을 포함한 자원의 집약적 통합화 능력인 충족력, 곧 시즈(seeds)가 교차하고 충돌하면서 융합되는 과정에서 사회적으로 범용성이 있는 가치 실체로 구성된 것이라 할 수 있다(김원수, 1995 : 77).

그러므로 상품의 '매력성'은 보다 나은 품질을 반영하는 양질성, 다른 상품과는 다를 특성을 나타내는 차별성 및 저가(低價)성을 갖추어야 한다. 즉,

① 품질은 우수해야 하고

② 타 상품과의 차별성이 뛰어나며

③ 가격은 저렴해야 한다.

여기에서 가치(value)란 어떤 행위나 사물의 상대적 중요성을 나타내는 척도(measures)이며, 이 척도로서의 가치는 다른 대안이나 대물과의 비교에 의해 상대적으로 나타나는 중요도이다. 이러한 가치는 사용가치(use value, 이것은 재화의 경제복지에 대한 공헌의 합계로서 오늘날 총효용의 개념에 해당한다)와 교환가치(exchange value, 이것은 재화를 판매함으로써 얻을 수 있는 화폐가치 또는 수입의 합계로서 오늘날 가격의 개념에 해당한다)로 구분된다(조순, 1992 : 87).

상품은 사용가치와 교환가치를 동시에 지니고 있으며, 이를 가격으로 나타내고 있다. 그러나 이외에도 형태와 기능을 가지며, 아울러 상징적인 의미도 내포하고 있다.

이러한 성격을 지니고 있는 상품을 우리들은 상징적인 의미를 지니고 있는 일정한 시간과 공간 내에서 일정한 의미를 갖는 행동과 더불어 사용하고 있다. 그러므로 결론적으로 상품은 독자적인 형태와 기능으로서 저마다의 역할을 수행하고 있는 것이다.

이와 같은 관점에서 관광상품을 살펴보면, 관광상품은 인간이 관광활동을 하는데 필요하고 도움이 되는 곧 관광욕구(tourist needs)를 충족시켜 주는 수단적 개념으로서 인간의 생활문화 가운데 하나의 구성요소가 된다.

그러나 관광상품은 기본적으로 소비자인 관광객의 욕구만족을 추구하는 한편, 공급자인 관광기업의 경제적 이익극대화를 도모해야 하는 이중적 구조를 지니고 있다.

하지만 궁극적으로 관광상품은 경제적 욕구충족에 그치는 것이 아니라 관광객의 내면적 욕구를 충족시켜 줌으로써 일상생활수준이 질적으로나 양적으로 향상하는데 이바지함에 의의가 있다.

관광상품 또한 사용가치와 교환가치의 결합체이다. 이러한 관점은 관광상품의 유용성 또는 효용으로 이해하거나 또는 그 자체를 사용가치로 보는

견해에 근거하고 있으므로 결국 관광상품의 사용가치는 상품 그 자체가 아니라 상품의 효용 내지 유용성, 곧 인간의 욕구충족력에 의해 표현된다고 할 수 있다. 이러한 각종 관광상품의 사용가치는 구체적이고 현상적인 상품의 질 형태로 표현된다. 반면 교환가치는 가격의 형태로 나타나며, 이러한 가격은 원가나 인간의 노동력 등에 근거하여 산정된 형태의 가치이다.

한편, 소비자가 지각한 가치(perceived value)에 의해서도 사용가치나 교환가치의 표현욕구인 구매력이 결정된다. 여기에서 소비자가 지각한 가치는 지각된 품질을 지각된 가격으로 나누어 산정되는데 이를 가치방정식이라 한다. 이러한 가치방정식 중 지각품질은 첫째, 상품이나 서비스의 문화적 중요성, 둘째, 고객의 상표이미지, 셋째, 상품 자체의 실체적·감각적 측면의 3가지 요인에 의해 결정된다.

이를테면 수많은 관광상품 중에서 외형상으로 서로 다른 호텔 객실상품과 관광기념품을 우리는 관광상품으로서 공통적으로 인식하고 있다. 여기에는 비록 양자의 현상적 형태는 크게 다르지만, 관광상품이라는 차원에서 양자는 모두 사용가치와 교환가치라는 2가지 대립적 가치의 통일체이기 때문에 관광상품으로서 인식할 수 있는 것이다.

그러므로 관광상품의 사용가치는 관광객들에 의해서 관광시장에서 평가됨으로써 가치를 인정받게 되고, 이러한 관광상품의 사용가치는 관광객들의 욕구를 충족하여 주는 바탕이 되어 결국 교환가치로 등장하는 것이다(최승이·이미혜, 2001 : 21~22).

결론적으로 관광상품은 관광객에게는 인간욕구충족의 대상이 되는 관광활동수단으로서뿐만 아니라, 나아가 관광객 생활문화의 한 구성요소로 자리하는 반면, 관광기업에게는 경제적 이익증대의 수단적 개념으로 자리하고 있으며, 이에는 분명 사용가치와 교환가치 그리고 지각적 가치 등의 상징적인 의미를 지니고 있음에 의의가 있다.

그러므로 이러한 가치적 성격을 지니고 있는 관광상품을 우리들은 역시 상징적인 의미를 지니고 있는 특정시간과 공간 내에서 특정적 의미를 갖는 관광행동과 더불어 소비하고 있다.

2. 상품이미지 형성요인*

상품이미지는 상품의 물리적·화학적 성분뿐만 아니라 소비자가 상품에 대해 가지는 모든 아이디어로 구성되는 상품의 전체적인 개성인 것이다.

그러므로 상품이미지는 상품의 내재적인 품질, 실제적·관념적인 느낌, 그 상품을 사용하는 사람들의 유형, 상품 사용이 의도된 환경, 그 상품을 사용함으로써 자기를 과시하고자 하는 자기 자신에 대한 관념 등으로 형성된다.

예를 들어 피에르가르뎅 상표의 의상은 그 의상 자체의 절대적인 요소에 의하여서만 이미지가 형성되는 것이 아니라 그 의상을 입었을 때, 여러 주변 상황과의 관련하에 그 상표의 이미지가 형성되는 것이다.

또한 상품이미지는 상품의 품질, 제공되는 서비스, 기업의 명성, 정책과 마케팅 노력에 의해서도 형성된다.

디자인·색상·포장·가격 등은 상품의 내재적인 품질과 관련된 속성이다. 이 밖에도 상표명·기능·판매촉진·광고·세평(世評) 등과 같은 속성들도 상품이미지를 형성하고 있다.

여기서 속성이란 소비자의 물리적·사회적·심리적인 필요를 만족시켜 주는 제품이자 서비스의 성질이라고 정의할 수 있다. 상품의 이미지를 형성하는 속성에 대해서는 그동안 많은 연구들이 행해져 왔으므로 이들 연구들에 대해서 먼저 언급해 보고자 한다.

상품은 그 자체가 지니는 유형 또는 무형의 객관적인 속성만 지니고 있는 것이 아니라 소비자가 주관적으로 느끼는 의미적인 가치 또는 심리적 속성도 가지고 있다.

소비자들이 획득, 사용하고 있는 제품에 대한 태도에 있어 제품이 지니고 있는 의미가 존재하는 것이다. 또한 심리적 영상이 제품·상표·점포들이 가지고 있는 주관적 의미와 결합하여 이들이 주관적 호소를 하고 있다.

허시먼(Hirschman)은 상품속성과 의미의 층에 관한 연구에서 상품의 속성을 유형적 또는 감각적 속성(tangible attribute)과 무형적 또는 직관

---

* 한인수, 이미지마케팅, EM문고, 1993. pp. 29~34.

적 속성(intangible attribute)의 두 유형으로 분류하고 있다.

유형적 속성이란 오감을 통해 지각될 수 있는 속성을 말한다. 직관적 속성이란 물리적으로 상품과 연관되어 있는 것이 아니라 정신적으로 연관되어 있는 속성, 즉 관찰자가 부여하는 상품에 대한 의미라는 것이다. 무형적 속성은 [그림 Ⅳ-1]에서와 같이 다시 세 가지의 의미의 층을 이루고 있다고 한다.

① 공통의 문화적 의미의 층 : 대부분의 사회구성원들에 의해 공유되며 그들로부터 유사한 반응을 나타나게 하는 상품의 무형적 속성

② 특질적 또는 개성적 의미의 층 : 각 개인들에게 독특한 반응을 나타나게 하는 제품의 무형적 속성으로, 이는 각 개인의 이질적 소비유형, 경험의 차이, 상이한 개성에서 비롯되는 것이다.

③ 하위문화적 또는 중간적 의미의 층 : 공통의 문화적 의미의 층과 특질적 의미의 층 사이에 존재한다. 이는 하위문화(subculture)나 인종적 집단에 의해 공유되는 제품의 무형적 속성이다.

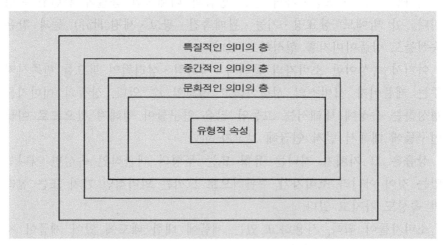

[그림 Ⅳ-1] 제품이 지닌 의미의 층

이와 같이 제품의 무형적 속성, 즉 제품이 갖는 의미의 층을 분류하는 것은 그 의미가 사회구성원들에 의해 얼마나 공유되고 있는가 하는 정도에 따른 것이라고 할 수 있다. 그 의미의 공유정도가 특질적 의미의 층 쪽으로 갈수록 낮은 반면, 유형적 속성 쪽으로 갈수록 높아진다고 하였

다. 이러한 단계를 도식적으로 나타낸 것이 [그림 Ⅳ-2]이다.

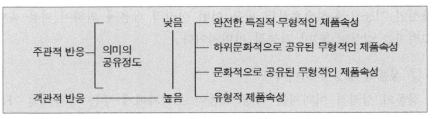

[그림 Ⅳ-2] 제품의 속성과 의미의 공유정도

상품의 속성을 세 가지로 구분하는 견해도 있다. 하나는 상품의 물리적 속성으로서의 상품관련 속성이고 또 하나는 상품을 사용함으로써 소비자가 얻게 되는 이익으로서의 기능관련 속성이다. 다른 하나는 상품을 사용하게 됨에 따라 그 물건을 이용하는 사람에게 주어지는 이미지에 대한 사용자 관련 속성이다.

상품관련 속성이란 중량·사이즈·강도·함량 등을 말하는데, 상품은 객관적으로 이들 속성에 의해 표현된다.

기능관련 속성이란 '실내가 넓어 편안하다', '모양이 세련되었다', '속도가 빠르다', '맛이 달콤하다', '화면이 선명하다' 등 소비자가 상품 사용시 지각하는 내용이다.

사용자 관련 속성이란 상품이 그 사용자를 다른 사람에게 표현해 주는 속성으로서 주관적인 것이다. 예를 들면 재벌그룹 회장급 또는 장관급이 타는 승용차, 귀부인의 상징인 밍크 코트, 변치 않는 사람의 징표로서의 금반지 등으로 표현되는 속성이다. 이는 사용자가 광고 또는 사회적 통념에 의해 부여되는 것이며, 상품이 가지고 있는 본래적인 속성은 아니다.

앞에서의 기술된 내용들을 종합해보면 상품의 이미지를 형성하는 속성은 크게 기능적인 속성과 상징적인 속성으로 구분할 수 있다.

이러한 두 가지 속성에 의해서 상품의 이미지도 기능적인 이미지와 상징적인 이미지로 나뉘어지는데 이들 용어들에 대하여 정의하면 다음과 같다.

① 상품의 기능적 이미지

상품에는 본래 가지고 있는 물질적 특성이 있다. 즉, 예를 들면 '부드럽다', '모양이 아름답다', '속도가 빠르다', '안전하다' 또는 '맛이 달다',

'부작용이 없다' 등은 소비자가 그 상품을 사용함으로써 얻게 되는 이익에 관한 속성이다. 따라서 소비자가 상품 사용시 지각하는 이들 물질적 특성인 기능적 속성으로부터 받은 어떤 심리적 작용에 의하여 마음 속에 그려지는 심상(心象)이 기능적 이미지이다.

② 상품의 상징적 이미지

상품의 상징적 이미지는 특정 상품이 소비자에게 주는 상징적인 가치이다. 소비자행동에 관한 그간의 연구에 의하면 소비자는 상품구매시에 상품의 성능뿐만 아니라 상징적인 가치에 의해 좌우되는 면이 많다고 한다.

소비자는 상품이 지니고 있는 본래적인 사용가치를 위해 상품을 구입하는 것도 아니고 그 상품을 통해서 자기를 다른 사람에게 표현하려고 구입한다.

상품사용자는 그 상품사용을 통해서 자신에 관한 무엇을 나타내어 남에게 전달하려고 한다.

이와 같이 상품이 그 사용자를 통해서 나타내는 상징적인 속성으로부터 받은 어떤 심리적 작용에 의하여 마음 속에 그려지는 심상이 상품의 상징적 이미지이다.

3. 관광상품화 계획

1) 관광상품화의 의의

관광상품구색 내지는 관광상품구성을 어떻게 갖출 수 있는가, 이와 관련되는 관광기업의 영업활동이 바로 관광상품화(tourism merchandising)활동이다.

관광상품화활동을 구체적으로 살펴보면 다음과 같다.
① 협의의 상품화활동으로 '관광상품화계획 수립'
② 상품구매활동
③ 가격설정활동
④ 재고관리
⑤ 판매활동

그러나 관광상품화활동은 구색·구성(assortment)이라는 의미로 중점이 바뀌었는데, 이는 "수직적·종적인 제품·서비스의 계열을 수평적·횡적인 계열로 전환시키는 것"을 관광상품화의 중핵적 특질로 보는 것이라 할 수 있다. 이러한 입장에서는 관광상품화를 "소매업이 제공할 상품의 구색 또는 구성의 결정"으로 보게 된다.

이러한 관점에서 보면 관광상품활동에는 '계열구성'과 '품목구성'의 두 가지 결정이 포함된다. 따라서 관광상품화결정은 '계열구성→품목구성→개별품목의 선정'의 절차를 밟아 이루어진다.

2) 관광상품화 계획

상품화계획(merchandising)은 상품형성(상품탄생)을 위한 필수적인 전 단계 과정이지만, 상품화계획에 대한 통일적 견해는 없다. 그러나 일반적으로 신상품개발, 기존상품의 개량, 기존상품의 신용도 개척의 3가지 차원에서 이루어지며, 이러한 3가지 차원을 기본적 상품계획(primary merchandising)이라고 한다. 그리고 기본적 상품계획은 보다 구체화된 부차적 상품계획(secondary merchandising)이 뒤따르며, 이들은 상품의 다각화(다양화)·상품의 단순화·상품폐기로 구분된다(한희영, 1994 : 246).

관광활동이 성립되기 위해서는 관광상품이 있어야 한다. 이러한 관광상품의 실재를 위하여 여러 가지 관광자원을 이용하여 개발해내는 과정이 관광상품화이다. 관광지에서 보유하고 있거나 보유할 수 있는 자원은 곧 관광자원이고, 이러한 관광자원은 다시 관광상품이 되어 관광시장에 진입하여 판매와 소비가 이루어지면서 관광객은 만족이나 불만족을 체험하게 된다.

이와 같은 순환적 과정으로서 관광상품화를 거쳐 관광상품을 등장시키며, 다음과 같이 표현할 수 있다.

관광상품화 = 여행＋관광자원＋(소비자과정과 소비행위설계, 가격결정) → 관광상품

다시 말해 관광지내 다양한 자원을 관광자원이 되게 하는 과정은 곧 관광자원화이며, 이러한 관광자원이 관광상품으로 되는 과정이 관광상품화이다. 그러므로 관광상품화는 관광자원에 관광객이 관광활동에 필요한 시간을 투입하여 관광자원과 관광관련서비스를 구매하고 이를 소비하는

과정과 소비행위에 대한 설계 그리고 여기에 적절한 가격을 결정함으로써 관광자원이 지닌 기호가치, 사용가치 그리고 교환가치를 지니게 하는 작업, 다시 말해 관광상품개발을 의미한다(박서희, 1997 : 544~554).

그러나 관광자원이 하나의 관광상품으로 개발되기까지는 관광상품화를 위한 기본적 관광상품계획과 부차적 관광상품계획이 수반되어야 하며, 이를 통하여 다양하고 차별화된 관광상품이 개발되도록 한다.[<표Ⅳ-1>참조], (최승이ㆍ이미혜, 2001 : 58~66)

〈표 Ⅳ-1〉 관광상품계획

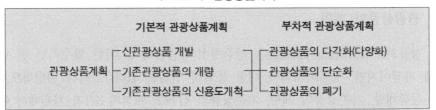

	기본적 관광상품계획	부차적 관광상품계획
관광상품계획	┌신관광상품 개발 ├기존관광상품의 개량 └기존관광상품의 신용도개척	┌관광상품의 다각화(다양화) ├관광상품의 단순화 └관광상품의 폐기

(1) 기존 관광상품의 개량

기존관광상품의 개량이란 이미 시판 중에 있는 관광상품을 개량하는 것으로서 이 경우에는 새로 개발된 신관광상품의 경우도 있고, 오래된 기존 관관상품의 경우도 있다.

상품개량에는 상품품질이나 기능과 같은 기존상품 그 자체에 관한 기본적 개량(primary improvement)과 포장이나 상표와 같은 기존상품의 여러 가지 속성에 관한 부차적 개량(secondary improvement) 등이 있게 되나, 흔히 기본적 개량의 경우를 1차적 품질개량, 그리고 부차적 개량은 2차적 품질개량이라고 한다. 이러한 상품의 품질개량대상이 되는 경우는 일반적으로 신ㆍ구 상품 구분 없이 주로 상품의 수명주기(product life cycle)상 성숙기에 놓인 성숙상품(mature product)이나 쇠퇴기에 들어서는 쇠퇴상품(declining product)의 경우이다(한희영, 1994 : 247).

기존관광상품 개량의 경우는 관광객욕구와 성향이 영구불변한 것이 아니기 때문에 관광시장이 항상 동적으로 활발하게 대처하기 위하여 변화하고 있기 때문이다. 그리고 나아가 관광객은 관광상품을 구매ㆍ소비함으로써 얻어지는 편의나 이익, 그리고 만족추구를 바라기 때문에 기존관광상품은 관광객의 필요에 따라 여러 용도로 개량되어야 하는 것이다.

그러므로 대부분의 기존관광상품 개량은 신관광상품개발만큼이나 비중이 큰 관광상품화계획의 하나로서 다음의 경우에 이루어진다.

① 관광시장이나 관광객 욕구(needs) 변화에 대응하기 위하여

② 신규로 개발된 기술을 이용하기 위하여

③ 매출액이 점차 낮아지는 관광상품의 매출액을 높이기 위하여

④ 관광시장 내에서 관광기업간의 경쟁상 필요에 의해서

기존관광상품의 개량은 여러 부분에서 이루어지고 있으나, 주로 품질개량, 기능개향, 스타일 개량의 3가지 면에서의 개량이 두드러지고 있다.

(2) 기존관광상품의 신용도개척

기존관광상품의 신용도개척(improvement of new of exsting tourism products)이란 기존관광상품 내용에는 변경 없이 관광상품의 새로운 용도를 발견하고, 이에 대한 새로운 관광시장을 확보하는 것을 의미한다. 그러므로 기존관광상품의 개량과 더불어 관광상품 수명주기의 유효한 연명책의 하나가 된다. 이를테면 하나의 예로 호텔연회장의 경우이다. 대부분의 경우 호텔연회장은 각종 모임을 위한 장소로 제공하고 있지만, 최근 각종 모임장소 외에도 특별이벤트 개최(패션쇼, 연예인 디너쇼, 설명회, 의류재고 판매 등) 등으로 호텔연회장의 기능을 개량하여 신용도 개척으로서 판매하고 있다 그러므로 관광상품의 신용도 개척은 신관광상품의 개발보다 쉬우며, 그 가능성은 무한대에 가깝기도 할 뿐만 아니라, 신용도 발견은 새로운 관광상품의 신용도 발견을 통하여 이루어지기 때문에 신용도를 발견하기 위하여 사전적 관광시장조사가 필수적이다. 보통 관광상품의 신용도 개척을 위한 관광시장조사는 관광소비자조사가 핵심을 이루게 되는데, 그것은 관광기업 자신이 어느 특정 관광상품에 관한 신용도를 알게 될 경우보다는 오히려 해당 관광상품을 직접 구매·소비하는 관광소비자에 의하여 발견될 경우가 대부분이기 때문이다.

기존관광상품의 신용도 개척에 있어서는 가령 다음과 같은 점들이 충분히 검토되어야 한다.

① 현재의 용도와 같은 상품이면서도 조금이라도 다른 이용방법은 없는가?

② 상품의 이용방법에 따라서도 대체용도로 사용될 수 없는가?

③ 다른 상품과 관련하여 새로운 용도가 발견되지는 않는가?

④ 사용장소의 변화에도 동일하게 사용할 수 없는가?

⑤ 새로이 등장한 산업에서는 새로운 용도가 없겠는가?

⑥ 생산재 상품을 소비재로 상품화할 수 없는가?

⑦ 상품의 특수한 성분의 성질에서 생겨나는 신용도는 없는가?

(3) 관광상품 다각화와 단순화

① 관광상품 다각화

● 관광상품 다각화의 목적

관광상품 다각화(tourism product diversification)는 관광상품 라인을 확대 또는 확장하게 될 경우이며, 일명 관광상품 다양화 또는 다중화라고도 한다. 다시 말해 관광기업이 생산이나 판매하는 관광상품 라인(tourism product line)을 추가하게 되는 것을 의미한다.

관광상품의 다각화는 다음과 같은 점에 의하여 이루어지고 있다(한희영, 1994 : 311~312).

첫째, 수익과 관광기업 전반적 안정화 목적

　　ⓐ 계절적인 침체(비수기)를 제거하기 위해서

　　ⓑ 주기적 침체를 제거하기 위하여

　　ⓒ 관광수요 감퇴의 위험을 감소시키기 위하여

　　ⓓ 비용절감과 일반관리비의 유리한 배분을 하기 위하여

　　ⓔ 관광기업에 대한 사회의 지지를 강화하기 위하여

둘째, 관광기업의 인적 · 물적 자원을 보다 효과적으로 활용하는 목적

　　ⓐ 기업의 연구소나 개발실에서 우연히 또는 의도해서 생긴 발견이나 발명 등을 활용하기 위하여

　　ⓑ 관광수요 감소나 상품개발과정상의 불균형에 의한 과잉생산능력을 활용하기 위해서

　　ⓒ 관광기업 자체에서 사용할 목적으로 연구개발한 상품이 의외에도 일반수요가 있는 것이 밝혀졌을 경우

　　ⓓ 자사의 독특한 생산공정을 이용하기 위하여

　　ⓔ 부산물을 우리하게 활용하기 위하여

　　ⓕ 관광기업의 인적 자원을 고도로 활용하기 위하여

셋째, 효과적인 마케팅목적

    ⓐ 새로운 판매점을 유도하거나 현판매점의 흥미를 증가시키는 판촉효과를 위하여

    ⓑ 고객만족이나 상표가치의 증대를 가져오기 위하여

    ⓒ 특수고객의 요구에 부응하기 위하여

    ⓓ 총매출액에 대한 판매상 소요되는 비용률을 낮추기 위하여

넷째, 기타의 목적

    ⓐ 여유자금을 유효하게 활용하기 위하여

    ⓑ 대기업에 있어서는 차입이자율의 저하를 기대할 수 있기 때문에

    ⓒ 확대품목의 원재료가 현 품목의 원재료와 동일한 경우는 대량구매에 의한 할인의 이익이 얻어질 수 있기 때문에

● 관광상품 다각화

현재의 판매경로 시스템이 추가적인 이익증대나 성장기화를 제공하지 않거나 또는 다른 산업이나 유통경로의 성장성이 높은 경구에 활용되는 전략으로서 기존상품과는 다른 상품분야에 진출하는 것이다. 그런데 이 때에는 기업의 차별적인 능력 내지 감정(distinctive competences)을 이용하거나 특정문제를 해결할 수 있는데 도움이 되는 분야인가를 확인하고 진출하도록 하여야만 한다.

그러므로 관광상품 다각화는 확고한 관광상품정책과 신중한 마케팅 의사결정상의 태도가 항상 앞서야 할 것이다. 관광상품 다각화는 다음의 3가지 유형이 있으며, 유형별의 대한 전력은 다음과 같다.

첫째, 관련상품 다각화

관광상품 다각화에서 먼저 관련상품 다각화에는 동일상품(상품계열)에 칫수·형상·크기 등을 추가하게 될 경우, 이 때 원래의 품질(1차 품질)이나 가격은 변경되지 않는 경우가 일반적이고, 다음으로 동일상품에서 가격선이 다른 것을 차가하는 경우나 1차적 품질에서의 변경이 있게 되는 경우도 있다. 이를테면 호텔 양식당에서 정식과 함께 수프제공시 동일가격에서 다양한 수프종류 중 하나를 고객으로 하여금 선택하게 하는 경우이다.

둘째, 보완상품 다각화

보완상품이란 서로 보완적 관계에 있는 상품으로서, 이를테면 커피와 설탕, 호텔객실과 부대이용시설 등을 의미한다. 따라서 이들 보완관계를

좀더 확대·추가하여 다각화하는 것이다.

셋째, 대체상품 다각화

대체상품이란 주력상품의 결여시 기능상 대체적 역할을 할 수 있는 관련상품으로서, 이를테면 특급호텔과 1급호텔, 항공권 퍼스트 클래스와 비즈니스 클래스 등의 관계이다.

● 관광상품 다각화전략

관광상품의 다각화전략에는 집중적 다각화, 수평적 다각화, 집성적 다각화의 3가지로 구분하고 있다(김원수, 1991 : 373).

첫째, 집중적 다각화

집중적 다각화(concentric diversification)는 기존상품계열과 기술적 내지는 마케팅상 시너지효과가 있는 신상품을 추가하는 전략이다. 예를 들면, 호텔 객실판촉시 호텔내 부대시설 중 기존 사우나시설에 신기술에 의해 개발된 신종 사우나시설을 새로 구비함으로써 객실＋사우나 시설이용의 신상품을 개발하여 고객만족도를 높이는 경우이다.

둘째, 수평적 다각화

수평적 다각화(horizontal diversification)는 기존상품계열과 기술적으로는 관련이 없으나 현재 고객층에게 판매가능한 신상품을 추가하는 전략이다. 이를테면 투숙고객이 호텔객실을 이용하게 되면서 각종 식당가나 부대시설의 이용확대를 도모하기 위하여 매력적인 부대시설의 신상품을 개발하는 전략이다.

셋째, 집성적 다각화

집성적 다각화(conglomerate diversification)는 현재 기술이나 상품·시장과는 아무런 관계는 없으나, 새로운 고객층에게 판매가능한 신상품을 개발하는 전략이다. 이를테면 호텔 투숙고객과는 관계없이 특정시즌에 각종 이벤트를 개발하여 판매하는 전략이다.

② 관광상품 단순화

수익성이 낮은 신관광상품이나 개량관광상품을 축소시키는 것을 관광상품단순화(tourism product simplification)라 하며, 관광상품다각화의 반대개념이라 할 수 있다. 곧 현재 출시되고 있는 상품(상품계열) 가운데서 수요가 적거나 더 이상 불필요하다고 여겨지는 품목의 생산이나 판매를 감소시키는 경우로서 '품목의 표준화'라고 한다(한희영, 1994 : 313).

관광상품 단순화는 동의로서는 관광상품의 정리·제거·삭제·배제·폐기 등 여러 가지로 표현되나 모두가 비슷한 개념들이다. 이들 개념 중에서 특히 관광상품폐기라는 표현은 수지가 동일한 한계상품(marginal product)이나 적자상품(minus product)의 축소나 정리의 경우에 흔히 사용된다. 관광상품 단순화가 실시되는 일반적인 이유로는 다음과 같은 경우가 있다.

① 경비에 대한 이익공헌이 불만족한 경우

② 전체적으로 수요가 감소하고 있는 경우

③ 유리하게 경쟁할 수 없는 보다 우수한 신상품의 출현이 있는 경우

④ 판매점이나 소비자 등에게 불신풍조가 만연해 있는 경우

⑤ 안전성이나 공해방지에 문제가 있다고 생각될 경우

관광상품 단순화의 이점은 다양하지만 이러한 관광상품 단순화의 이점은 대부분의 경우 관광상품 다각화의 단점이 되고, 반면에 관광상품 다각화의 장점은 곧 단순화의 단점이 되는 경우가 많다고 할 수 있다. 그것은 관광상품 단순화가 바로 관광상품 다각화나 다양화의 정반대적인 개념이기 때문이다.

관광상품 단순화의 이점을 살펴보면 다음과 같은 내용이며, 다각화에 비해 관리나 비용면에서 훨씬 경제적이지만 상대적으로 효과성은 클 수 있다.

① 규모경제적 생산

② 재고상품의 품질향상

③ 판매력 효과성 증진

④ 소수품목에의 판매나 광고에 대한 노력집중 증가

⑤ 회전율 증대

⑥ 출시 신속화

⑦ 크기 감축

⑧ 출시 또는 납품오차 감소

⑨ 상품 라인의 단순화에 의한 판매신용 증대 : 회전율 증대, 재고에 의한 감가방지나 감소, 간접비 감축, 서비스 향상, 품절방지 또는 감소

⑩ 소비자신용 증대 : 가격저하, 품질향상, 서비스향상

(4) 관광상품 진부화와 폐기

보통 관광상품 단순화는 출시된 관광상품이 한계관광상품이나 적자관광상품이 되어 관광상품의 수명주기 중 거의 쇠퇴기인 말기에 가까워져 그만 폐기하게 될 경우를 의미하지만, 좀더 객관적으로 표현하면 관광상품 진부화(tourism product obsolescence)이다. 그러므로 관광상품 진부화는 결국 과정적이며 결과적인 관광상품 단순화의 별칭이라 할 수 있다. 다시 말해서 이 경우의 관광상품 진부화는 관광수요 감소나 수익성 저하 등의 원인으로 인한 관광상품 폐기의 사전단계임을 알 수 있다.

그러나 관광상품의 수요가 왕성하고 따라서 관광상품수명상의 위치가 견고한 데도 일부러 일부 상품의 품질이나 디자인, 스타일 등을 변환시켜 기존관광상품을 구형화 또는 구식화해서 신관광상품과 대체시키고자 하는 의식적인 상품폐기인 이른바 계획적 진부화(planned obsolescence)라는 것이 있다. 계획적 진부화는 관광기업의 관광상품정책 가운데 특수한 관광상품 단순화정책의 하나로서 관광시장을 확대하기 위한 의식적·계획적·정기적·조직적인 관광상품 폐기이다.

계획적 진부화에는 일반적으로 기술적 내지 기능적 진부화, 의도된 물리적 진부화, 심리적 내지 유행적 진부화와 같은 3가지 유형이 있다(김시종, 1995 : 206~207).

문화관광상품 개발전략

통일시의 한반도의 풍토성, 역사성, 자원성, 문화성, 국토성 등을 기준으로 관광수요창출과 관광요구를 충족시킬 수 있는 문화관광상품 개발의 기본방향을 제시하면 다음과 같다.

▌ 기본방향

① 한반도의 역사문화에 근거한 관광상품 개발
② 한반도의 국토성과 관광자원성에 근거한 관광상품개발
③ 한반도의 이미지 고양형 관광상품 개발
④ 남과 북의 상호보완형 관광상품 개발
⑤ 외래관광객을 위한 특성화된 관광상품 개발과 내국인을 위한 문화전승 및 교육적 효과 추구형 관광상품 개발

⑥ 소프트형 축제 이벤트 지향형 관광상품 개발

⑦ 한반도의 전통문화, 향토문화제 및 민속놀이에 바탕을 둔 관광상품 개발

⑧ 하드웨어·소프트웨어 관광상품의 조화로 한반도형 특화관광상품 개발

■ 관광목적 유형에 따른 4계절 문화관광상품 개발

• 한반도 관광이미지 창출 관광상품 개발(역사+민속+현대+미래)

한반도 이미지 창출은 궁극적으로 한반도의 바람직한 상을 설정, 그 이미지를 현실화하기 위해 한반도의 잠재능력을 최대한 발휘하여 가장 훌륭한 모습으로 한반도를 만들어가는 의도적인 변화과정이라고 할 수 있다. 이미지를 바꾸거나 개발하는 일은 일상적인 생활방식이나 틀을 변화시키는 것이 아니며, 시대와 상황이 요구하는 현실에 따라 필요한 것을 수용하고 한반도에 맞게 조정·변화시키는 과정이다. 이미지 창출에 유연성과 독창성이 필요한 것도 이 때문이다.

한편, 국가의 본질은 하나지만 관광객에게 투사할 수 있는 이미지는 무수히 많다. 예를 들면 서울을 방문한 외국인에게 서울의 이미지를 강하게 심어주기 위해서는 전달하고자 하는 것이 어떠한 이미지인가에 따라 보여줄 수 있는 대상물과 느낌이 달라지게된다. '통일의 한반도'를 이미지화한다면 남과 북이 공유하고 있는 역사, 문화, 전통, 단일민족 및 생활상 등을 한반도적인 색채와 연출기법으로 독특하게 보여주어야 한다. 따라서 통일 한반도가 새로운 신흥관광목적지로서 각광받기 위한 이미지 대상은 무궁무진하다고 할 수 있으며, 역사와 민속 그리고 현대와 미래를 활용하는 이미지 창출을 위한 문화관광상품 개발이 필요하다.

• 민속축제, 이벤트 및 역사문화상품 개발

인간의 관광욕구는 첫 단계가 풍광관광, 두번째가 사적관광이며, 이보다 한차원 높은 단계가 민속관광으로서 3단계로 진화 발전하는 것이 일반적이다.

이 중 민속관광자원은 대부분 세시명절에 기생하기 마련이며, 도시화, 공업화, 양력사용 등으로 근대화 과정에서 그 본래의 취지가 퇴색해온 까닭에 민속관광자원도 설 땅을 잃어왔던 것도 사실이지만, 남과 북에 내재하고 있는 세시민속의 개발은 한반도를 특화 관광목적지로 발전시킬 수 있는 관건이 되기 때문에 전국 각지에 산재된 민속축제를 연구하여 그 뿌리와 근본, 프로그램의 구성요소 등을 발굴하는 작업은 매우 중요하다.

민속축제의 발굴작업은 우선적으로 문헌조사와 목격자들과의 면담을 기초로 뿌리와 원형을 찾아 소재별로 고유한 민속축제와 이벤트를 개최 활성화시켜야 한다. 우리의 민속문화는 생산의 풍요를 기원하는 농경생활에서 비롯되었으며, 각 절기에 따른 생활풍습과 자연지리적·사회경제적 처지에 알맞게 발전을 거듭해왔다.

오랜 역사와 향토의 자연 그리고 사회를 배경으로 형성되었기 때문에 지성적이고 소박하고 전통적인 문화가 핵심을 이룬다(표 참조).

북한에서 이어져 내려오는 전통민속놀이의 현황을 살펴보면, 가무놀이가 16종으로 농악, 탈놀이, 윷놀이, 강강수월래, 마당놀이 다리밟기, 놋다리놀이, 불꽃놀이, 화전놀이가 대표적이며, 경기놀이가 19종으로 씨름, 활쏘기, 줄다리기, 그네뛰기, 장치기, 격투, 돌팔매놀이, 제기차기, 차전놀이, 소싸움놀이, 공차기, 널뛰기 등이다. 겨루기는 11종으로 바둑, 장기, 고누, 산가지놀이, 칠교놀이, 남승도놀이, 종정도놀이 등이 대표적이며, 아동놀이로서는 20종으로 썰매타기, 연날리기, 진놀이, 공기놀이, 자치기, 팽이돌리기, 각시놀음, 죽마타기, 꽃싸움, 풀싸움, 바람개비놀이 등이 대표적이다. 이러한 전통민속놀이들이 정치적 목적에 의해 다소 투쟁적이고 계급의식을 고취시키는 놀이를 중심으로 이어져 왔으나, 통일을 대비하여 민족문화의 정체성 강화와 문화적 이질감을 극복하기 위해서는 남북한의 민초들이 공유할 수 있는 놀이를 재현·계승하여 하나의 민족임을 고취시키고 한반도의 이미지를 통일시키는 상품으로 개발되어야 한다.

● 한국의 민속

분 류	종 류
민간신앙	계절제, 가신신앙(성주신, 조상, 삼신, 조왕신, 터주 등), 동신 신앙(산신, 서낭신, 국수신, 장군신, 용신, 부군신, 장승, 솟대 등), 무속신앙(무신제, 家祭, 洞祭), 독경신앙(安宅, 고사, 귀신잡이, 동토잡이, 길닦음, 홍수매기, 살풀이 등), 자연물신앙(산, 나무, 암석, 바다, 호랑이, 곰, 까치 등), 영웅신앙(왕신, 장군신, 대감신 등), 사귀신앙(死靈인 객귀·영산·상문·처녀귀신·몽달귀신, 疫神인 손님·우두지신, 기타 도깨비·정귀 등), 풍수신앙(장풍, 득수, 방위), 점복·예조(신점, 작괘점, 몽점, 천기점, 새점 등), 금기·부적·주술, 민간의료
관혼상제	産育俗, 관례, 혼례, 회갑·회혼례, 상례, 제례
구비문화	說話(神話, 전설, 민담), 민요(노동요, 의식요, 유희요, 비기능요), 판소리(춘향가, 심청가, 흥부가, 수궁가, 적벽가 등), 속담, 수수께끼
민속예술	농악, 민속극(가면극, 인형극), 민속공예(도자공예, 금속공예, 목공예, 칠기공예)
세시풍속	정월(茶禮, 세배, 덕담, 설빔, 복조리, 널뛰기, 윷놀이, 연날리기, 부름, 약밥, 오곡밥, 더위팔기, 지신밟기, 달맞이, 달집태우기 등), 2월(풍신제, 한식, 성묘), 3월(花煎놀이), 4월(초파일 연등놀이), 5월(단오행사-씨름, 그네), 6월(流頭의 머리감기, 물맞이), 7월(七夕, 百種), 8월(추석의 성묘, 茶禮), 9월(重九), 10월(동족 墓祀, 상달 고사), 11월(동지-팥죽), 12월(제석-섣달 그믐날 밤)
민속놀이	연날리기, 널뛰기 등의 세시풍속, 장기, 바둑, 장치기, 말놀이, 공기, 자치기, 숨바꼭질, 돈치기, 제기차기, 팽이치기, 닭싸움, 탈놀이, 각시놀이 등
생업활동	생산방법, 의례, 절차, 금기, 교역, 소유·분배처리 등

(자료 : 한국관광공사, 전통문화유산 관광상품화 방안, 서울 : 한국관광공사, 1998, pp. 11~12 참조)

● 명절, 절기, 국경일에 대한 관광축제 이벤트 상품 개발
우리 민족의 전통 명절인 설날과 추석을 남북 관광축제나 이벤트 행사로 개최하여 조

상들의 뜻을 기리고, 우리 고유의 명절을 관광상품화함으로써 한반도를 찾는 관광객들에게 이색적인 볼거리와 체험거리를 제공해 주게 되어 한반도의 방문을 촉진하게 된다. 특히 남과 북의 절기별 축제나 이벤트 행사를 지속적으로 전개하여 때를 형성하고 삼천리 방방곡곡에 역동적인 축제 분위기가 이어질 수 있도록 관심을 기울여야 한다.

• 고구려-백제-신라-고려-조선조의 도읍과 관련된 문화관광상품 개발
문화관광상품은 독특하고 유일한 특성을 바탕으로 개발되고 발굴되어야 하며, 그 주 대상은 역사문화상품이 된다. 한 국가의 수백년 도읍지는 훌륭한 문화관광상품이며, 경주, 개성, 부여, 공주 등의 도시가 그 대표적인 예가 될 수 있다.

• 세계적인 풍광관광상품 개발
설악산과 금강산을 잇는 관광상품을 원산의 명사십리와 남쪽의 속초, 동해안 개발과 연계하여 레저스포츠 시설을 확충하고, 정적인 것과 동적인 관광상품을 연계하는 세계적인 관광지로 발전시켜야 한다. 또한 한반도만이 갖고 있는 풍광적인 요소인 자연자원을 축제 이벤트 관광자원과 연계하여 개발함으로써 세계적인 문화관광상품이 될 수 있으며, 국제적인 면에서도 비교우위를 점할 수 있고 다양한 계층을 한반도로 이동시키게 하는 촉매제로서의 기능을 가지고 있기 때문에 이에 대한 상품화 방안은 매우 중요한 과제로 대두된다.

• 선방(旋房)
21세기는 기(氣)의 시대가 될 것이며 修道의 보편화시대를 말한다. 선의 뿌리는 인도선으로서 중국, 우리나라, 일본이 중심을 이루고 있다. 한국선의 세계화 작업은 물론 한-중-일-인도선과의 협력상품을 만드는 동시에 국내적으로도 참선교육으로 시작할 때가 되었다고 판단된다. 따라서 한반도 선방대회나 기(氣)축제 같은 행사를 정례적으로 개최하여 한국선의 우수성을 세계만방에 알리고 선과 기를 수련하려는 방문객들을 유치함으로써 새로운 관광시장을 개척할 수 있다.

• 한반도의 상징물 건립
에펠탑은 파리의 상징이고, 타이완은 세계 4대 박물관의 하나인 고궁박물관을 자랑하고 있다. 전문가에 따르면 현대인이 습득하는 지식의 87%는 시각적 자료에서 얻어진다고 한다. 이러한 사실에 기초해보면 그 동안 한반도는 긴장이 고조되었던 동토의 나라, 또는 이 지구상에 유일하게 존재하는 이념대립의 분단국가 등 전반적으로 관광을 하기에는 부정적인 면이 많아 오히려 기피지역으로 간주되는 경향도 있었다. 따라서 이와 같은 나쁜 이미지를 불식하여 매력적인 관광목적지로서 한반도를 특화시키기 위해서는 새로운 감각과 이미지가 연출되는 관광상품을 개발하는 것이 시급한 과제이다. 우리 민족의 혼이 깃든 상징물을 건립하여 잠재관광수요자들의 관광목적지 선택에 나침반의 역할을 할 수 있도록 해야 한다.

(자료 : 채용식 외 2인, 관광축제이벤트론, 학문사, 2001, pp. 40~45)

4. 특색 있는 관광상품 개발(연구사례)

최근 관광행태가 단순히 보고 즐기는 관광에서 점차 참여하고 활동하는 동적인 관광형태로 변모됨에 따라 체험지향적 관광상품 수요가 급증추세에 있으며, 지명도가 높고 잠재가치가 큰 5대 고궁, 세계문화유산, 전통민속축제 및 대형 관광문화축제 등을 세계적인 관광상품으로 개발할 필요성이 커지고 있다.

또한 쇼핑관광객 유치를 증대하고 만족도를 제고하기 위해 관련시설의 정비 및 확충, 상품의 다양화, 우수관광기념품을 육성할 필요성이 대두되고 있어 이에 부응하는 관광상품의 개발이 시급한 현실이다. 이에 정부 차원에서 추진하고 있는 특색있는 관광상품의 개발내용을 위주로 설명하고자 한다(관광비전 21, 1999 : 29~38).

1) 역사·문화자원의 관광상품화

(1) 5대고궁 등 문화재, 세계 문화유산의 관광상품화

① 세계 문화유산을 소재로 활용한 다양한 관광상품의 개발
- 세계 문화유산 소재지역과 주변관광지의 연계관광상품화
- 한국관광공사 홈페이지, 호텔, 항공사 등 관광관련 홈페이지상에 안내정보 수록
- 각종 관광안내서, 홍보브로슈어 제작 지원

② 세계 문화유산과 지역축제를 연계하여 관광이벤트로 개발
- 종묘, 석굴암과 불국사, 해인사 팔만대장경과 관련된 행사를 관광이벤트화함으로써 관광자원으로서의 가치증대
- 석전대제, 사직대제, 남이장군대제, 신라문화재, 대야분화제와 정대불사의 전통행사 등과 연계하여 관광상품화 추진

③ 5대 고궁과 관련된 문화체험 상품 개발
- 경복궁, 창덕궁, 창경궁, 덕수궁, 종묘 등 5대 고궁을 활용하여 전통문화행사 재현

  예) 왕·왕비·문무대신 행차, 전통혼례, 문·무과 과거시험 재현,

왕궁수문자 교대의식 등
　　• 경복궁 '세종대왕 즉위의식' 상설운영 추진
　　• 고궁을 무대로 문화·예술활동 활성화 및 판매로 연결
　　　국악, 민속놀이, 클래식, 민속무용, 패션쇼 등
　　• 각종 이벤트 개최 등 고궁관광 프로그램의 다양화
　　　－ 가족단위 나들이객, 연인, 외래방문객 등 주요 고궁방문자들을
　　　　대상으로 한 각종 이벤트를 정기적으로 개최
　　　－ 다양한 프로그램이 있는 고궁상품 개발 및 방문객 유치 증대
　④ 4대문안 역사문화 탐방로 관광코스화
　　• 왕궁탐방로, 가회·인사동길, 대학로, 덕수궁·경희궁, 남대문·명
　　　동 중심지구 등

(2) 전통문화예술 상설공연 연계

　국악, 탈춤, 민속놀이 등 각 지역의 특색있는 전통예술 공연을 상설화
하고 연계관광상품화한다.
　　• 서울 상설공연 : 국립극장, 국악원, 정동극장, 운현궁, 서울놀이마당,
　　　남산 한옥마을 인간문화재 정기공연 등
　　• 지방 상설공연 : 안동화회별신굿, 진도토요민속여행, 양주별산대놀이,
　　　경주 보문단지 상설공연 등
　　• 한국관광공사 및 여행사 연계, 공연프로그램 및 실시시기, 관람시간
　　　등에 대한 정보를 제공하여 관광객 유치 확대

(3) 대형 문화축제 및 문화관광축제의 관광상품화

　① 대형 문화축제의 관광상품화 지원 및 세계적 이벤트로 육성
　　• 광주비엔날레, 경주세계문화 엑스포, 부산국제영화제, 세계도자기
　　　축제, 제주섬 문화축제 등을 세계적 문화이벤트로 지원·육성
　　• 연계관광상품 개발지원 및 여행업계 설명회 및 팸투어 지원
　　• 해외문화홍보원 한국관광공사지사, 국내외 어론사를 통한 홍보강화
　② 지역축제중 대표적인 축제를 선정하여 체계적인 지원 강화
　　• 광역시·도별로 2~3개의 문화관광축제 선정·지원
　　• 주제별 특화 및 신규소재 개발지원

- 특산품 활용 : 도자기, 인삼, 모시, 삼베, 전통공예품, 보석, 전통
  주, 김 등
- 전통예술 : 탈춤, 농악, 전통무술, 뱃놀이 등
- 자연경관 : 신비의 바닷길, 눈, 해변, 생태자원 등
- 역사자원 : 고인돌, 세계문화유산, 왕인유적지, 백제·신라유적
  지, 소싸움 등
- 문화관광축제의 관광상품화 지원
  - 행사기획 및 진행에 대한 자문 및 교육 지원
  - 연계관광상품 개발지원 및 여행업계 설명회 및 팸투어 지원
  - 해외문화홍보원, 한국관광공사 지사, 국내외 언론사를 통한 홍
    보강화
③ 지방의 특색 있는 볼거리 제공을 위한 이벤트 기반시설 확충
  - 이천 도예단지, 청도 소싸움장, 안동 상설이벤트장 건립 등
④ 전통문화체험 관광상품 개발
  - 불교 산사수련, 풍어제, 당제 공연감상 등

(4) 특산품의 관광자원화를 통한 지역경제 활성화 지원

① 지역기반산업을 활용한 문화관광축제의 활성화
  - 인삼, 도자기, 보석, 김치, 한약 등
  - 연계 여행상품 개발 및 국내외 홍보 강화
② 국제박람회 개최를 통한 바이어 유치 및 외화획득
  - 축제와 연계한 박람회 개최 : 인삼박람회, 도자기박람회, 보석박람
    회 등
  - 해외바이어 및 도매상 유치
③ 축제기간중 국내외 교류 활성화를 통한 국제경쟁력 강화
  - 세계도예교류, 보석교류 등
  - 도자기산업디자인 공모전, 보석디자인 공모전, 대학생 도예공모전
    개최 등

(5) 고유 세시풍속의 관광상품화

① 주요지역별 세시풍속 활용 다양한 이벤트 개최

- 정월대보름, 한식, 삼짇날, 단오, 유두, 중구절, 동지 등 대상
- 연계 여행상품 개발 및 국내외 홍보

② 세시풍속 활용 먹거리 및 살거리 개발

- 먹거리 : 오곡밥, 진달래주, 팥죽, 강정, 유두국, 단오음식 등
- 살거리 : 부럼, 단오선, 단오장, 책력 등

2) 체험지향적 관광상품 개발

(1) 음식문화 체험 관광상품 개발

① 세계적으로 우수성을 인정받고 있는 전통식품인 김치, 젓갈을 대표적인 음식문화 체험 관광상품으로 개발

- 김치담그기 강습코스, 강진 젓갈시장 타방 상품 등
- 우리나라의 김치, 젓갈을 선호하는 일본관광객을 대상으로 전략적 홍보
- 포장용기의 품질과 디자인 개선, 사후 배달제도 등 쇼핑관련 편의 제고

② 음식관련 축제의 관광상품화

- 남도음식축제(낙안읍성), 김치축제(광주) 등 우리 먹거리의 우수성을 알릴 수 있는 음식축제를 지원·육성
- 음식축제와 연계한 관광코스 개발 및 홍보지원

③ 시·도별 우리음식 특장 식단개발

- 전국 관광식단 경진대회 개최
- 수상 및 지정업소 지원방안 강구

④ 음식관련 소재의 발굴 및 관광상품화

- 주제별 특화식품 선정 및 개발
  - 전통음식 : 삼계탕, 불고기, 죽, 떡, 구절판, 신선로, 궁중음식 등
  - 특산물 : 인삼, 전복, 회, 나물 등
  - 특수목적음식 : 건강식, 미용식 등
  - 민속주 : 이강주, 안동소주, 문배주, 청주, 소주 등
- 관광상품화 지원 및 홍보 강화
  - 특수포장용기의 개발, 맛의 표준화 유지, 사후 배달서비스 제도

실시 등
- 한국의 음식을 주제로 한 홈페이지 개설 지원 및 관광공사 홈
페이지와 링크
⑤ 외래관광객을 위한 음식백화점 설치 추진
• 300명 이상 관광객을 수용할 수 있고 저렴한 가격으로 다양한 음식
을 제공하면서 대형버스 주차시설, 외국어안내종사원 보유 기준
• 올림픽공원, 무역센터, 여의도 등 대상
• 다양한 볼거리와 연계
⑥ 관광식당 안내홍보 강화
• 중국식당 등 전문관광식당 지정 및 홍보
• 지역별, 음식유형별 안내지도 및 리플렛 제작·배포
• 우수관광식당 선정 및 홍보 등 지원 강화
• 식당환경개선 및 메뉴 등 외국어 서비스 개선

(2) 레저·스포츠의 관광상품화

① 골프관광
• 대중 골프장 및 숙박시설 확충을 통한 외국인 관광객 편의도모
• 골프장 예약시 외국인 관광객 우대제도, 골프요금 할인 등 인센
티브 제공
• 골프와 주변관광지 연계, 골프와 문화체험 연계 등 다양한 관광
상품 개발
② 스키관광
• 동남아지역을 표적시장으로 선정하고 겨울관광의 주 테마상품으
로 육성
• 외국인 관광객에 대해서는 스키장 입장료의 세제감면 검토
③ 래프팅, 번지점프, 게이트볼, 활공관광 등
• 재정지원 확대를 통한 레크리에이션시설 확충
• 이러한 스포츠가 가능한 주요지역을 선정하여 특성화
예) 번지점프-제천, 래프팅-인제, 활동-단양 등
• 국제활공대회, 게이트볼대회 등을 개최하여 세계적인 동호인 참
가 확대 및 관광이벤트로 개발

- 국제역기구대회를 개최하여 동호인 및 관광참가 확대
④ 세계적 스포츠 스타(박세리, 박찬호 등)를 활용한 관광상품 개발
  - 박세리 골프투어, 박찬호 야구상품 개발
    - 박세리가 연습했던 골프코스 탐방상품, 박세리가 입었던 스포츠웨어 쇼핑코스, 박세리 골프용품 등 기념품 개발
    - 박찬호의 모교인 한양대와 연계한 야구상품 개발
  - 박세리, 박찬호를 활용한 스포츠 관광상품 홍보브로슈어 제작
⑤ 한국에서의 스포츠관광 내용, 매력, 가격, 거리, 호텔에서의 소요시간 등 각종 정보를 자세히 소개한 안내책자를 발간 및 배포
⑥ 한국관광공사의 홈페이지, 항공사, 호텔 등 관광관련 홈페이지상에 상세한 안내정보 제공

(3) 특화 관광상품의 개발

① 태권도의 관광상품화
  - 국기원 및 대학 체육학과를 중심으로 태권도 단기수련 및 시범관람코스 개설
  - 관광지내 시설물, 인근 대학교 체육관, 운동장 등을 활용하여 태권도 시범단을 구성하여 상설공연을 실시하고 관광코스와 연계
  - 태권도 테마공원 개발지원
  - 해외 태권도 사범을 통한 태권도 수련생 적극 유치
  - 용인 민속촌, 에버랜드 등 주제공원내 태권도 시범공연의 상설 프로그램화
  - 대형 이벤트 확대 개발 : 태권도 한마당, 세계 청소년 태권도 축제 등
② 안보관광상품의 개발
  - 판문점, 땅굴, 비무장지대, 서해 등을 활용해 전세계적으로 유일한 분단국가의 현장을 관광자원화함
  - 육사, 해사, 공사의 훈련과정, 사열식 등을 관광상품으로 적극 개발
  - 6·25 전쟁의 격전지, 북한 잠수함 침투 현장 등을 관광상품으로 개발

3) 사이버 관광상품 개발

(1) 국제관광 사이버교역전 개최

① 국내외 관광관련 업체가 동시에 참여하는 대규모 국제관광교역전을 컴퓨터상에서 개최함으로써 전세계적인 홍보효과 및 사이버관련 산업의 활성화 도모

② 국내외 관광관련 업체가 참여하는 국제관광 교역전을 컴퓨터상에서 개최
  • 여행상품, 호텔, 항공사, 기념품, 전통문화 등 주제별 사이트 구축 및 연계
  • 참여업체에 대해 인센티브 부여 방안 강구
  • 특별 할인행사, 경품추첨, 한국관광관련 인터넷 퀴즈대회 등 이벤트개최

③ 2000년 밀레니엄 축제의 일환으로 관광상품화 추진
  • 폐막 후, 참여업체 중 희망업체를 중심으로 쇼핑 등 사이트 구축
  • 한국관광 홈페이지에 연계 지원

(2) 사이버 관광쇼핑몰 구축

① 전국의 관광특산품, 기념품, 공예품 등을 컴퓨터상에서 직접 쇼핑할 수 있는 사이버 관광쇼핑몰 구축

② 지방자치단체별로 각 지역의 특색있는 관광특산품, 기념품, 공예품 등을 소개하는 쇼핑몰을 인터넷상에 구축하고 각 지역의 사이트를 링크

③ 상품에 대한 검색, 상품에 대한 동영상 화면, 상품구매가 가능하도록 종합시스템의 구축

④ 각종 안내책자, 홍보브로슈어 등에 사이버 관광쇼핑몰 소개

⑤ 한국관광공사 홈페이지, 국내 호텔, 항공사, 여행사 등 관광관련 홈페이지에 사이버 관광쇼핑몰에 대한 소개 및 지방자치단체 관련 사이트 연계 추진

4) 쇼핑관광의 활성화

(1) 관광쇼핑환경 개선

① 주요 관광거점지역 및 공항·항만 인근에 대규모 쇼핑센터 건립
- 7대 문화관광권의 중점육성지역, 국내공항(김포, 김해, 인천) 및 항만(제주, 부산, 인천) 인근지역에 대규모 쇼핑센터 건립 지원
- 쇼핑센터 건립시 관광진흥개발기금 융자지원
- 각종 관광안내서 및 홍보자료에 쇼핑센터에 관한 상세한 정보수록
- 한국관광공사 홈페이지에 홍보자료 게재

② 관광기념품 종합 전시·판매점의 설치
- 각 시·군에 1개소 이상 관광기념품 종합전시·판매장 지정
  - 매장 개·보수, 증축 등에 대한 금융지원 등 추진
  - 각종 관광관련 안내책자 등에 소개
- 상품에 대한 안내문을 부착해 구매자들의 상품에 대한 이해를 제고
- 상품 진열에 대한 전시효과 강화

③ 홍보·판매촉진 기법 개선
- 특산품 등의 관광기념품에 대한 안내서, 홍보브로슈어 등을 공항 입국장, 관광안내소 등에서 배포
- 우수 관광기념품에 대한 중앙 및 지역 표시제도 도입

④ 'Korea Grand Sale'행사 개최
- 카드사와 제휴하여 외래객 대상 특별 할인 등 차별화된 서비스
- 백화점, 면세점, 테마파크, 재래시장, 기념품점 등을 대상
- 일본연휴기간 Bic Sale, 국내 문화이벤트 등과 연계한 다양한 쇼핑관광상품 집중 개발·판촉

(2) 전통시장의 명소화

① 봉평장, 화개장, 강경의 젓갈시장 등 각 지역의 특색있는 시골장터를 소재로 체험형 관광상품을 개발하고, 각 지역의 관광지와 연계 상품화하는 방안을 추진
- 전국의 유명 재래시장에 대한 상품화 가능성 조사 및 중점 육성

대상 선정
- 재래시장 풍물보존 지원 및 쇼핑관련 편의시설 확충
- 각종 안내책자에 소개, 홍보브로슈어 제작, 연계관광상품 개발 등 지원

② 서울지역의 주요시장과 연계한 시내 관광상품 개발
- 인사동, 이태원, 남대문, 동대문, 경동 약령시장, 종로보석상가 등과 연계하여 재래시장 쇼핑상품 개발
- 시티투어 코스에 이들 지역을 포함

(3) 특화 쇼핑가 조성

① 쇼핑관광객의 편의를 제고하고 다양한 쇼핑욕구를 충족시키기 위해 기존의 쇼핑가를 특성별로 전문화시켜 육성

② 용산전자상가, 이태원, 제주 중국촌, 부산 러시아쇼핑거리 등 지역별로 특성화 거리를 조성하고, 이들 지역의 수용태세 정비 및 연계 관광상품 개발촉진

③ 특색 있는 쇼핑환경 조성, 외국어 가능 안내원 배치, 환전소, 은행, 화장실 등 기본적인 편의시설을 확충

④ 쇼핑안내책자 및 홍보 브로슈어 발간, 한국관광공사 홈페이지에 상세한 안내정보 수록 등 체계적 홍보 추진

(4) 면세점 확대, 사후 면세제도의 활성화

① 현 20개소의 면세판매장 확충
- 외래객이 주로 방문하는 대도시의 면세판매장을 지속적으로 확대 추진
- 제주도 등 주요 관광단지, 관광지 주변에 면세판매장 설치 추진

② 공항출국장에 환급사무소 설치
- 출국시 세금을 환급받을 수 있도록 세금환급절차를 간소화
- 판매장에서 물품을 세금포함가격으로 판매(물품판매확인서 교부)
- 공항에서 출국확인 및 외래관광객에게 현금으로 세금환급(대행사 지정)

③ 한국의 집 면세점 운영(무형문화재 기능보유자 작품 판매 및 유통센터 기능 병행)

④ 사후면세점 지정확대(1,000여 개)

- 현 12개소의 가맹점을 대폭적으로 확대 지정
⑤ 사후면세제도에 대한 유관기관과의 홍보협조체계 구축
  - 한국관광공사의 해외지사를 통한 사후면세제도의 홍보활동 강화
  - 국제공항 안내소 및 관광안내소 등에 사후면세제도에 대한 안내 책자 배치

(5) 우수관광기념품 육성

① 관광기념품 유통체계 개선 및 판로 개철
  - 시·도 우수관광기념품 전시·판매장 설치 및 외국인 전용관광기념품 집산 판매장 건립 지원
  - 지방 관광기념품 판매장에 대한 운영실태 조사·자문(연 1회 이상)을 통한 관광객 쇼핑관광 불편사항 해소 및 마케팅능력 강화
  - 쇼핑관광 안내책자, 한국관광공사 D/B, 인터넷 등 활용 홍보
  - 관광기념품 판매장 운영개선을 통한 외국인의 쇼핑불편 해소
② 지역별 대표성 있는 관광기념품 육성
  - 각 지역의 공예품, 농특단지 가공식품, 전통식품, 가공수산물 중에서 관광기념품화가 가능한 상품을 선정, 우수관광기념품으로 육성
  - 지역특성 및 상징이 담긴 캐릭터를 활용한 관광기념품 개발 지원
  - 지방 우수관광기념품을 해당지역, 관계 기관·단체 등에서 방문 인사, 외국인 등의 선물용으로 활용토록 유도
③ 전통문화를 활용한 관광기념품 개발
  - 문화재, 전통문양, 설화·전설 등 활용
  - 주요 무형문화재 작품의 관광기념품화 : 소형화, 실용화
④ 우수관광기념품의 개발을 위하여 디자인관련기관, 학계(관광, 미술, 디자인 등), 업체 대표 등으로 '우수관광기념품 개발협의체' 구성·지원
⑤ 전국 관광기념품 공모전 개최
  - 우수관광기념품의 개발 및 품질향상 촉진을 위해 매년 개최
  - 공모대상을 공예품 위주에서 지역특산품, 민속전통주, 가공 농수축산물 등으로 품목 확대
  - 시·도 예선을 거친 작품 및 시·도 추천 지역우수관광기념품 중에서 심사를 통해 입상작 선정 및 시상

- 입상작품에 대해서는 관광진흥개발기금 지원, 제품-포장디자인 지원을 통해 우리나라를 대표하는 관광기념품으로 집중 육성

관광상품, 관광이미지, 어디에 어떻게 알려야 하나요?

현장에서 컨설팅을 하다보면 가장 많이 또는 다급하게 받는 질문이 A라는 프로그램에 TV광고를 하려고 하는데 어떻게 하면 좋겠냐는 것, 매체사에서 광고를 내라고 찾아왔는데 내도 되겠냐는 것, 인쇄물을 제작하려고 하는데 사양이 체험이러러하니 견적을 내어 달라는 것들이다.

이러한 질문들에 대해 답을 할 때 우선은 어떤 내용을 어떤 사람들에게 알리고 싶은 것인가를 우선 묻게 된다. 그 다음에 예산을 어느 선에서 집행할 것인지를 묻는다. 그 후에 해당질문에 대한 답을 하거나 아니면 그 상품이라면 TV보다는 신문을 선택해보라는 등 다른 제안을 하게 된다.

관광분야에서 매체의 사용은 다른 분야와 달리 제한되고 획일적이다. 이는 공공기관이 주가 되는 사용자 환경에서 조직적인 문제일 수도 있고 무엇보다 변화를 제때 수용하지 못하는 환경에서 비롯되는 것이 크다.

매체의 특징과 효과를 이해하면 자신 있게 새로운 매체를 선택한다든지, 이미 사용하고 있는 매체라도 확신을 갖게 된다.

▌ 자주 접하는 매체의 특징과 활용법

전통적으로 TV, 라디오, 신문, 잡지를 4대 매체라고 하며 가장 일반적이고 대중적인 매체이다. 대중매체는 비교적 저렴한 비용으로 대규모의 소비자를 대상으로 할 수 있다. 특히 감성에 작용하는 전파매체와 이성적인 소구로 설득효과를 크게 발휘하는 인쇄매체는 제품의 특성에 따라 선택적으로 사용할 필요가 있다.

예를 들어 관광이미지를 알리기 위해서는 비주얼을 통해 감성을 자극하는 전파매체가 효과적이고 가격과 서비스 등 상품의 내용으로 승부를 하는 관광상품은 이성에 소구하는 인쇄매체가 더 적당하다.

최근 매체의 경향으로는 인터넷 등 뉴 미디어가 대거 등장했다는 것과 자동차 급증 등 사회현상을 반영하는 교통광고가 증가한다는 것이다. 또한 우리가 매체라고 인식하지 못하지만 매체의 역할을 수행하고 있는 창의적인 매체가 있다. 관광에서 인쇄홍보물과 이벤트는 전통적으로 가장 많이 활용하고 있으나 매체로서 인지하지 못한 부분이다. 이제부터 이들이 매체로서 어떤 특징을 가지고 어떻게 활용할 것인지를 알아보기로 한다.

■ 전국민의 1등매체-TV

우리나라처럼 전국방송이 존재하는 환경에서 TV광고는 단시일에 가장 빨리 많은 사람에게 알릴 수 있다는 점에서 저렴하고 효과적인 매체임이 틀림없다. 그러나 필요할 때 단발로 나갈 수 없는 점과 제작비용이 많이 든다는 점을 고려할 때 시기, 기간에 따라서 비용이 높은 매체가 될 수 도 있다.

뭐니뭐니해도 audio와 visual 모두 표현이 가능하다는 것과 반짝이는 아이디어를 무궁무진하게 발휘할 수 있다는 것은 TV의 독보적 장점이다.

주로 관광지에 대한 이미지 광고나 테마파크, 항공사 광고를 TV를 통해 볼 수 있는데 타 광고에 비해 visual impact를 활용하지 못하는 형편이다. TV광고 자체가 큰 이슈이다 보니 짧은 시간에 많은 내용을 전달하고 싶어하는 것과 제작비를 제대로 산정하지 않는 풍토가 문제이다.

리모콘으로 1초도 쉬지 않고 지루한 화면을 건너뛰는 시청자를 생각할 때 과감하게 한 가지 아이디어로 승부하는 제대로 투자된 CF만이 시청자들에게 어필할 수 있음을 명심해야 한다. TV에서는 반복의 효과가 아주 중요하다. 집중해서 TV를 보는 것이 아니기 때문에 스쳐가는 시선을 집중시키려면 많은 반복이 필요한 것이다.

따라서 1,2주가 아니라 한 달 이상의 기간을 갖고 계획할 것이 아니라면 TV는 좋은 매체가 못된다.

■ 재평가되고 있는 라디오

라디오는 운전자와 청소년 그리고 주부들을 대상으로 알리기 위해서는 단연 으뜸이다. 채널이 다양하고 타 매체 대비 가격이 저렴하며 짧게는 1주일부터 광고를 편성할 수 있는 등 매체로서의 다양한 장점이 많지만, 채널 선택의 폭이 넓은 만큼 특정방송은 청취율이 매우 낮다는 점과 라디오를 들을 때는 대부분 다른 일을 하고 있다는 데서 주목률이 매우 낮다는 것이 단점이다.

라디오 광고는 TV의 보조매체로서 TV의 audio를 다시 한번 라디오로 반복함으로써 시너지효과를 기대할 수 있다. 조사에 의하면 70% 이상이 TV CF를 상상하는 효과가 있다고 한다.

또한 청소년-심야음악프로그램, 주부-아침방송, 운전자-출퇴근 시간대 프로그램 등 확실한 청취대상을 확보하고 있는 프로그램 등 확실한 청취대상을 확보하고 있는 프로그램을 활용한다면 가장 효과적인 매체가 될 수 있다.

▌가장 신뢰도가 높은 매체, 신문

신문은 문자를 통한 정보전달력이 큰 매체이다. 스쳐 가는 영상과는 달리 문자는 정보의 신뢰도가 높다. 특히 TV의 광고는 '사족'으로 받아들이는 반면, 신문의 광고는 '정보'로서 받아들인다는 것이 큰 차이이다.

또한 지면의 크기, 컬러, 시기 등에 융통성이 커서 매체를 운용하기가 수월한 편이다. 여행사의 상품광고나 백화점 세일광고 등 대부분의 기업체들의 영업광고가 신문에 의존하는 것은 이러한 특성을 반영한 것이다.

신문은 매일 발행되기 때문에 요일별 지면의 선택이 아주 중요하다. 일반적으로 신문이 없는 일요일 이후 발행되는 월요일 지면이 가장 열독률이 높고 주말로 갈수록 열독률이 떨어지고 광고단가는 낮아진다. 그러나 관광의 경우 대부분 신문에서 수요일 이후 전문기사가 게재되므로 요일선택의 폭이 그만큼 넓은 편이다.

그러나 대부분 신문에서 광고지면이 50% 이상을 차지하므로 주목을 받으려면 그만큼 Visual이 튀어야 하는 것은 당연한 일이다. 또한 인터넷 매체가 등장하면서 같은 활자 매체이면서 실시간 영상서비스까지 원스톱으로 이루어진다는 점 때문에 인터넷과의 경쟁이 치열해지고 있다.

▌전문영역을 찾아가는 잡지

잡지의 가장 큰 미덕은 독자가 선별되어 있다는 것이다. 최근의 트랜드는 라이프, 여성지 등 대중잡지에서 스포츠, 음악, 레저 등 특정집단을 대상으로 하는 전문잡지로 종류가 세분화 되어가고 있기 때문에 알리고자 하는 대상을 정확히 공략할 수 있다는 장점이 있다. 또한 전문지로서 가지는 정보의 권위와, 몇 달씩 폐기되지 않고 여러 사람에게 반복적으로 읽힌다는 정보의 회전력이 높은 매체이다. 최근에는 대량매체보다는 오히려 개별매체로 흐르는 추세이다.

▌앞으로도 계속 늘어날 교통매체

교통량이 증가하고 정체가 심해지면서 새롭게 증가한 매체가 바로 교통광고이다. 공항, 지하철, 철도역사, 버스, 택시 등 보이는 곳 어디든 광고매체가 생겨나고 있다. 이 매체의 특징은 소비자와 쉽게 자주 접할 수 있다는 것과 좋든 싫든 그 장소를 지나면 접해야 하는 비선택적 매체라는 점이다.

고속버스나 기차로 3시간 동안 통학을 하는 경우 싫어도 3시간 동안 그 광고를 보아야 하는 것이다.

교통광고 중 가장 비중이 높은 것은 지하철인데, 대도시 중심으로 분포되어 있고 노선에 따라 이용하는 사람들의 특징이 두드러진다는 점이 매체계획을 쉽게 해준다.

서울지하철의 테마열차는 기업이나 기관에서 홍보를 위한 매체 각광을 받고 있는데, 기차 한 량을 전세 내어 주제에 맞게 인테리어를 한 뒤 운행하는 것으로 매체효과도 효과려니와 매스컴의 관심을 받을 수 있다는 것도 이중의 매력이다.

▌미완의 대기 인터넷

인터넷이라는 새로운 유형의 거대한 매체의 자리잡기가 시작되면서 매체환경 전반에 혼동이 일어났고 이 현상은 아직도 진행중이다. 인터넷 매체의 강점은 지역과 시간에 상관없이 동일한 가격으로 광고를 낼 수 있다는 것이다.

화려한 영상과 활자를 통한 정보전달력이 다 동원되면서도 제작비가 저렴하고 소비자의 반응을 체크해서 언제든지 교환, 삭제가 가능하다는 것도 기존매체에서는 볼 수 없었던 획기적인 면이다.

이러한 장점이 있는 반면 인터넷광고는 광고효과 측정에 대한 기준이나 노하우가 만들어지는 과정이라는 데서 아직 신뢰성이 확보되지 않았다. 한마디로 성장기의 혼돈상태인데 이러한 때에 인터넷 매체의 속성을 이용하고 필요한 사이트를 잘 발굴해 활용하는 것은 최고의 매체선택이 될 수 있다.

포탈사이트는 대중매체를 대체할 수 있고 대상이 명확한 전문사이트는 개별매체로서 활용이 무궁무진하다. 중요한 것은 아직은 매체단가가 경쟁매체보다 저렴하고 공동프로모션 등 함께 기획이 이루어지면 기대 이상의 효과를 거둘 수 있는 의외성이 있다는 것이다.

또한 쌍방향의 매체라는 점을 이용해 직접 광고효과를 측정해 볼 수도 있다. 최근 영화마케팅에서 인터넷 매체를 활용해 성공한 사례들이 속속 나오고 있는데, 관광에서도 인터넷 매체의 활용은 누가 먼저 시도하느냐의 문제인 것 같다.

▌너무 많아서 중요한 것을 몰랐던 인쇄홍보물

관광에서 가장 일반적이고 습관적으로 선택하는 매체가 바로 인쇄홍보물이다. 특히 관광분야에서는 90%이상을 인쇄홍보물에 의존하고 있다.

인쇄홍보물의 특징은 대중과의 직접접촉을 전제로 한다는 것이다. 인쇄물의 성격상 고객이 원하는 장소에 비치를 하든 DM으로 전달을 하든 대상으로 하는 고객에게 직접 찾아가 전달한다는 것인데 이로 인해 인쇄물을 받는 고객은 다른 매체에 비해 선택되고 존중받는다는 느낌을 줄 수 있다.

관광에서 인쇄홍보물이 각광을 받는 것은 정보제공자 입장에서 전달하고 싶은 정보를 맘껏 원하는 대로 제공할 수 있다는 것. 즉 지면의 창조나 활용 등 매체를 스스로의 필요에 따라 디자인한다는 게 무엇보다 장점이다.

반면에 매체로서 신뢰성과 효율성도 제공자의 능력과 기획력에 크게 좌우된다.

다른 매체의 경우 비슷한 예산을 들이면 비슷한 효과가 나오지만 인쇄홍보물의 경우 같은 예산을 들이고도 기획에 따라 효과의 차이가 천차만별이다.

많은 예산을 들여 TV나 신문 등 대량매체에 광고를 하는 것에 앞서 이미 많은 예산을 할애하는 것은 관광마케팅에서 가장 우선적이고 시급한 개선사항이기도 하다.

▌현장을 잡자, 이벤트

이벤트 매체의 가장 큰 특징은 고객을 현장에서 직접 만난다는 것이다. 메시지를 일방적으로 전달하고 기다리는 것이 아니라 현장의 참가자와 공유하는 시간이 모두 매체환경이 되는 것이다.

예를 들어 지자체에서 실시하고 있는 지역축제를 효율적인 매체로 활용하려면 소비자인 관광객이 현장에 머무르는 동안에 전달하고 싶은 메시지를 어떻게 효율적으로 전달할 수 있는지 커뮤니케이션의 관점에서 기획되고 운영되는 것이 중요하다. 따라서 이벤트에 매체로서의 신뢰와 정보력을 담으려면 행사는 주목을 끌어야 하고 행사의 기획에는 전달하려는 메시지가 들어 있어야 하는 것이다.

다른 매체와는 달리 이벤트를 통해 접촉하는 소비자는 현장까지 찾아온 수고로움 때문에 매우 관대하고 감성적이라는 장점을 최대한 활용하는 것도 중요하다.

이벤트 참가 중 사소한 불만이나 문제가 있더라도 이벤트가 끝나고 돌아가는 소비자 (관광객)에게 정보제공자의 입장에서 보여주고 싶었던 핵심적인 주제를 제대로 전달했으면 그것은 성공한 매체가 되는 것이다. 이때의 핵심적인 주제는 이벤트자체의 즐거움이 아니라 이벤트를 통해 전달하려는 문화관광 차원에서의 지역의 고유성 내지는 차별화된 상품 등이 될 것이다.

▌ 매체를 잘 활용하기 위해서

매체계획을 수립하는 일은 마케팅과 커뮤니케이션전략의 최종단계로서 방대한 자료와 대안을 갖고 진행해야 하는 대단히 어려운 의사결정작업이다. 일단 매체계획이나 의사결정에 앞서 집행자로서 갖고 있는 고정관념을 버려야 한다. 그만큼 매체환경이 빨리 바뀌고 있기 때문이다. 또한 지금 내가 어떤 매체로부터 어떤 정보를 얻고 있는지 어느 정도의 신뢰를 갖고 있는지 매체를 접할 때마다 생각하는 훈련을 많이 해두자. 이상 관광마케팅에서 빈번히 사용되는 주요매체의 특징과 활용방법을 알아보았다. 현장에서 매체에 대한 기획을 할 때 또는 새로운 매체에 접했을 때 이 페이퍼가 조금이라도 도움이 되길 바라는 마음이다.

(자료 : THIS, 203년. 1. 20 일자)

제 5 장 이미지 조사

1. 이미지 조사의 의의

오늘날에는 국가나 민간기업을 막론하고 그 경쟁이 심화되고 상품경쟁뿐만 아니라 이미지 경쟁으로까지 확대됨에 따라 이미지 문제가 무엇인지 예측하고, 새로운 성장의 기회를 포착하기 위해서 이미지 조사를 실시할 것을 권유하고 있다.

▲ 서울 시청앞 광장의 월드컵 응원광경

더욱이 주어진 이미지 문제에 대한 분석이라는 차원을 넘어서 이미지 문제를 예측하고 진단하기 위해 필요한 정보가 무엇인가를 파악할 필요가 있다.

또한 어떠한 변수가 이미지 문제의 파악과 분석에 적절한가를 선택하고 거기에 필요하고 타당한 정보를 수집·기록·분석하는 것을 더욱 강조하게 되었다.

이미지 조사의 결과들은 다음과 같은 지침을 제공해 주고 있다(한인수, 1993 : 125~128 요약).

첫째, 마케팅 담당자들이 의사결정을 하는데 필요한 기초를 제공해 주고, 보다 나은 의사결정을 할 수 있도록 실행가능한 정보를 제공하는 것이다. 즉 이미지 조사는 과거와 현재의 현상을 조사·분석함으로써 미래를 예측하여 마케팅전략 수립의 지침을 제공하는 미래지향적인 활동인 것이다.

이미지 조사는 문제를 해결하고 기회를 포착하기 위해 수행되는 것이므로 순수한 탐구를 위한 조사와는 성격이 다른 응용성 조사라 할 수 있다.

둘째, 이미지 조사의 목적은 궁극적으로 자료의 제공이 아니라 의사결정을 위한 정보의 제공에 있다.

자료는 수집과정에서 얻어진 그 자체로는 의사결정에 도움이 되지 못하는 사실이나 숫자인 반면에, 정보는 자료의 분석결과에 의해서 도출된 결론이다. 자료가 실행가능한 정보로 전환될 때만이 그 정보가 의사결정에 유용하게 이용될 수 있다. 여기서 실행가능한 정보란 정확성·충분성·관련성·이용가능성을 가지고 있는 정보를 말한다.

셋째, 이미지 조사는 여러 가지 다양한 방법들을 이용하여 자료를 획득하는데 그치지 않고, 여러 가지 분석기법을 이용하여 수집된 자료를 분석하고 이를 해석하여 경영전략 수립에 도움을 주는 정보를 제공한다.

분석된 이미지 자료를 해석하여 마케팅 의사결정에 제언하기 위해서는 마케팅 조사방법론 외에 이미지 관리에 대한 전문적 식견이 요구된다. 객관적인 자료가 얻어지고 분석이 되었다 할지라도 이미지에 대한 근본적인 이해의 부족과 이로 인한 잘못된 해석으로 인하여 엉뚱한 결과를 초래할 수도 있기 때문이다.

따라서 이미지 조사는 정확한 자료의 입수로부터 이를 분석하고 올바르게 해석하는 과정 모두를 포함해야 한다.

넷째, 이미지 조사는 편향(bias)되지 않고 신뢰성(reliability)과 타당성(validity)이 있는 정보를 입수함으로써 과학적인 의사결정에 도움을 준다.

다섯째, 이미지 조사는 명확히 규정되고 의도적으로 설정된 절차들이

하나의 일관성 있는 과정으로 집합된다. 따라서 이미지 조사는 사전에 철저히 계획된 기준과 절차에 따라 체계적이고 과학적으로 수행된다. 따라서 소비자들이 어떤 기업의 상품을 다른 회사의 상품에 비하여 더 많이 구매하는지를 규명할 수 있도록 마케터들에게 전략의 핵심을 제공해 주는 것이다.

이미지 조사는 마케팅의 학문적인 지침의 확장과 이론의 개발 및 검증을 목적으로 순수한 탐구를 하는 기초연구와는 목적이나 연구방법의 성격상 차이가 있다.

최근엔 이미지조사는 국가나 기업에서 성장전략을 수립하기 위하여 어떠한 이미지 요소를 개발하고 관리해야 하는지를 특정한 상황에 맞게 분석이 이루어지는 응용분야에 초점을 두고 있다.

더욱이 기업의 규모가 확대될수록 기업환경과의 상호관계는 더욱 긴밀해진다.

기업이 성장·발전하는 데는 시장여건, 경제적 여건, 윤리·법적 여건, 사회·문화여건, 과학·기술여건, 자원공급여건 그리고 정부의 여건 등 환경요인들의 강력한 영향을 받고 있다. 이러한 환경요인들은 기업으로 하여금 새로운 성장의 기회와 몰락의 위험을 항상 제공하고 있다. 그러므로 이미지 조사에서는 이러한 환경변화 상황에 비추어 기업의 위상이 어떤지를 항상 조사하여야 할 것이다.

경영자들이 자기 회사에 관계되는 이미지들을 올바르고 신속하게 파악하지 못하고서는 올바른 의사결정을 할 수 없게 된다. 마케팅 의사결정에 영향을 미치는 여러 요인들에 대한 정확한 정보의 활용이 없다면 마케팅의 성과 역시 기대할 수 없게 된다.

이미지 조사는 기업과 환경과의 공식적인 의사소통 경로로서 환경 내에서 발생하고, 기업의 마케팅과 관련되는 피드백(feedback)정보를 전달·해석함으로써 마케팅 의사결정에 사용되는, 즉 문제해결에 직접적으로 정보를 획득하는 수단이 된다. 이미지 조사는 이러한 정보기능 (intelligence function)을 수행하고 있으며, 이를 통해 마케팅 프로그램의 분석·수행·통제에 있어 보조·조성 역할을 하고 있다.

궁극적으로 기업이 지속적으로 성장하기 위한 기술개발 투자나 시설투자, 인력개발 투자 못지 않게 이미지 관리에 중점을 두어야 하겠다. 이러한 이미지의 효율적 관리를 위한 전략수립 자료의 원천으로서 이미지 조사는 필요한 것이다.

2. 이미지 변수의 측정

이미지에 대한 측정은 소비자들의 심리상태를 측정하는 것이므로 물리적인 현상을 측정하는 것과는 다르다.

이미지 요소 중에서 무엇을 측정해야 할 것인지? 눈에 보이지도 않는 이미지 개념의 구조는 무엇이며, 측정에 있어서 기본적 과제는 무엇인가? 이러한 상황에서 이미지를 측정할 때 측정의 타당성과 신뢰성을 어떻게 평가할 것인가? 등이 측정의 문제점으로 대두되고 있다.

측정이란 이론을 구성하고 있는 개념들을 현실세계에서 관찰이 가능한 자료와 연결시켜 주는 과정이다.

측정은 숫자의 형태로 된 정보를 얻게 되는 과정인데, 이들 숫자들 간에는 일정한 법칙이 존재하며 추상적인 개념들 간의 관계를 나타내준다.

측정은 측정대상자나 대상물 그 자체를 측정하는 것이 아니라 측정 대상물이 지니고 있는 속성을 측정한다는 점이 중요하다.

특정한 개념을 측정하기 위해서는 측정에 앞서 측정하고자 하는 속성을 명확히 해두는 개념적 정의와 이 개념적 정의를 보다 더 구체적인 형태로 표현하여 관찰가능하도록 하는 조작적 정의가 필요하다.

개념적 정의는 측정 대상이 갖는 속성에 대한 개념적·추상적 표현이며, 조작적 정의는 그 속성에 대한 경험적·구체적 표현이라고 할 수 있다. 측정하고자 하는 개념이 관찰가능한 물리적 대상과 직접 연결되는 경우에는 측정상의 어려움이 없으나, 이미지 조사의 경우는 심리상태를 측정하기 때문에 어려움이 많다.

측정은 측정대상의 속성에 일정한 숫자를 부여하는 과정이다. 이때 부여된 숫자들이 측정하고자 하는 속성들 간의 관계에 어떠한 의미를 부여해주느냐에 따라 네 가지 형태의 척도로 구분된다(한인수, 1993 : 130~132)

① 명목척도 : 이는 상표의 구분, 상점의 형태 구분, 판매지역의 구분, 상표의 인지 여부, 소비자의 성별 구분, 직업의 구분 등 측정대상을

상호 배타적으로 분류하여 숫자를 부여하는 척도방법이다. 이때 동일한 대상이나 현상에 대해서 서로 다른 숫자를 할당해서는 안되며 한 개의 숫자로서 여러 가지 특성(대상·현상)을 측정하려고 해서도 안 된다.

② 서열척도 : 서열척도는 측정 대상간의 대소(大小), 고저(高低) 등의 순서관계를 밝혀주는 척도이다. 그러므로 측정대상 간에 해당속성의 양적인 비교를 할 수 있는 정보는 제공해 주지 못한다.

예를 들어, 어떤 상표에 대해 '매우 좋아한다'라는 평가는 5, '좋아한다'는 4, '보통이다'는 3, '싫어한다'는 2, '매우 싫어한다'는 1이라는 기호를 할당하여 그 상표의 선호도를 측정한다고 할 때 5, 4, 3, 2, 1은 순서를 나타내는 서열척도인 것이다. 이때 숫자에 따라 '더 좋아한다'또는 '덜 좋아한다'는 의미는 있지만 '얼마만큼 좋아한다'는 것을 숫자화해서 측정할 수는 없다.

이러한 서열척도는 소비자들의 태도, 선호, 사회계층 등을 측정하는 데 사용된다. 이러한 척도로부터 얻어진 자료로는 중앙값, 서열 상관관계, 서열간의 차이분석 등을 행할 수 있으나, 산술평균이나 표준편차 등과 같은 산술계산이 포함되는 분석은 행할 수 없다.

③ 등간척도 : 등간척도(等間尺度)는 속성에 대한 순위를 부여하되 순위 사이의 간격이 동일한 척도를 말한다.

예를 들어, 앞의 예에서 '매우 좋아한다' 5와 '좋아한다' 4, '보통이다' 3의 간격이 서로 같다면 등간척도가 된다. 이 척도는 명목척도들처럼 측정대상이 되는 요소들을 구분해 주고, 서열척도처럼 순서나 서열도 밝혀줄 뿐 아니라 요소들 상호간의 차이도 뚜렷이 측정해 준다.

등간척도는 온도계의 수치가 대표적이며 물가지수나 생산성 지수와 같은 지수를 측정하는데 쓰인다. 이 척도로 측정된 자료는 범위의 계산·평균값·표준편차·상관계수 등을 구할 수 있다.

④ 비율척도 : 비율척도는 등간척도가 갖는 특성 외에 비율계산이 가능한 척도이다. 그 이유는 측정하고자 하는 속성이 전혀 존재하지 않는 상태가 0인 절대 0점이 존재하기 때문이다. 키, 몸무게, 길이, 넓이 등은 비율척도이며 이는 산술적 연산(+, −, ×, ÷)도 가능하다.

비율척도로 측정되어지는 마케팅변수는 시장점유율, 가격, 소비자의 수, 생산원가 등을 들 수 있다. 이러한 자료에 의하여 분산계수·조화평균·기화평균 등 어떠한 형태의 통계적 분석도 적용이 가능하다.

3. 지각도

1) 개 요

지각(perception)이란 인간은 시·청·촉·미·후각 등을 가지고 있으며, 이들을 통하여 세상의 사물과 사건을 알게 된다. 감각기관에의 자극은 감각(sensation)을 초래하며, 이러한 감각의 해석을 지각이라고 한다. 개인에게 있어서 현실이란 단순히 개인의 욕구·가치·경험 등에 근거를 둔 개인적 현상이다. 다시 말해 어떤 객관적 현실이 아니라 자신의 지각을 기초로 하여 행동하고 외부의 자극에 반응을 보이는 것이다. 그러나 보다 중요한 것을 '사실 그대로의 세계'가 아니라 '그렇게 여기는 대로'의 주관적 세계인 것이다(한경수, 1992).

지각도(perceptual map)는 postioning map이라고도 하며, 고객이 내면적으로 지각한 상품의 차원을 심리적 공간에 시각적으로 요약하고 경쟁상품이 차원 위에서 어떤 위치를 차지하고 있는지를 나타내 주는 것이다. 곧 개별적인 속성에 입각한 상품과의 비교와는 달리 시장에서의 경쟁관계를 고려한 전반적인 고객인식을 비교 평가하는 방법이다. 차원의 수, 차원의 이름과 경쟁상품이 어디에 위치하고 있는지, 그리고 신상품이 채울 수 있는 공간이 어디 있는지를 알아내야 하는데, 지각도를 이용하면 이러한 점들과 상품의 주요 편익에 대하여 경쟁상품과 명확히 비교할 수 있고, 더구나 CBP가 차별적인 이점을 제공한다는 사실을 재확인할 수 있다.

그러므로 지각도는 고객욕구를 기준으로 여러 개의 상품들을 동일공간에 위치시켜 봄으로써 각각의 상품위치를 표시할 뿐만 아니라, 상품이 갖고 있는 여러 가지 속성차원에서의 강점과 약점을 파악하는 데 매우 유용한 정보를 제공해 주는 도구이다.

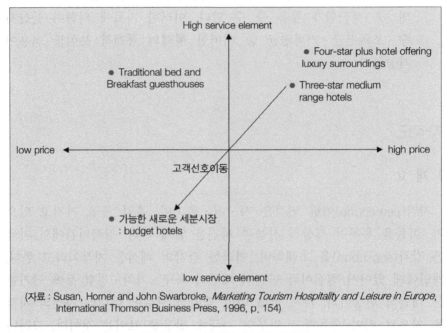

[그림 V-1] 호텔의 속성별 지각도

[그림 V-1]은 최근 Budget 시장이 영국과 유럽에서 급성장하는 호텔부분이므로, 이에 대한 숙박 포지셔닝전략의 한 예이다. 숙박업 포지셔닝전략은 새로운 세분시장의 이동으로서, 곧 신상품개발인 'Budget Hotels'의 개발이다. 영국사례의 연구결과인 숙박업에 대한 고객지각의 결과인 포지셔닝 맵을 살펴보면, 호텔투숙고객의 선호도는 4급, 3급, 최고급, 중급수준의 호텔에서 Budget Hotel로 이동하는 추세이다.

위와 같은 지각도는 중요한 속성들이 선발되면 여러 속성들을 분류하여 기본적 인식차원을 설정하고 상품들을 시각적으로 볼 수 있게끔 평면상에 나타낸 도표로서, 각 관광상품의 인식을 비교하기 쉽게 2차원 평면상에 도시하므로 이에 따라 효율적인 마케팅전략을 수립할 수 있다. 그러므로 지각도는 고객이 관광상품을 평가하는 데 사용하는 근본적인 지각적 차원(perceptual demension)을 알려 주며, 이러한 차원에 있어서 기존관광상품과 신상품의 상대적 위상을 알려 준다.

따라서 지각도가 올바로 사용될 때 경영자들은 시장기회를 확인하여 신관광상품과 새로운 사업에 대한 전략과 소비자에게 높은 효용을 줄 수 있는 이상적 마케팅전략을 수립할 수 있다.

지각도는 관광관리자들이 관광시장을 이해하고 관광객들이 어떻게 관광상품을 평가하는가를 일목요연하게 보여 줌으로써 기회를 포착하게 한다.

한편, 가치도는 관광객들이 높은 가치를 얻는다고 느낄 수 있는 목표가격을 설정하는 데 도움을 주어 CBP를 완성시킨다. 이들 두 가지의 자료는 신 관광상품 개발팀의 창조성을 더욱 향상시키고 마케팅, 기술, 그리고 P&D부서간의 협조를 증진시켜 관광시장에서의 성공적인 위치를 자리할 수 있도록 창조성을 집중하게 한다.

지각도 작성의 초점은 편익(benefit)과 욕구(needs)이지 상품의 물리적 속성이 아니다. 관광객들은 주관적인 지각에 기초하여 판단한다. 신관광상품설계과정 초기에 있어서는 기회를 파악하고 목표위치를 선정하여 CBP를 설정하는 것이 매우 중요하다. 지각의 구조를 파악하고 그것을 관광객의 욕구와 편익에 연결함으로써 신관광상품개발팀은 신관광상품의 물리적·심리적인 측면을 발견해 나갈 수 있는 것이다.

지각도를 작성할 때 컨셉을 이용하면 CBP와 포지셔닝 기회를 충족시킬 수 있는지를 시험할 수 있기 때문에 매우 중요하다. 현재 관광시장에 아무 관광상품도 존재하고 있지 않더라도 관광상품 컨셉에 입각한 지각도 작성은 지각구조를 나타내고 주요한 편익차원을 목표로 잡게 된다. 예를 들어 외래관광객들이 공항에서 이용하는 교통수단에 대한 지각을 표현해 보면, 좀더 편리하고 심리적 안정감을 제공하는 새로운 교통관련 서비스가 필요하다는 것을 알 수 있다. 이 부분을 시험해 보기 위하여 교통수단 이용자들을 대상으로 기존택시 체계(system)와 비슷하게 운영되기는 하나 낮은 가격에서 운영되는 경제적 택시(budget taxi plan : BTP)와 같은 새로운 컨셉에 대한 조사를 해 볼 수 있다. 기존 택시계와 다른 점은 요금체계와 합승을 허용하는 점이다. 또다른 컨셉으로는 개인적 프리미엄 서비스(personalized premiun services : PPS)로서 BTP를 이용하는 대신 미니 버스를 활용하는 것이 있다. 이러한 컨셉에 대한 고객들의 지각은 [그림 V-2]의 지각도에 나타나 있다. 새로운 시스템들이 기존시스템에 비해 신속성과 편의성, 그리고 이용하기 편리한 면에서 월등하게 인식되고 있으나, 심리적 안정감에서는 목표를 달성하고 있지 못함을 알 수 잇다. 이 목표를 달성하기 위해서는 심리적 안정을 구하기보다 구체적으로 고객욕구를 충족시키는 방법들을 고려해야 할 것이다.

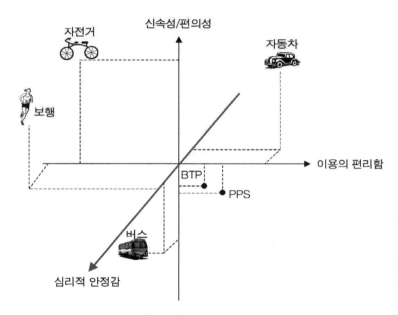

[그림 Ⅴ-2] 공항 교통서비스 포지셔닝

　새로운 차원을 파악한다는 것을 어려운 작업이다. 새로운 차원은 잠재적인 욕구 곧 고객이 중요하다고 생각하고 있지만, 아직 충족되지 않은 욕구에 입각하고 있다. 많은 경우에 새로운 기술이 등장함으로써 미충족욕구를 충족시키게 되고, 고객들에게 그 욕구를 더욱 부각시킨다. 이러한 새로운 차원은 커다란 상품혁신에서 유래되고, 이러한 혁신은 새로운 차원과 더불어 새로운 세분시장을 창조시키기도 한다.

　그러나 대부분의 상품변화는 새로운 차원을 창조하는 것이 아니라 기존의 지각구조 내에서 반영되는 경우로서 부분적인 변화나 향상이라고 할 수 있다.

　혁신의 최종적인 결과는 현행시장 내에서 새로운 포지셔닝을 달성하는 것이거나, 새로운 차원이나 세분시장의 파악이라고 할 수 있다. 기존시장에서 어떠한 개선요인도 발견할 수 없을 때 기업은 이제가지 충족되지 못했던 욕구를 파악하여 새로운 차원을 발견할 수 있도록 해야 할 것이다. 단, 전제되어야 할 점은 경영자측면의 혁신이라기보다는 고객욕구가 받아들여지는 혁신이어야 하므로 고객측정이 요구된다(최승이, 이미혜, 2001 : 193~196).

2) 지각도 작성기법

신관광상품의 전략적 포지셔닝을 나타내는 지각도를 작성하는 데에는 유사성척도(similarity scaling)인 다차원척도방법(multidimensional scaling : MDS), 요인분석(factor analysis), 판별분석(discriminant analysis), 대응분석(multiple correspondence analysis) 등 다양한 방법이 있는데, 이 중에서 요인분석과 다차원척도방법에 의한 지각도 작성기법을 중심으로 설명하였다(채서일, 1997 : 475~479, 527~538; 이미혜 외, 1997 : 204~207, 208~218, 224~239).

(1) 다차원척도법

① 개 념
다차원 척도(multidimensional scaling : MDS)는 일차원척도에 의해서 측정하고자 하는 개념을 충분히 측정할 수 없는 경우에 사용되는 분석방법이다. 그러나 만약 1차원척도를 사용하는 경우에는 측정하고자 하는 속성 이외의 차원은 통제된 상태이거나 측정하고자 하는 속성의 평가에 영향을 미치지 않는다는 가정하에서 측정이 이루어진다.

MDS는 1차원척도에서처럼 평가대상에 대한 특정평가차원을 제시하여 평가하려는 것이 아니고 대상들간의 유사성 또는 선호도의 평가기준을 발견하고 각 기준에 따라 평가대상들의측정값 추정이 분석의 목적이다.

따라서 MDS는 각 대상의 종합적인 순위평가에 의한 자료를 이용하여 평가의 기준이 되는 차원을 찾아내고 각 차원에서 평가대상들의 위치를 규명함으로써 평가자의 심리적 평가공간을 가시적으로 나타내는 기법이다. 그러나 인간의 평가상태를 정확히 나타낸다는 것은 매우 복잡하고 미묘하므로 다차원척도방법에 의해서 얻어낸 결과가 과연 실제현상과 일치하는가에 중점을 두고 활용되어야 할 것이다.

MDS는 관광마케팅에서 positioning map을 작성하는 데 주로 활용되고 있다. 여기서 position이란 관광객들이 관광관련대상에 대해서 느끼고 있는 심리적 공간상의 위치이고, positioning map이란 관광객들이 관광활동과 관계되는 관광대상(관광기업, 관광상품, 관광지, 관광자원 등)의 평가기준에 따라 나타나는 평가 여부이다.

예를 들어 호텔상품에 대한 관광객들의 선호도를 조사·분석해 보면, 관광객들이 호텔에 대해 느끼고 있는 선호도는 호텔 하나의 관광시설에 의해서가 아니라 이외의 다양한 관광자원이나 관광이용시설, 관광안내와 정보 제공, 기타 관광서비스 등의 총체적 관광대상에 관련하여 형성되는 심리적 측면의 공간상위치이다. 이는 각 호텔에 대한 상대적인 평가상태를 기하학적인 거리로 환산하여 위치시킴으로써 평면이나 다차원공간을 형성하게 하는 것이다.

평면이나 공간을 구성하는 축인 차원이 되며, 이러한 축이 바로 대상을 평가하는데 중요한 기준이 되는 것이며, 각 축상의좌표가 각 관광지들에 대한 차원별 평가점수가 되는 것이다.

그러므로 positioning map은 여러 경쟁호텔상품군을 동일공간에 위치시켜 봄으로써 경쟁상의 강점과 약점을 파악하는 데 매우 유용한 자료제공을 해 주는 전략적 도구로 활용될 수 있다. 이러한 positioning map을 작성하기 위한 방법이 바로 다차원평가척도이므로 이에 대한 이론과 분석적 지식을 갖춤으로써 정확한 positioning map의 개발과 해석을 통하여 관광마케팅전략, 특히 관광상품 개발전략이나 이미지 개선전략, 관광상품 포트폴리오전략 등에 유용하게 이용할 수 있다.

MDS는 기본적으로 다음과 같은 2가지 문제에 초점을 두고 있다.

첫째, 관광객이 관광대상을 인지하거나 평가할 때 어떤 기준에 의해서 하게 되는지에 관한 문제이다. 다시 말해 관광객들이 관광상품에 대한 이미지 또는 선호도 등에 대한 평가를 할 때 어떠한 평가기준에 의해서 인지이다. 둘째, 규명된 각 차원의 평가대상이 어떠한 위치에 position하는가에 관한 문제이다. MDS를 이용한 관광대상들을 평가하여 공간상에 나타내게 되면 바로 이것이 positioning map이 되는 것이다. 이러한 공간은 평가차원수에 따라 결정된다.

② 기본원리

MDS는 총체적인 평가에 의해서 얻어진 자료를 이용하여 평가대상간에 내재하고 있는 관계를 다차원적으로 분석해내는 방법이다.

다차원적 관계표시는 보통 기하학적인 공간에 표시가 되며, 그 공간을 형성하고 있는 축(차원)이 평가기준 또는 관계를 형성하고 있는 기준이 되는 것이며, 각 축상의 좌표가 해당대상의 평가수준이 되는 것이다. 총체적 평가란 평가대상들 간의 유사성 또는 평가대상에 대한 선호도평가이다.

MDS는 일반적으로 수학에서 사용되는 좌표를 이용하여 두 점간 거리를 계산하는 방법에 대한 역개념이다. 곧 다차원척도방법의 논리를 여러 점이 있을 때 각 점들 간의 거리를 알고 그 점들의 좌표를 추정하는 과정이다. 여기에서 유사성이 거리개념이 되며, 각 점들의 평가대상이 되는 자극(stimulus)들이다.

유사성이나 선호도자료는 metric(연속적) 또는 nonmetric(비연속적)형태로 구분되며, 연속적 형태의 자료는 유사성이나 선호도를 등간척도나 비율척도로 측정하여 얻은 자료이며, 비연속적 자료는 서열척도에 의해서 얻은 자료를 말하는데, 입력자료의 형태가 달라도 자료가 처리되는 원리는 동일하며, 그 결과에서도 큰 차이가 나지 않기 때문에 응답자로부터 얻기 쉬운 형태의 자료인 비연속적인 자료를 이용하는 경우가 많다.

서열척도 구성은 평가대상의 집합에서 가능한 모든 평가대상을 2개씩 짝지워 각 쌍에 대하여 어느 정도 비슷한지를 평가하여 순위를 정함으로써 이루어지게 된다. 이러한 과정을 구체적으로 살펴보면 다음과 같다.

첫째, 비교해야 하는 대상을 선정한다.

둘째, 비교해야 하는 각 대상간의 모든 조합을 카드에 기록한다.

셋째, 카드를 가장 비슷한 것에서부터 가장 다른 것 순으로 분류한다. 비교대상이 많아서 직접적인 비교가 어려울 경우에는 가장 비슷한 것, 가장 다른 것, 조금 비슷한 것, 조금 다른 것 등으로 1차 분류를 한 뒤에 각 그룹에 대하여 2차 분류를 한다.

넷째, 각 그룹 앞뒤부분을 비교하여 순서를 조정한 후 모든 비교대상에 일련번호를 부여하여 MDS program을 위한 입력자료를 만든다. 이러한 입력자료를 이용하여 다차원평가 공간상에 평가대상들 간의 상대적인 거리를 가능한 한 정확히 유지하게 위치시킴으로써 다차원평가공간을 형성하게 한다.

상대적 거리의 정확도를 높이기 위하여 다차원공간에서의 위치화

(fitting)는 더 이상의 개선이 어려울 때까지 반복적으로 계속되는데, 이러한 위치화 정도를 나타내는 값을 스트레스 값(stress value)이라고 한다. 다시 말해, 스트레스 값은 실제 거리와 위치화된 상대거리간의 오차정도를 나타내어 주는 것으로서 이 값이 감소되는 방향으로 매번 반복하면 평가대상들의 좌표가 변화되어 간다.

③ 차원수 결정

차원(dimension)이란 대상을 비교할 때 작용하는 심리적 기준으로서, 만약 지도상의 위치로서 가정한다면 동서·남북의 2차원이나 차원수나 차원명을 모르는 대상들에 대한 측정은 적당한 차원수나 차원명을 결정하는 일이 어려우며, 이의 해결을 위한 여러 가지 방법이 개발되었다.

차원수를 결정함에 있어서 고려해야 할 요소는 스트레스 값이 일정수준에 도달하였을 때 차원수가 가능한 한 적을수록 좋다는 것이다. 그러나 결과에 대한 해석이 3차원을 넘을 경우 현실적으로 시각적 분석이 거의 불가능한 상태이다. 따라서 차원을 가능한 한 낮은 차원을 선택하도록 한다.

차원수가 결정되면 다음으로는 차원명을 결정해야 한다. 이는 요인분석에서 요인화된 변수명을 정하는 것과 유사하다. 그러므로 연구자 자신이 차원특성에 따라 결정하거나 또는 전문가평가에 의하거나 또는 회귀분석이나 상관계수에 의한 방법도 있다.

④ 모형

● 유사성 모형

유사성 자료분석에서 사용되는 대부분 모형은 거리모형(distance model)으로서 유사성이라는 개념과 거리개념을 서로 연결시켜 주는 모형이라고 할 수 있다. 이 모형의 기본적 특징은 다음의 2가지 가정에 의한다.

첫째, 2개의 비교대상이 있을 때 이 중에서 하나를 비교기준으로 하여 유사성을 비교해야 한다는 가정이다.

둘째, 2개의 비교대상이 있을 때 유사성이 몇 가지 인지적 차원의 부분유사성으로 이루어져 있다는 것이다.

이러한 특성 외에 유사성 모형으로 가장 많이 사용되는 것은 유클리디안 거리측정방법이다.

● 선호모형

선호모형은 선호다차원척도모형(preference MDS model)이라고 하며, 응답자들의 선호도와 평가자료를 입력자료로 이용하여 평가차원과 각 대상들의 좌표추정치와 응답자의 이상점(idea point)을 밝히는 모형이다. 이 모형의 주요특징은 평가자(응답자)와 평가대상이 어떤 관계를 가지고 있는가를 한 번에 인지도상에 표시하여 주는 것이다.

선호다차원척도모형의 기본모형 중 하나는 이상점모형(ideal point model) 또는 전개모형(unfolding model)이라고 한다. 이상점모형은 응답자가 가장 선호하는 대상의 위치를 밝혀 주는 모형이고, 이상점은 가장 이상적이라고 생각되는 대상의 위치를 의미한다.

⑤ 분석프로그램

MDS는 사람들의 인지구조를 지도상으로 나타낼 수 있다는 이점 때문에 많은 연구자들의 관심을 받아 왔다. 다차원척도법분석에 필요한 프로그램의 종류에는 KYST, INDSCAL, MDPREF, PREFMAP, PROFIT 등이 있다. 이 분석방법 중 유사성 모형은 KYST를 가장 많이 사용하고, 반면에 선호모형 중에서 이상점을 나타내 주는 분석방법은 PREFMAP이다.

MDS 프로그램에 대한 내용에 대하여 살펴보면 다음과 같다(유동근, 1991).

● KYST

KYST(Kruscal, young, shephard and torgerson)는 positioning map을 그릴 때 관광객의 인지상에 위치한 평가대상의 각 세부집단이나 전체적인 지표를 나타낼 때 유용한 방법이다. 이 분석방법을 사용하기 위해서는 등간척도를 이용하여 각 자료간의 유사성을 측정하여야 하고, 이를 위해서는 평가대상을 쌍으로 평가한 자료가 있어야 한다.

일정한 수의 차원상에서 관광상품의 윤곽을 도출하기 위하여 적용할 수 있는 매우 융통성 있는 프로그램이다. KYST는 대상들 간의 계량적 거리를 산출하기 위하여 대상들이 쌍 사이의 유사성 또는 상이성에 관한 서열자료를 사용하는데, MDPREF의 점-벡터모형(point-vector madel : 하나의 벡터상에서 점들을 해석함)과 달리 KYST는 점-점모형(point-point model)을 사용하므로 두 점간의 거리는 유사성 또는 상이성의 지표로 이용될 수 있다. 또한 KYST는 자극(관광상품)들만을 표시하며, 그것을 응답자(속성)들과 함께 나타내지는 않는다.

- PROFIT

PROFIT(property fitting)는 수개의 독립적으로 결정된 속성들을 자극공간에 관련시켜 주는 프로그램으로서 KYST나 INDSCAL를 이용하여 도출된 일정한 수의 차원에서 자극들의 윤곽을 묘사하는 좌표투입자료와 독립적으로 결정된 속성측정값의 집합을 필요로 한다.

- MDPREF

MDPREF(multidimensional preference scaling)는 선호평가들을 분석하기 위한 프로그램으로서 대체로 각 응답자의 선호평가들로부터 도출된 평균적 선호평가에 대하여 분석을 수행한다. 따라서 MDPREF의 투입자료는 전체표본 또는 관심의 대상이 되는 응답자들의 하위 표본의 평균적 선호를 나타낸다.

- PREFMAP

PREFMAP(preference mapping analysis)은 KYST가 산출한 자극공간에 선호자료를 관련시켜 주는 프로그램으로서 벡터와 이상점의 모형들을 계층적으로 계산해내는데, 측정한 수의 차원으로 자극윤곽을 묘사하는 좌표투입자료와 각 응답자가 자극들을 서열평가한 선호서열자료를 투입자료로 요구한다.

이 분석방법은 관광객선택의 인지적 과정을 분석하기 위해서 포지셔닝맵에 개인이나 세부집단의 선호도를 포함시켜서 개인이나 개별집단이 이상적으로 생각하고 있는 이상점을 도출하는 것이다. 개인의 선호도를 포지셔닝 맵에 포함시키는 기법은 이상점 모형 또는 전개모형이라고 하며, 가장 많이 사용되는 프로그램 중 하나이다. 이 방법은 벡터모형(vector model)으로도 사용할 수 있다. 그러나 이 방법은 평가대상에 대한 선호도 외에 다른 유사성 모형으로 그려진 인지도를 필요로 한다. 곧 이상점을 찾기 위해서 평가대상의 좌표를 각 개인이나 집단별로 입력된 선호도자료가 필요하다.

⑥ MDS 적용분야

MDS는 주로 관광마케팅분야에서 적용되고 있으며, 적용범위는 다음과
같다.
  a. 관광대상(관광지, 관광기업, 관광상품 등)의 특성 파악
  b. 관광대상에 대한 선호도·이미지 분석
  c. 관광시장 세분화전략
  d. 자사관광상품과 타사경쟁상품의 위치파악을 통한 기회와 위협의 포착
  e. 신관광상품개발

⑦ MDS를 이용한 연구동향

유사성척도에 의한 방법으로 다차원척도방법(multidimensional scalin
g : MDS)은 관광상품의 포지션에 유용하게 사용되는 분석방법으로서, 각
관광상품상에 대한 유사성 정도를 측정하여 기하학적 공간상에서 관광상
품간 거리를 유사성 정도에 따라 지각도를 구성하는 방법이다.

최근 들어 관광마케팅분석의 혁신적인 기법으로서 기회포착, 효과적인
마케팅믹스의 구성, 이미지 전략수립 등을 포함하여 관광마케팅 전반에
걸쳐 가장 필수적인 분석기법으로 널리 활용되고 있다.

사회과학분석에서 다양한 기법들이 사용되었지만, 특히 1960년에서 1970년
사이에 다차원척도법에 의한 연구가 폭넓게 사용되기 시작하였다.
Dohlert(1962)는 Du Pont사에 대한 소비자의 지각과 이에 대한 평가를 해결하
기 위하여 다차원척도법을 사용하였고, Morgan과 Purnell(1969)은 상품과 서비
스 속성간의 차이를 알기 위하여 연구하였다. Gremm & Carmone은 상품·서
비스 평가를 소비자의 라이프 스타일을 통하여 시장세분화하는 데 이 기법을
사용하였다. 또한 Pressmier과 Root(1973), Shocker과 Srinivasan(1974),
Urban(1974) 등은 신상품개발과 이에 대한 평가를 하기 위하여 다차원척도법을
사용하였다. 다른 분야의 학문에서도 다차원척도법을 이용한 분석이 이루어지
고 있는데, 정치학에서는 Esatering(1984), 고고학에서는 Hodson, Kendall &
Tautu(1971) 등이 이 기법을 사용하였다.

관광학에 있어서는 Anderson과 Colberg(1973)가 지중해 관광지를 대상
으로 관광자의 지각에 대한 유사성에 대하여 연구하였다. 다시 말해 경
쟁관광지와 비교하여 해당관광지 이미지를 파악하였고, 관광상품 이미지

개선에 대한 가능성을 제시하였다. 이러한 관광지 이미지분석에 있어서 Mayor(1973)와 Hunt(1973)는 긍정적인 이미지는 방문객을 증가시키는 결과를 초래한다고 주장하였으며, 그러나 긍정적 이미지나 부정적 이미지가 변화하는 것은 오랜 과정을 거쳐 이루어진 결과라는 가설을 제기하고 이에 대한 연구를 시도하였다(Crompton, 1979 ; Garter & Hunt, 1987; Kotler, 1982 ; Cumings, 1983).

유사한 연구로서 목적지 경로선택에 관한 연구에서 Pearce와 Promnitz(1984)는 호주의 관광지로 가는 고속도로들에 대하여 관광객들은 서로 다른 매력성을 지각하고 있다는 가설을 제기하고 이에 대한 연구를 시도하였다. 연구결과 고속도로 내에서의 서비스, 고속도로 주변의 특성에 의하여 관광객 목적지경로상 고속도로의 선택이 이루어진다는 연구를 하였다. 또한 Moscardo와 Pearce(1986)는 영국의 17개 관광지에 대하여 몇 가지 다른 형태로서 지각하고 있는 것으로 나타났다. 연구결과 2개의 두드러진 군집이 이루어졌는데, 하나의 군집은 안내책자나 팜플렛 등의 서비스 제공이 적은 방문지 유형으로 인식하고 있고, 다른 군집은 관광객들에게 생태학적·환경적인 해설까지 해 주는 곳으로 인식하고 있었다.

구체적으로 지각지도를 사용한 연구를 예시해 보면, Foodness(1990)는 항공기를 이용한 관광객들과 자동차를 이용하여 플로리다에 온 관광객을 대상으로 한 2가지 유형으로 세분화하여 분석하였다. 이 연구에서의 대상물은 항공기를 이용한 관광객은 Walt Disney World, Epcot Center, Sea World, Busch Garden, Spaceport USA, Cypress Gardens, Miami Metrozoo, Miami Seaguarium, Everglade National Park, Vizcaaya의 10개 관광지를 선정하였다.

한편, 자동차를 이용한 관광객은 항공기 관광객을 대상으로 한 관광지 중 Miami Seaguarium, Miami Metrozoo, Everglade, Vizcaaya 4개 관광지 대신 Florida Silver Springs, Marineland, Oldest House, Miraclen Strip Amusement Park으로 대체하여 총 14개 대상물의 유사성에 대하여 측정하였고, 다차원척도방법 중 Alscal을 사용하여 대상물 간의 유사성에 대하여 분석하였다.

[그림 Ⅴ-3]에서 차원 2는 지리학적 위치를 나타내고 있는데, 곧 플로리다주 내의 관광지들로서 플로리다의 남쪽지역과 북쪽지역에 위치하고 있다.

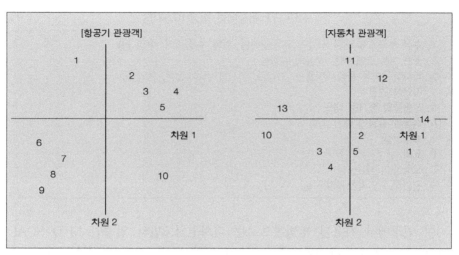

자료 : Cypress Gardens, 2. Busch Gardens, 3. Walt Disney World, 4. Sea World, 5. Epcot Center, 6. Everglade National Park, 7. Miami Metrozoo, 8. Miami Seaguarium, 9. Viz aaya, 10. Spaceport USA, 11. Miracle Strip Amusement Park, 12. Oldest House, 13. Marineland, 14. Florida Silver Springs

[그림 V-3] 자동차 관광객과 항공기 관광객간의 지각지도

차원1은 관광동반형태로 볼 수 있다. 연구결과에서 항공기 관광객과 자동차 관광객들 모두 Walt Disney World와 Sea World를 가장 많이 방문함에 따라 이 관광지들의 선호도가 높음을 알 수 있었다.

경영학분야에서는 소비자 의사결정과정을 파악함에서 상품속성을 측정한다는 것에 대한 중요성은 마케팅에서나 전문광고(professional advertising)에 크게 작용을 하기 때문에 이에 대한 연구가 많이 시도되어져 왔다(Haward & Seth, 1969 : Bass & Talanzyk, 1972 : Wilkie & Pressemier, 1973). 또한 경쟁관계에 있는 상품들에 대한 속성들을 다차원 척도법을 사용하여 측정하거나 각 상품에 대한 강·약점을 파악한 연구가 Woodside & Clokey에 의하여 연구가 이루어졌다.

관광학에서 관광상품속성에 대한 측정연구는 많이 이루어지고 있지 않는 편이다. 그러나 최근 연구들이 서서히 시작되었는데, Goodrich(1978)는 북미·중남미의 9개 관광지에 대한 속성을 10가지로 파악하고, 이에 대한 관광객들의 이미지 분석을 통하여 새로운 마케팅전략을 시도하였다. 여기서 선정된 8개 관광지는 플로리다, 멕시코, 하와이, 바하마제도, 자메이카, 푸에르토리코, 버진 아일랜드, 바바도스이다.

〈표Ⅴ-1〉 관광매력 속성(10가지)

1. 수상 스포츠에 대한 시설의 유용성(해변, 항해, 수상스키, 수영 등)
2. 골프, 테니스에 대한 시설의 유용성
3. 역사적·문화적 관심사(박물관, 기념관, 역사적 건물, 전통, 음악 등)
4. 자연적 경관
5. 사람들의 즐거운 태도
6. 휴식과 휴양에 대한 기회
7. 쇼핑시설
8. 요리
9. 오락성(야간활동 등)
10. 편안하고 안락한 숙박시설

이 연구에서 사용된 방법론으로는 다차원척도법의 일종인 M-D SCAL 모형으로부터 획득한 2차원에서의 9개 관광지역과 이 관광지에 대한 10개의 속성들의 집합을 [그림 Ⅴ-4]와 같이 지각도상에 나타내어 주고 있다.

서인도제도의 관광지는 다음과 같은 속성, 곧 휴식과 휴양, 수상 스포츠와 같은 속성과 유사하게 묶여 있음을 알 수 있다. 관광객들은 이 관광지를 '햇볕이 내리쬐는 해변(sunshine beaches)'으로 이미지를 지각하고 있음이다.

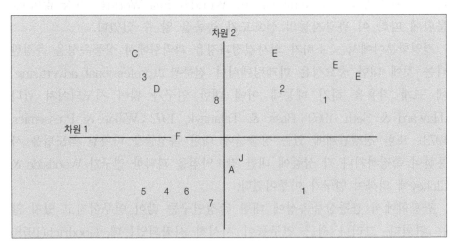

자료 : A : 수상스포츠, B : 골프·테니스, C : 역사·문화적 관심, D : 경관매력, E : 즐거움, F : 휴양, G : 쇼핑시설, H : 요리, I : 오락, J : 숙박시설, 1. 플로리다, 2. 캘리포니아, 3. 멕시코, 4. 자메이카, 5. 버진 아일랜드, 6. 푸에르토리코, 7. 바바도스, 8. 하와이

[그림 Ⅴ-4] 관광지 속성접합에 의한 지각도

또한 플로리다는 수상 스포츠, 골프와 테니스, 편안하고 안락한 숙박시설 등이 군집되어 있고, 캘리포니아는 가장 특성적 속성들인 요리, 오락성, 쇼핑시설 등이 군집되어 있다. 따라서 플로리다와 하와이 등과는 이러한 점에서 경쟁적인 요소를 지니고 있음을 보여주고 있다.

한편, 멕시코는 역사적·문화적 속성과 경관매력 등의 속성과 가장 가깝게 나타내고 있다. 이는 다른 지역의 속성에 비하여 가장 명확한 특성을 지니고 있다.

[그림 Ⅴ-4]의 지각도에서 시사할 점은 하와이 같은 경우에 차원1과 차원2에 교차지점인 맨 중앙에 위치하고 있는데, 이는 곧 관광객들이 여기에 사용된 10개의 속성들을 이 지역에서만큼은 모두 지각하고 있기 때문이라 할 수 있다. 또한 하와이는 휴식과 휴양, 풍경, 수상 스포츠, 숙박시설 등의 속성들을 지니고 있으며, 이러한 속성들은 다른 지역들의 속성들과 매우 경쟁적인 관계에 있음을 알 수 있다. 따라서 하와이 같은 경우는 이들 경쟁적인 속성들을 계속 발전시키고, 이어 이들 경쟁지역이 갖고 있지 않은 속성들은 지속적으로 개발함으로써 다른 경쟁관광지보다 우위에 설 수 있는 마케팅전략을 수립할 수 있게 되었다.

Crompton(1979)은 휴가여행 목적지선택에 있어 기준이 될 수 있는 속성을 통하여 이미지분석을 하기 위하여 학생들을 대상으로 멕시코에 대한 속성을 조사하였다. Scott(1978)는 메사추세츠를 방문하는 방문객들을 대상으로 방문결정에 관한 속성을 측정하여 이에 대한 마케팅전략을 세울 것을 주장하였다.

Robert, Kemper & Goodwin(1983)은 미국내의 Tao, New Mexico를 선정하여 대상지에 대하여 방문자 지각속성을 50가지로 파악하여 이를 지각도상에 나타냄으로써 인류학적인 관점에서 관광객들이 이들 대상의 속성에 대하여 느끼는 지각을 파악하고 이에 대한 마케팅적인 개선방안에 대한 연구를 시도하였다. 또다른 연구에서 Haahti(1986)는 핀란드와 경쟁적인 상태에 있는 휴가지 12개국을 대상으로 이에 대한 목적지 속성 10가지를 파악하여 이들 다차원척도법을 통하여 지각도상에 나타냄으로써 각 나라가 강하게 가지고 있는 속성을 파악하였고, 이로써 마케팅전략에 필요한 자료를 구축하였다.

Garter(1989)는 다차원척도법을 사용하여 주립관광상품에 대한 속성을 측정하였고, 이를 토대로 마케팅 시사점을 제시한 연구를 하였다. 연구대상은 미국의 4개주, 곧 와이오밍, 콜로라도, 유타, 몬타나를 대상으로 하였다. 이 지역들의 속성으로는 15가지, 곧 국립공원, 국립산림, 도시, 역사유적지, 스키, 캠핑, 사냥, 낚시, 보트, 경관구경, 문화, 야간활동, 방문자를 위한 지역주민의 수용력, 음주법이다.

[그림 Ⅴ-4]은 관광지 속성접합에 대한 지각도이다. 이들 지각차원은 '자원, 문화적 기반', '사교적·비사교적'의 차원으로 나뉜다. 콜로라도의 경우 몬타나, 와이오밍보다 스키, 지역주민의 환대, 역사지역 등에 우세하게 나타났다.

유타의 경우에는 집단들 간의 사교적 상호작용이 없는 자원기반적인 이미지(예 : 사막)를 가지고 있는 것으로 지각되었다. 휴가목적지로서 가장 매력이 없는 주인 유타주는 다른 록키산맥의 주, 곧 와이오밍이나 콜로라도주보다 관광휴가지적 속성을 거의 지니고 있지 않았다. 이러한 점은 유타주의 이미지분석을 보면 알 수 있는데, 유타주는 여름에는 매우 덥고, 겨울에는 눈이 매우 적게 내리는 건조한 사막지역으로 지각되고 있었다. 그리고 스키타기에 적절한 조건인 연간 적설량이 많고, 지역이 가파르고 그리고 분설(粉雪) 등이 있음에도 불구하고 마치 스키타기에는 부적합한 지역으로 많은 이들에게 대해 인지되고 있었다. 따라서 유타주는 휴가자의 관심을 유발시킬 수 있는 전략인 유타주에 대해 가지고 있는 고정관념에 대한 변화를 도모할 수 있는 '이미지 변화(쇄신)'전략을 모색하여 한다.

한편, 몬타나주와 와이오밍주에서는 관광상품판매를 증진시키기 위하여 자원지향적 속성을 강화시키는 것에 공동출자하여 관리하여야 한다. 이들 지역에서는 지역의 관광지적 속성을 장점화할 수 있도록 충분한 재정적 출자를 기초로 이미지 변화·개발에 더욱 노력하여야 한다.

결국 다차원분석 결과에 의하여 작성된 지각도는 관광기업의 마케팅전략 중 하나인 매우 중요한 포지셔닝전략을 수립할 수 있게 하고, 이를 토대로 보완·개선되거나 새로운 관광상품을 다양하게 개발할 수 있도록 하는 전제조건이 되기도 한다.

(2) 요인분석

① 개념과 목적

요인분석(factor analysis)은 다변량 통계분석방법 중 하나로 변수들간 상관관계를 이용하여 서로 유사한 특성을 지닌 변수들의 집단화 방법이다. 이 분석기법은 두 변수간의 상관관계를 분석하거나 또는 한 변수의 측정값으로부터 다른 변수 값을 예측하는 것뿐만 아니라, 각 변수들이 공통적으로 가지고 있는 분산의 크기로서 예측된 값이 얼마나 중복되어 있는가를 계산할 수도 있다. 다시 말해 요인분석(factor analysis)은 요인들간의 상관관계거나 요약하는 데 주로 이용된다. 따라서 일련의 변수들 간에 존재하고 있는 구조를 발전하여 여러 변수들을 몇 개의 동질적인 차원으로 구분함으로써 자료의 양적 축소와 더불어 이해를 보다 용이하게 해준다.

요인들 간의 상관관계란 요인분석·회귀분석·판별분석 등과 같은 다른 다변량분석방법과 차이가 나는 점으로서 독립변수와 종속변수가 지정되어 있지 않고 변수 상호간에 서로 독립변수와 종속변수가 되는 관계성을 의미한다. 결국 상관관계가 높은 변수들끼리 동질적인 몇 개의 집단으로 묶어 준다는 점에서 요인분석은 다음과 같은 내용을 목적으로 사용된다.

- 자료요약

여러 개의 변수들을 몇 개의 공통집단(요인)으로 묶어줌으로써 자료의 복잡성을 줄이고 몇 개의 요인으로 자료를 쉽게 이해하도록 요약하는데 이용된다.

- 변수구조 파악

여러 개의 변수들을 동질적인 몇 개의 요인으로 묶어 줌으로써 변수들 내에 존재하는 상호 독립적인 특성(차원)을 발견하는 데 이용된다.

- 불필요한 변수 제거

변수군(요인)으로 묶이지 않은 변수들을 제거함으로써 중요하지 않은 변수, 곧 신뢰도가 낮은 변수들을 선별해낼 수 있다.

● 측정도구의 타당성 검증

동일한 개념을 측정하기 위한 변수들 간에는 상관관계가 높아야 하므로 동일한 개념을 측정한 변수들이 동일한 요인으로 묶이는지의 여부를 확인함으로써 측정도구의 타당성을 검증해 보는 데 이용될 수 있다.

● 추가적 분석방법에 요인점수 이용

다수의 변수들을 도입하는 회귀분석이나 판별분석의 경우 변수의 수가 많으므로 시간, 비용, 분석상의 복잡성이 증가된다. 따라서 요인분석은 변수들을 요약한 요인들을 분석에 필요한 변수로 도입하면 실제 변수의 수를 줄일 수 있다. 그러나 주의해야 할 점은 요인분석을 통하여 변수의 수를 줄일 수는 있으나 정보손실이 발생할 수 있다. 다시 말해 요인은 변수들을 선형결합하여 보다 적은 수의 새로운 변수들로 축약한 것인데, 바로 이 변수의 축약과정에서 그 정도의 차이는 경우에 따라 다르지만, 각각의 변수설명이 대표요인으로 축약되어 나타난다면 분명 정보손실을 발생시킬 수 있다는 점이다.

② 요인분석방법

● Q-Type

군집분석과 유사한 분석방법으로서 응답자들을 동질적인 집단으로 구분하는 분석유형이다. 그러나 군집분석과는 구분방법이 다른데, 곧 군집분석은 자료의 절대값 차이에 의해서 묶지만 Q-Type 요인분석은 자료의 상관관계를 이용하는데, 이는 개인별 측정치의 평균과 표준편차 사이의 상관관계를 기초로 하여 집단화하는 분석방법이다. 그러나 일반적으로 대상을 묶을 때에는 군집분석이 주로 이용되고, 요인분석의 Q-Type은 현재 별로 이용되지 않고 있다.

● R-TYPE

평가항목인 변수간의 상관관계 정도에 따라 변수들을 각각의 동질적인 집단으로 요인화하는 분석방법이다. 일반적으로 이 분석방법을 요인분석이라고 한다.

③ 요인분석과정

● 변수선정

연구문제와 관련된 측정이 가능한 모든 변수를 분석에 포함시킨다. 그러나 변수의 수가 많을수록 표본수를 증가시켜야 하고, 동시에 분석시간이나 비용증가도 고려해야 한다.

● 척도형태(자료형태)

변수측정은 연속적 자료로 이루어져야 한다. 요인분석은 상관관계를 바탕으로 이루어지므로 상관관계계산이 가능한 연속적 자료가 필요하다. 그러나 '0'과 '1'로 측정된 비연속적 자료도 이용가능하다.

● 표본수 결정

일반적으로 표본수가 50개 이하인 경우에는 요인분석을 하지 않고, 최소한 100개 이상이 되는 것이 바람직하다. 또한 변수수의 4~5배정도 사례가 요구되는 것이 일반적이다. 만약 40개의 변수를 이용한 요인분석을 실시하려면 최소한 160~200사례를 확보하는 것이 바람직하다.

● 자료입력

변수간의 단위가 달라도 측정된 원래 자료(raw data)를 그대로 입력시키면 된다.

● 자료표준화

입력된 자료는 측정단위가 다른 경우가 있으므로 이를 표준화하는 과정을 거치게 된다. 평균은 0이며 표준편차가 1이 되는 정규분포로 바꿔줌으로써 측정단위가 최종해에 미치는 영향을 제거하게 된다.

● 변수간의 상관관계계산

변수들 간의 상관관계 메트릭스를 산출함으로써 변수간의 상호관련성을 파악한다. 이 상관관계 메트릭스가 요인분석의 입력자료가 된다. 그러므로 상관관계 메트릭스 자체에 최초의 자료를 입력하여 요인분석을 할 수도 있다.

● 요인추출모형 결정

요인추출모형으로는 PCA(principle componet ananlysis), CFA(common factor analysis), MI(maximum likelihood), GLS(generalize least square)등

의 모형이 있으며, 이들 모형은 분석목적에 따라 달라지는데, 대부분 PCA 이나 CFA모형이 주로 이용된다.

PCA는 예측을 목적으로 최초 정보를 가능한 한 최소요인으로 압축하고자 할 때, 곧 요인수를 최소화하여 정보손실을 최소화하고자 할 때 주로 이용한다. 반면에 CFA는 변수들 사이에 존재하고 있는 차원이나 요인들을 발견하기 위한 방식으로서 common factor방식이라고 한다. 다시 말해 변수들 사이에 존재하는 차원을 규명함으로써 변수들간 의 구조를 파악하는데 주로 이용되는 방식이다.

한편, CFA는 요인분석의 입력자료가 되는 상관관계 메트릭스 대각선은 Communality(원변수의 분산 중 분석에 포함되는 요인들에 의해 설명되는 비율)로 바꾸어 분석한다는 점이 PCA와 상이하다. 두 모형의 차이점은 측정으로서 나타나는 자료분산 중 어느 분산을 기초로 이용하는가에 따른다.

분산의 종류는 공분산(common variance), 특정분산(specific variance), 오차분석(error variance)이 있다. 공분산은 다른 변수들과 공통으로 변화하는 분산이며, 특정분산은 다른 변수와 상관없이 자체 고유변수에 의해서 일어나는 분산이고, 오차분산은 기타 외생변수나 측정상의 오류나 무작위적으로 일어나는 분산이다.

CFA는 공분산만을 이용하여 분석을 실시하는 반면, PCA는 전체분석으로 공분산·특정분산·오차분석을 이용하여 분석을 실시한다. 따라서 공분산의 비중이 크고 오차분산이나 특정분산이 적을 때는 PCA모형을 사용하며, 오차분산이나 특정분산이 크거나 이에 대한 지식이 거의 없을 때에는 CFA모형을 이용하는 것이 바람직하다.

요인분석은 변수들 간의 상관관계에 바탕을 두고 이루어지는 것이므로 공분산이 의미있는 결과를 나타낼 것이고, 특정분산이나 오차분산의 경우 비중이 크면 클수록 요인분석의 의의는 사라지게 될 것이다.

● 요인추출

요인수의 결정방법은 아이겐 값(eigen value)을 기준으로 결정하는 방법과 총분산 중에서 요인의 설명 정도를 기준으로 결정하는 방법, 그리고 연구자가 사전에 요인수를 결정하는 방법의 3가지이다.

㉮ 아이겐 값을 기준으로 요인수를 결정하는 방법

아이겐 값(eigen value)이란 각 요인이 얼마나 많은 설명력을 가지고 있는가를 나타내주는 값, 곧 요인을 설명해 주는 분산의 양으로서 특정 요인에 적재된 모든 변수의 적재량을 제곱하여 합한 값을 말한다. 이를테면 1이상이라는 의미는 하나의 요인이 변수 1개 이상의 분산을 설명해 줌을 의미한다. 그리고 아이겐값이 1이하가 되면 1개 요인이 1개 변수에 해당하는 분산을 설명해 줄 수 없기 때문에 변수집단으로서의 요인이 의미가 없는 것이다. 따라서 아이겐 값이 1이상인 경우의 요인만을 추출하여 사용하여야 한다.

㉯ 분산을 기준으로 하는 결정방법

이 방법은 요인들의 설명력 합이 얼마 이상이어야 한다고 규정하고 그 설명력에 상응하는 요인을 추출하는 방법이다.

일반적으로 사회과학에서는 분사의 설명력 합은 60% 정도로 기준하고, 자연과학에서는 95%까지로 한다. 분산이 일정비율 이상을 설명할 수 있도록 요인수를 결정하는 이유는 변수의 축약과정에서 정보손실이 일정수준 이상이어서는 안된다는 데 있다. 만약 10개의 변수에서 1개 요인만을 선정하였을 때 실명되는 분산이 총분산의 40%정도라면 60%정도의 정보손실이 발생된다. 이 경우에 요인수를 더 늘려 분산의 설명비율을 높임으로써 정보손실을 줄여야 한다.

이를테면 변수의 설명비율을 다소 높여 60% 기준으로 변수를 축약할 때는 40%의 정보손실을 감수하겠다는 의미이고, 95%를 기준으로 할 때는 5%의 정보손실만을 허용하겠다는 의미이다. 만약 변수가 10개이면 총분산이 10이 되며, 이 때 요인 1의 아이겐 값이 5.6이라면 전체 중에서 56%의 분산은 요인 1이 설명해 주고 있으며, 이는 1이 5.6개의 변수에 해당하는 분산을 대표하고 있는 것이다.

㉰ 연구자가 사전에 요인수를 결정하는 방법

이 방법은 연구자가 연구에 대한 사전경험이나 다른 연구문헌 등을 통하여 변수들이 몇 개의 요인으로 나타날 것인가를 판단하고 결정할 수 있을 경우에 사용하는 방법이다.

● 요인적재량 산출

요인적재량(factor loading)은 각 변수와 요인간의 상관관계 정도를 나타내는 것이다. 따라서 각 변수들은 요인적재량 정도에 따라 유의성 여부를 파악할 수 있다. 그러나 어느 정도 적재량이 커야 유의할 것인지를 판단하는 정확한 기준은 없다. 그러나 대체적으로 ±0.3이상이면 적재량의 유의성이 있다고 할 수 있으나, 주로 ±0.4이상으로 적재량의 유의성 기준을 결정하는 경우가 많다. 그러므로 ±0.5이상이면 매우 높은 적재량이라고 할 수 있다.

그러나 적재량의 유의성은 표본수와 변수의 수, 그리고 요인수에 따라 변하므로 유의하여야 한다. 상관관계를 나타내는 요인적재량의 제곱값은 결정계수의 의미를 갖기 때문에 이는 요인이 해당변수를 설명해 주는 정도를 의미한다. 따라서 적재량이 높은 변수일수록 해당요인에 대하여 설명력이 크므로 중요한 변수가 된다.

한편, 특정변수는 모든 요인적재량을 제곱하여 합한 값을 Communality라고 하며, 이는 분석결과 추출된 요인들에 의해서 설명되는 특정변수의 분산이다.

● 요인회전

요인분석이란 변수들을 요인들의 선형결합으로 치환하는 과정이라 할 수 있다. 요인회전(factor rotation)하는 목적은 변수들을 설명하는 축이라고 할 수 있는 요인들을 회전시킴으로써 요인의 해석을 돕는 것이다. 요인을 회전하는 방법은 직각회전(orthogonal rotation)과 비직각회전(oblique rotation)으로 구분된다. 회전방식에는 회전축은 직각을 유지함으로써 회전하는 Orthogonal 방식과 직각을 유지하지 않은 Oblique방식이 있다.

2개 요인이 존재할 때 서로 독립적이어야만 요인으로서의 의미가 있고, 만약 요인들이 서로 상관관계가 높으면 2개 요인이라기보다는 1개 요인으로 간주되어야 할 것이다.

이와 같이 요인들 간에는 상호독립적, 곧 상관관계가 없는 관계를 유지하면서 요인축을 회전시키는 직각회전은 회전시 요인들 간의 상호 독립성을 유지하면서 직각 90도를 회전하는 방법이다.

그러나 대부분의 학문연구에서 보면, 서로 다른 2개 요인이 상호 독립적이지 못한 경우가 많음에 따라 직각을 유지하지 못하는 경우가 많기 때문에 직각을 유지하지 않고 요인을 회전하는 방법인 비직각회전방법인 비직각회전방식을 사용하는 것이 더욱 현실적일 수 있다. 하지만 추가분석을 위하여 요인점수를 이용하기 위해서는 직각회전방식을 취해야만 요인점수들 간의 상관관계, 다시 말해 다중공선성(multicollineary)을 방지할 수 있다. 직각회전방법에는 Qurtimax, Varimax, Equamax 방법이 있다. Qurtimax는 하나의 변수를 설명해 주는 요인수를 최대한 줄여서 변수해석에 중점을 두는 방법이고, Varimax는 하나의 요인에 높이 적재되는 변수수를 줄여서 요인해석에 중점을 둔 방법이다. 그리고 Equamax는 두 가지 방법의 절충형이다.

● 요인화의 변수명 지정

요인이 추출되면 유사한 특성을 지닌 요인으로 묶여진 변수들 간의 공통된 특성에 따라 변수명을 지정해야 한다. 변수명을 지정하는 요인해석은 상이하며, 일정기준에 의거하여 결정된 요인일지라도 연구자의 주관적 판단에 따라 각기 다르게 이루어진다.

그러나 경우에 따라서 똑같은 결과에 대해서도 상이한 변수명을 지정하는 요인해석이 이루어지는 경우도 있는데, 이러한 부분은 연구자의 창의성을 필요로 한다.

● 요인점수의 산출

요인이 추출되면 각 사례별로 변수들이 선형결합되어 이루어진 요인점수를 산정할 수 있다. 요인점수는 요인점수 계수행렬(factor score coefficent matrix)을 이용하여 산정할 수 있다.

● 요인점수의 추가분석에 활용

여러 개의 변수를 몇 개 요인으로 축약하였으므로 요인을 새로운 변수로 취급하여 추가로 필요로 하는 회귀분석이나 판별분석 등에 활용할 수 있다. 이 때 사용되는 자료는 변수의 원자료가 아니라 요인점수이다.

④ 요인분석을 이용한 연구동향

요인분석에 의한 지각도 작성은 속성에 기초한 방법(attribute-based method)으로 속성들의 가치에 근거한 인식구조를 밝힘으로써 지각도를 구성하는 방법이다. 이 방법에 있어서의 주요관심은 기본인식구조가 어떤 것인가에 있으므로 속성간의 상관관계가 상품과 고객들에 걸쳐 계산되며, 상품의 인식도상 위치는 요인점수(factor score)에 의해 측정된다. 특히 요인분석은 고객들이 상품군을 인식할 때 사용하는 기본인식구조에 대한 통찰력을 제공해 주면 선호도분석(preference analysis)과 잠재구매를 예측하는데 도움을 준다.

Yau & Chan의 연구에서는 동남아관광지 중 7개 관광지, 홍콩, 싱가포르, 쿠알라룸푸르, 마닐라, 방콕, 타이페이, 도쿄를 대상으로 요인분석기법을 사용하여 지각도를 작성하였다. 특히 PC-MDS package 중에서 선호자료를 가지고 선호도분석 프로그램의 일종인 MDPREF를 사용하였다.

동남아시아에 대한 관광매력지로서의 속성은 요인분석의 직각회전방식으로 파악하였고, 그 결과로 위의<표Ⅴ-2>와 같이 속성 7개, 곧 쇼핑과 교통수단(shopping & transportation), 오락과 매력물(entertainment & attraction), 호텔과 레스토랑의 서비스(service in hotel & restaurant), 가격(price), 음식(food), 날씨(weather), 친구나 친지(friends & relatives) 등이다. 결과에 따른 지각도는 [그림 Ⅴ-5]와 같다.

〈표Ⅴ-2〉 휴가지 속성의 요인분석 결과

요 인	요인적재량	문항상관관계
요인 1. 쇼핑과 교통수단(α=0.856)		
다양한 상품	0.784	0.62*
쇼핑의 편의성	0.723	0.58
상품의 질이 좋음	0.668	0.60
진보되고 발전된 도시	0.629	0.69
교통수단이 좋음	0.612	0.66
요인 2. 오락과 매력물(α=0.774)		
위락과 스포츠 이용기회가 많음	0.726	0.61
흥미있는 야간활동	0.653	0.54
문화적 행사가 많음(댄스, 페스티벌 등)	0.614	0.44
매력적인 해변	0.582	0.57
독특하고 즐거운 곳이 있음	0.568	0.49
자연미와 경관매력물이 많음	0.544	0.56
요인 3. 호텔과 레스토랑의 서비스(α=0.811)		
호텔객실이 안락함	0.705	0.68
호텔의 서비스가 좋음	0.702	0.58
쇼핑시에 서비스가 좋음	0.575	0.65
레스토랑의 서비스가 좋음	0.573	0.65
사람들이 우호적임	0.551	0.47

요인 4. 가격(α=0.799)		
가격이 합리적임(상점)	0.821	0.62
레스토랑의 가격이 합리적임	0.798	0.71
호텔비가 합리적임	0.711	0.61
요인 5. 음식(α=0.732)		
음식의 질이 좋음	0.615	0.52
흥미있는 문화를 가지고 있음	0.573	0.40
음식의 다양함	0.566	0.57
편리한 곳에 레스토랑이 위치	0.548	0.60
요인 6. 날씨(α=0.775)		
온도가 적절함	0.866	0.64
습도가 알맞음	0.852	0.64
요인 7. 친구와 친척		
친구와 친척이 많음	0.865	

자료 : You Oliver H.M. and C..F Chan, "Hong Kong as a travel destination in South-East Asia : a multidimensional scaling", *Tourism Management*, June, 1989.

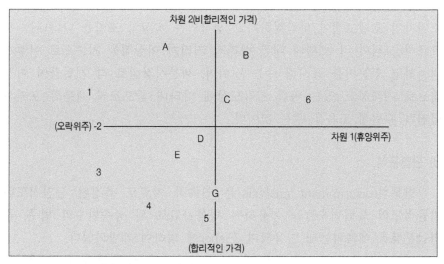

주 : A. 도쿄, B. 쿠알라룸푸르, C. 타이페이, D. 싱가포르, E. 홍콩, F. 마닐라, G. 방콕 1. 호텔과 레스토랑의 서비스, 2. 쇼핑 및 숙박시설, 3. 오락과 매력물, 4. 야간활동, 5. 해변, 6. 많은 수의 친구와 친척

[그림 V-5] 휴가지 속성접합의 지각도

타이페이의 경우 동남아시아 관광지 사이에서 그다지 경쟁적이지 못한 상태를 보여 주고 있다. 따라서 타이페이가 좀더 경쟁적으로 대처하기 위해

서는 이미지 변환이 필요하다. 결국 홍콩으로서는 다른 경쟁지보다 우위에
서기 위해서는 국제 스포츠활동이나 유치, 회의, 경관매력물이나 리조트 건
설, 예를 들면 인공섬이라든가, 홍콩 발전에 대한 박물관 등을 짓거나, 또한
홍콩으로서도 우세한 속성이라 할 수 있는 것을 발전시켜야 한다.

예를 들면 '쇼핑과 교통수단'은 관광객을 만족시키는 중요한 요인임이
틀림없기 때문에 쇼핑천국 등과 같은 이미지를 만드는 작업을 강화해야
하고, 비윤리적인 사업은 과감히 없애는 전략을 취해야 할 것이다.

이와 같은 속성접합과는 달리 선호자료의 이상점(ideal point)을 통하여
포지셔닝을 하는 연구도 이루어지고 있으나 그다지 많이 이루어지지 않
고 있는 실정이다. 우리나라에서 권창용(1991)은 호텔업의 이미지 차별화
전략을 하기 위하여 MDS의 적용으로 관광객의 지각과 선호분석을 통하
여 지각도상에 포지셔닝하여 마케팅적 대안을 제시한 연구를 발표하였
다. 이 연구에서는 선호자료를 통하여 이상점을 제시해 줌으로써 각 호
텔 고객계층마다 다른 결과를 나타냈다. 여기서 이상점(ideal point)이란
소비자인 호텔고객이 바람직하다고 생각되는 속성의 조합을 나타내는 것
으로서 고객이 각 호텔에 대한 심리적 거리가 이상점을 기준으로 어떻게
위치하고 있는지를 표시해 주는 것이며, 세분시장별로 각 개인들이 이상
적으로 지각하고 있는 바를 지각도상에 나타내 줌으로써 세분화 포지셔
닝전략 수립에 도움을 주는 것이다.

(3) 판별분석

판별분석(discriminant analysis)은 연속적 자료로 측정된 등간척도나
비율척도의 독립변수들을 이용하여 명목자료로 된 종속변수의 범주, 곧
집단분류를 예측하는데 이용되며, Fisher에 의하여 개발되었다.

관광의사결정에서는 관광객, 관광상품 또는 관광산업들과 같은 대상들
을 몇 개의 동질적인 집단으로 분류한 자료가 필요한 경우에 관광연구자
들은 관광객들의 인구통계학적 변수인 연령·교육정도·교육수준 등을
중심으로 분류하거나, 또는 관광객들을 이 변수들에 준거하여, 예를 들면
해외관광활동을 할 수 있느냐, 아니면 할 수 없느냐에 따라 재분류할 수
도 있다.

판별분석은 분류된 집단간의 차이를 의미있게 설명해 줄 수 있는 독립

변수들을 찾아내고 이들의 선형결합(linear combination)으로 다음과 같은 판별식을 만들어 분류하고자 하는 각 대상들의 특성을 대입하여 각 대상들이 속하는 집단을 찾아내려는 것이 목적이다. 결국 판별분석을 속성간의 상관관계에 기초한 구조를 밝히기보다는 상품을 가장 잘 판별해 낼 수 있는 속성들의 선형결합을 찾아내는 것이다. 이 때 속성의 구조를 파악하기 위하여 고객들에 대하여 판별분석이 이루어지며, 상품의 인식 도상 위치는 판별점수(discriminant score)에 의하여 정해진다.

판별식을 구하기 위한 순서는 구체적으로 다음과 같다.

첫째, 종속변수인 집단분류에 영향을 미치는 독립변수 선정

둘째, 선정된 독립변수를 이용하여 판별식 도출

셋째, 판별능력에 있어서의 독립변수들의 상대적 중요도

넷째, 판별식의 판별능력평가

다섯째, 새로운 판별대상에 대한 예측력의 평가

표준화된 판별함수계수는 각 독립변수들이 대상들의 소속집단을 판별 하는데 얼마나 영향을 미치는지의 중요도를 나타내 주며, 표준화되지 않은 한별함수계수는 판별점수를 계산하는데 이요된다. 또한 판별분석을 시행하기 위한 각 집단의 공분산이 같아지는 가정은 Box의 M Test를 이용해 검증하게 된다.

이들 각각의 방법은 각기 장·단점을 가지고 있어서 사용자들의 편의에 따라서 방법이 선택되기도 하지만, 여러 연구결과를 종합해 보면 요인분석이 유사성 척도방법이나 판별분석보다도 고객의 인식을 측정하는데 훨씬 좋은 방법이다(Hauser & Koppelman, 1979 : 박홍수·하영원, 1997 : 170). 특히 요인분석은 각 속성을 공통요인에 의해서 종합함으로써 도출된 차원이 무엇인지를 명확히 알아 볼 수가 있으며, 상품수가 상대적으로 많은 경우에 각 상품쌍을 비교하는 방법보다 정확한 위치를 찾아낼 수가 있다. 또한 고려하는 상품들에 대하여 고객들이 이를 인식하는데 있어 차이가 있는 경우 다양한 속성에 의해서 상품을 평가하게 함으로써 보다 정확한 고객의 인식을 파악할 수 있다.

(4) 요인분석과 다차원척도간의 비교

요인분석과 다차원척도분석은 제각기 장점과 단점이 있다. 요인분석은

직접적으로 상품에 대한 고객의 평가를 측정하는 것이다. 이러한 평가는 해석하기 쉽고, 잠재적인 상품개선과 연관시킬 수 있다. 그러나 요인분석은 사전에 규정된 속성범위를 벗어나는 지각차원은 발견할 수 없으므로 고객편익을 정확하고 완전히 규정하는 데는 신상품개발관리자의 능력에 크게 좌우된다.

MDS는 요인분석과는 전혀 독립적으로 이루어진다. 어떠한 상품이 유사하고 유사하지 않은지에 대한 평가는 어떠한 상품이 대체재로 간주될 수 있거나 또는 경쟁관계가 될 수 있는지에 대하여 알려준다. 특히 상품의 속성이 측정하기 힘든 경우나 고객들이 속성을 표현하기 어려운 경우 모두 유용하다고 할 수 있다. 그러나 속성평가가 이루어지지 않으므로 차원을 해석하거나 명명하기는 요인분석에 비하여 어렵다. 그러므로 시장에 대한 개인적인 지식에 의지해야만 한다.

요인분석이나 다차원분석기법 모두 관광상품설계에 유용하나, 어느 기법도 모든 상황에 적합한 것은 아니다. 그보다는 두 기법의 강점과 약점을 이해하고, 신관광상품개발팀의 필요에 따라 적절한 기법을 활용하는 것이 중요하다.

요인분석은 관광객욕구와 편익이 정확하게 표현되고 측정될 수 있는 경우에 진정한 가치가 있고, 다차원척도분석은 관광객욕구를 관광객들이 표현하기 난해하거나 개발팀이 창의적인 아이디어를 원할 때 가장 이상적이라 하겠다.

제2부
연구사례

제1장
국가이미지 홍보전략

1. 홍보전략의 기초 이해

　해외 홍보전략의 수립시에는 다음과 같은 단계로 여러 가지 요인들이 고려되어야 한다.

　① 한국에 대하여 잘 알고 있는가, 한국을 좋아하는가?

　② 한국의 어떤 점에 대하여 긍정적으로 평가하는가?

　③ 해당국에서 중요시하는 점은 무엇인가?

④ 해당국에서 한국에 대하여 정확하게 평가하고 있는 것과 잘못 평가
하고 있는 것은 무엇인가?
⑤ 해당국에서의 홍보환경(해당국의 정치, 경제, 사회, 문화, 언론, 외
교, 우리나라와의 관계)은 어떠한가?

첫번째의 '한국에 대하여 잘 알고 있는가'와 '한국을 좋아하는가'는 홍
보활동의 최우선 요소인 한국에 대한 인지도와 호감도에 관련된 사항이
다. 한국에 대한 인지도와 호감도는 모든 국가의 홍보활동시에 우선적으
로 파악되어야 하고, 먼저 해결되어야 한다. 본 연구에서 이것은 한국에
대한 인지도와 호감도를 대상국이 국민들을 대상으로 직접 조사하여 알
아내었다.

두번째의 '한국의 어떤 점에 대하여 긍정적으로 평가하는가' 하는 것은
한국이 해외 홍보활동시 가질 수 있는 경쟁력 있는 홍보도구가 되는 차원
을 파악하는 것이다. 이는 아래에 제시된 표의 경쟁력 여부를 나타내주는
분류를 말한다. 이를 알아내기 위하여 본 연구에서는 6가지 국가이미지 구
성 차원을 평가하게 하여 이미지 차원에서 강점과 약점을 조사하였다.

세번째의 '해당국에서 중요시하는 점은 무엇인가' 하는 것은 홍보대상
이 되는 국가에서 다른 국가를 평가할 때 중요시하는 점은 어떠한 것인
가를 파악하는 것으로 홍보전략 수립시 우선적으로 중요시되어야 할 차
원이 무엇인가를 파악해내는 것이다. 본 연구에서는 홍보대상국의 국민
들이 6가지 국가이미지 구성차원 중에서 가장 중요시하는 차원은 무엇인
가를 알아내는 방법으로 이상적인 국가와 그 이유를 응답하게 하여 파악
하였다. 이는 아래의 표에 가중치의 높고 낮음을 구분하여 주는 데 사용
되었다.

네번째의 '한국이 홍보대상국에서 정확하게 파악되고 있는지, 혹은 잘
못 파악되고 있는 것은 무엇인가'는 한국에 대하여 잘못 알고 있어 수정
되어야 하는 차원은 무엇인가를 파악하는 것이다. 위의 두번째와 세번째
에서 조사된 사항들을 기초로 홍보대상국에서 한국에 대한 이상적 이미
지와 실제적 이미지의 차이를 조사함으로써 알아내었다. 이는 아래의 표
에 이미지 강화/수정 전략을 구분하는 데 사용되었다.

다섯번째, 해당국의 홍보환경은 홍보전략의 수립과 구체적인 실행 방
안의 기획시에 제한적 요소 혹은 강화적 요소로 고려되었다. 위의 사

항들을 표로 나타내면 다음과 같다(<표 I-1> 참조).

〈표 I-1〉 전략 시행의 구분 차원

구분	경쟁력이 있는 차원		경쟁력이 없는 차원	
	높은 가중치	낮은 가중치	높은 가중치	낮은 가중치
강화 전략	1 단기 강화전략	2 중기 전략	3 장기 집중전략	4
수정 전략	5 단기 집중전략	6 중기 중점전략	7 장기 전략	8

위의 표에서 1, 2, 5, 6은 한국이 경쟁력을 가지고 있는 차원으로 홍보전략에 효과적으로 사용될 수 있는 차원을 의미하며, 단기적으로 고려되어야 하는 차원이다. 반면에 3, 4, 7, 8은 경쟁력이 없는 차원으로 장기적인 관점에서 먼저 해당 차원에 대한 경쟁력을 키운 후에 이를 홍보전략 수립시 이용해야 하는 비교적 장기적으로 고려되어야 하는 차원이다. 이들 단기적 차원과 장기적 차원으로 다시 다른 차원에 의하여 분류될 수 있다.

다른 분류기준은 홍보대상국에서 한국에 대하여 얼마나 정확하게 인지하고 있는가 하는 것으로, 정확하게 인지하고 있는 차원과 잘못 알고 있는 차원을 홍보에 활용할 때에는 노력에 대한 성과가 달라진다. 즉 정확하게 인지하고 있는 차원은 홍보활동시 차원을 보다 강화시키는 전략을 하면 되고, 잘못 알고 있는 차원에 대하여는 이를 수정시키는 전략이 필요하며 때문에 노력도 더욱 많이 요구된다.

마지막의 또다른 기준은 홍보대상국의 해당 차원에 대한 중요도이다. 홍보전략 수립시는 홍보대상국에서 보다 중요시하는 차원을 활용하는 것이 보다 효과적인 홍보활동일 것이다.

이들 요인들을 동시에 고려하여 보면, 단계에 따른 홍보전략을 수립할 수 있다. 즉 가장 시급하면, 많은 노력을 요하는 단기 집중적인 차원은 5에 해당되는 차원이 될 것이다. 또한 가장 우선순위가 떨어지는 차원은 4에 해당되는 것으로 가중치도 낮고 경쟁력도 없으면 강화전략 차원이 된다.

앞의 표에서 보듯이 전략시행은 '경쟁력이 있는 차원'에 먼저 집중되어야 할 것이며, 그 중에서도 낮은 가중치의 차원보다는 높은 가중치의 차원이 더 중요할 것이므로, 결과적으로 전략의 시간적 시행단계는 다음과

같이 5, 1, 2, 6의 순서로 이루어져야 할 것이다.

〈전략 시행의 시간적 흐름도〉

단기 집중전략 ➡ 단기 강화전략 ➡ 중기 전략 ➡ 중기 집중전략

2. 전략적 고려요소

1) 인지도와 호감도

본 연구에서는 아시아의 주요 경쟁국들과 비교한 한국의 상대적 인지도와 호감도를 조사하였다. 상대적 인지도와 호감도는 한국의 주요 경쟁국을 일본, 대만, 싱가포르, 중국으로 보고, 이들과 한국을 포함한 5개국의 인지도와 호감도의 평균을 구하여 평균에 대한 각 국가별 상대적 거리를 구함으로써 미국인들의 한국에 대한 지각도를 작성하였다. 이러한 절차에 따르면, 아시아의 주요 경쟁국가들과 비교한 한국의 이미지 지각도는 다음과 같이 나타난다([그림 I-1] 참조).

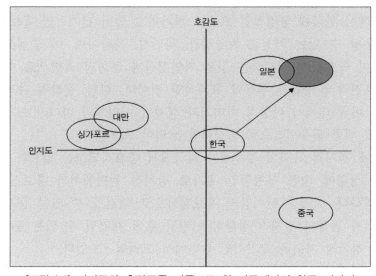

[그림 I-1] 인지도와 호감도를 기준으로 한 미국에서의 한국 이미지

호감도는 일본이 가장 높았으며, 인지도는 중국이 가장 높은 것으로 나타나 이들의 수치를 이상점으로 보았을 때, 한국의 인지도와 호감도의 이상적인 위치는 그림의 진한 색의 타원처럼 나타날 것이다. 이와 같은 점을 고려할 때, 미국 내의 한국에 대한 인지도와 호감도는 모두 크게 강화되어야 할 것으로 보인다.

2) 국가이미지의 주요 차원

<표 I-2> 미국에서의 차원별 가중치와 한국에 대한 차원별 이미지 평가

구분	가중치	평가	이상 이미지	실제 이미지	GAP
경제	0.15	4.25	1.05	0.64	0.41
국민성	0.06	4.48	0.42	0.26	0.15
자연경관	0.21	5.24	1.47	1.10	0.37
정치, 법률	0.21	3.68	1.47	0.78	0.69
문화	0.25	5.26	1.75	1.32	0.44
전반	0.12	4.30	0.84	0.52	0.32

위의 조사결과 <표 I-2>를 기초로 미국에서의 해외 홍보전략의 수립을 위한 전략요소들을 파악해 낼 수 있다.

미국에서 한국에 긍정적인 요소로 평가받고 있어 단기적인 홍보전략으로 활용될 수 있는 차원은 자연경관, 국민성, 문화이며, 이 중에서 미국 국민들이 중요하게 생각하는 것은 자연경관과 문화적 측면으로 이에 대한 홍보전략의 수립과 활동이 효과적일 것이다. 한편, 문화적 측면의 경우에는 미국 내에서 이상적 이미지와 실제적 이미지의 차이가 크기 때문에 이에 대한 최우선적으로 집중적인 노력이 요구된다.

반면에 정치적 측면의 경우에는 미국에서 중요시되고는 있으나 한국의 정치적 상황에 대한 부정적인 평가로 정치적 측면에서의 홍보경쟁력은 매우 약하다. 이것은 단기간의 홍보전략으로 해결될 수 있는 문제가 아니고 실제 한국의 정치적 상황이 안정된 후에 해결될 수 있는 문제이다. 따라서 정치적 차원은 장기적인 측면에서 고려될 수 있다.

전략 시행의 전반적인 순서는 앞의 개요에서 밝힌 순서를 기본적 단계로 삼는다.

〈표 I-3〉 홍보전략에 있어서 중요 차원

구분	경쟁력이 있는 차원		경쟁력이 없는 차원	
	높은 가중치	낮은 가중치	높은 가중치	낮은 가중치
강화 전략	자연경관	국민성		전반
수정 전략	문화		정치	경제

3. 목표 이미지 수립

　미국 홍보 전략의 목표 이미지를 수립하기 위하여는 앞에서 언급된 홍보대상국에서의 전략적 차원의 파악과 홍보 대상국의 일반적인 홍보 환경, 현지 조사를 통한 현 시점에서의 홍보 대상국과 한국간의 중요한 문제, 홍보매체, 홍보대상층 등 여러 가지 홍보활동과 관련된 요소들이 함께 고려되어야 한다.

　앞에서 살펴본 여러 가지의 상황분석을 고려하여 볼 때, 미국의 홍보활동을 위한 전략수립시 구체적으로 고려해야 할 사항은 다음과 같다.

　① 미국 내 한국에 대한 인지도와 호감도를 증가시킨다.

　② 단기적으로 홍보전략 수립시 전략요소가 될 수 있는 것은 문화, 국민성, 자연경관이다.

　③ 문화적 차원은 한국이 경쟁력이 있고, 미국 내 가중치가 높으나, 차원의 이미지 격차가 커서 이미지 수정이 필요한 것으로 단기간에 집중노력을 취해야 하는 전략이다.

　④ 경쟁력 있는 국민성 차원과 현재 미국 내에서 가족주의 가치가 강조된다는 것을 고려할 때, 이를 주제로 홍보활동을 할 수 있다.

　다음은 위에서 언급한 고려사항을 기초로 하여 '미국 내 목표이미지'를 나타낸 것이다([그림 I-2] 참조).

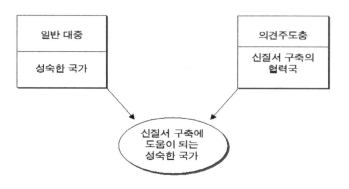

[그림 I-2] 미국에서의 목표 이미지

　　미국과 한국과의 관계증진을 위해 어떤 분야가 중요시되어야 하는지를 물어본 결과 정치분야의 관계 증진을 최우선적으로 응답하였다. 이는 미국과 한국이 국제정치무대에서 새로운 관계의 형성을 요구하는 것으로 '신질서의 구축'의 협력을 의미하는 것이다. 따라서 미국의 의견주도층에서 한국의 목표이미지는 '신질서 구축의 협력국'으로 방향을 전개해야 할 것이다.

　　한편, 일반 대중들에게 있어서는 대체로 한국에 대해 무관심한 것으로 나타나고 있으며 개인적 친근감은 측면별 이미지 항목에서 가장 낮게 나왔다. 그리고 많은 지역사회에서 재미 한국인들의 주류사회 참여의식의 부족을 지적하고 있다. 또한 한국의 경제발전 수준도 낮게 평가하고 있어 한국민이 가지고 있는 경제성장의 자부심도 미국에서는 그렇지 않다는 것으로 보여주고 있다. 그러므로 일반대중에게 있어 목표이미지는 이러한 약점을 극복하고 국제사회의 일원으로 제몫을 하고 있다는 '성숙한 국가'로서의 이미지가 되어야 할 것이다.

　　이러한 두 가지 목표이미지는 통합적으로 합하여 '신질서 구축에 도움이 되는 성숙한 국가'로 표현할 수 있다. 대내외적으로 성숙하면서 국제사회에서 신질서 구축의 협력국이라는 이미지가 환태평양시대의 이웃국가인 미국에서 한국이 가져야 할 국가이미지인 것이다([그림 I-3] 참조).

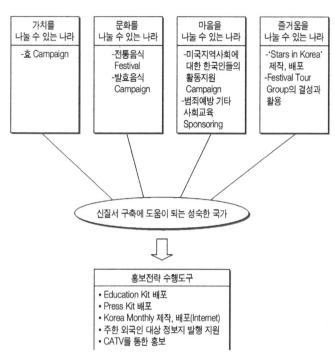

[그림 I-3] 미국에서의 국가홍보 캠페인의 구성도

4. 캠페인별 기대효과

다음 그림은 각각의 캠페인에 대한 기대효과를 도시한 것이다. 미국에서 캠페인은 크게 4가지로 구분되며, 각각의 캠페인의 기대효과는 '가치를 나눌 수 있는 나라' 캠페인의 경우 한국의 전통사상에 대한 호감도 제고효과를, '문화를 나눌 수 있는 나라' 캠페인의 경우 한국 전통음식에 대한 미국민들의 이미지도 제고효과를 기대할 수 있으며, '마음을 나눌 수 있는 나라' 캠페인의 경우 현지 한국민에 대한 이해도 제고효과를 가지며 '즐거움을 나눌 수 있는 나라' 캠페인의 경우는 한국에 대한 접근성을 높일 수 있다.

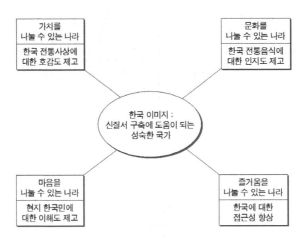

[그림 I-4] 한국이미지(예)

본 연구사례는 국가이미지 홍보전략(대홍기획, 1997. 4)이라는 보고서 내용중에서 미국에서의 한국이미지 제고 전략을 위한 연구 일부분에 해당되는 내용입니다.

한국이미지의 현 상황

한국 이미지	장 점	"경제적 고성장"의 이미지로 인식되고 있다. 역사, 전통에 대한 평가가 높다. 국민 친절성에 대한 평가가 높다.
	단 점	호감도, 개인적인 친숙도 등 감정적인 면과 관련된 태도가 좋지 못하다. 인지도에 있어서 일본, 중국 등 주변국에 비해 열등하다. 사회, 정치 분야의 성숙도에 대한 낮은 평가를 보이고 있다. 한국전, 학생데모 등 과거의 부정적인 이미지의 면모가 잔존해 있다. "대미 무역흑자국"이라든가 "미국시장을 잠식하는 경쟁국" 등 통상 분야에서 잘못된 정보를 가지고 있다. 한국의 대외기여도에 대한 평가가 낮다. 기술수준에 대한 평가가 낮다. 한국이 2002년 월드컵의 공동개최지란 점에 대한 인지도가 낮다.

미국 국민들이 인식하고 있는 한국에 대한 국가이미지의 현황은 요약적으로 보아서 이상과 같다. 이들로부터는 몇 가지 전략적 계기가 도출될 수 있다.

먼저, "정확한 정보전달"의 필요성이 있다. 한국에 대한 전반적인 인지도가 낮은 편은 아니나, 일본과 중국 등 주변국에 비해서는 열등하며, 2002년 월드컵 등 한국에서 개최되는 국제행사에 대한 인지율도 생각보다 높지 않다.

특히 부정확한 정보로 인한 의견선도자층이나 사회지도층의 오해는 크게 해로운 파급효과를 가져올 수 있는데, 예컨대, 미국 통상관계자들의 우리나라의 통상부문에 대한 부정확한 인식으로 인해 양국간 무역협상에서 어려움을 겪은 바도 있다. 두번째로, 한국전을 기억하는 세대나 매스미디어를 통해 과격한 학생데모 장면을 시청한 미국인들은 한국에 대해 부정적인 이미지를 갖고 있는 개연성이 높다. 이것은 사회의 안정성이나 정치적 성숙도에 대한 낮은 평가의 직접적인 원인이 될 것이다.

또한 한국의 대외기여도가 부족하다는 인식, 한국의 기술수준이나 상표에 대한 낮은 평가도 수정해야 할 이미지적 측면이다. 마지막으로, 한국민의 친절성에 대한 평가가 높음에도 불구하고 한국에 대한 호감도나 개인적인 친숙도가 낮다는 점에서 "한국에 대한 친근감"을 강화해야 할 필요가 있다고 보여진다.

이러한 감정적인 측면의 강화는 국가이미지 전략의 근본적 목적, 즉 국가 마케팅적 시각으로 보았을 때 가장 중요한 부분이라고 말할 수 있다.

제 2 장
문화관광 해외 홍보전략

1. 해외 홍보전략의 이해

1) 문제의 제기

관광홍보 내지는 관광마케팅 커뮤니케이션에 대한 관심이 매우 부족한 현실에서도 우리나라 관광객은 매년 증가하고 있으며 더욱 늘어날 전망이다. 그렇다면 관광마케팅 커뮤니케이션 전략이 체계적으로 수립되고 이에 근거해서 관광마케팅 커뮤니케이션 활동이 활발하게 이루어진다면 그 결과는 현재보다 훨씬 좋아질 것으로 예측할 수 있다.

더욱이 2002년 월드컵, 2002년 아시안게임 등 국제적인 행사를 치른 우리나라로서는 현재의 기회를 적절히 활용하여야 할 필요성이 크다. 본 연구에서는 이와 같은 관광마케팅 커뮤니케이션의 기회를 적극 활용하여 단기적으로는 관광수입을 증대시키고 장기적으로 우리나라의 국가이미지를 확립, 개선할 수 있는 관광마케팅 커뮤니케이션 전략을 제시하고자 한다. '최선의 공격이

▲ 다이나믹 코리아 - 힘찬 도약의 북소리

최선의 방어'라는 말이 있다. 관광마케팅 커뮤니케이션은 관광홍보를 포함하는 개념이며, 다른 측면에서 보면 공격적인 관광홍보라고 할 수 있다.

관광을 통해 국가이미지를 확립, 개선하고자 하는 관광홍보 노력은 마케팅 마인드를 갖고 다양한 마케팅 커뮤니케이션 수단을 활용하여 적극적으로 수행될 때 결실을 맺을 수 있다.

2) 세계 관광업의 현황과 미래

2001년에 발표된 WTO(World Tourism Organization)의 2000년 세계 관광동향에 따르면 유럽의 관광객 수가 403.3백만명, 시장점유율이 57.7%; 미주가 129.0백만명, 시장점유율이 18.5%; 동아시아·태평양지역이 111.9백만명, 시장점유율이 16.0%; 아프리카가 27.6백만명, 시장점유율이 4.0%; 중동지역이 20.6백만명, 시장점유율이 2.9%; 남부아시아가 6.4백만명, 시장점유율이 0.9%인 것으로 나타나서 유럽이 거의 60%의 시장점유율을 보이는 것으로 나타났다. 유럽의 관광객 수가 가장 많은 것은 유럽지역의 관광수요가 다른 지역에 비해 많고 이 관광객들이 유럽의 인접국가로 주로 여행한다는 점을 보여준다.

그렇다면 동아시아·태평양지역은 어떠한가? 인접국가로의 여행수요가 먼 나라에 대한 여행수요보다 많은 것을 고려한다면 2020년의 관광객 수를 예측한 <표 II-1>은 우리에게 매우 시사적이다. 즉, <표 II-1>에 나타나 있듯이 1998년의 자료에서 2020년의 외국으로 여행할 관광객 수를 예측한 바에 따르면 2020년에는 일본이 2위, 중국이 4위를 차지하는 등 우리나라와 인접한 일본과 중국이 주요 관광대국으로 주목받을 것을 감안하면 우리에게 앞으로의 커다란 기회요인이 있음을 알 수 있다.

<표 II-1> 2020년의 관광객 출국 상위 10개국

국 가	출국 관광객 수(약 100만)	시장점유율(%)
1 독일	164	10.2
2 일본	142	8.8
3 미국	123	7.7
4 중국	100	6.2
5 영국	96	6.0

6 프랑스	38	2.3
7 네덜란드	35	2.2
8 캐나다	31	2.0
9 러시아 연방	31	1.9
10 이탈리아	30	1.9

자료 : 세계관광기구(1998년)

3) 관광마케팅 커뮤니케이션 비용과 관광객 수

그렇다면 국제적으로 비교해 볼 때 국가적으로 관광마케팅 커뮤니케이션에 힘쓰는 나라들은 어떤 나라인가? <표 Ⅱ-2>에는 국가관광기관이 없는 나라의 광고비 지출은 나타나 있지 않으며 사적인 광고비 지출도 포함되어 있지 않고 국가 관광기관의 광고비 지출만 나타나 있다. 예를 들면 미국의 일리노이주 관광국이 지출한 광고비는 3500만 달러였고, 텍사스는 2500만 달러, 펜실베이니아 주는 2천만 달러를 지출함으로써 한 나라 국가관광기관의 광고비와 맞먹는 광고비를 집행한 것으로 나타났다.

〈표 Ⅱ-2〉 국가 관광기구의 광고비 지출 상위 8개국

국 가	광고비(US 백만달러)
오스트레일리아	30
태국	26
키프로스	17
스페인	17
프랑스	16
프에르토리코	16
브라질	15
포르투갈	13

자료 : 세계관광기구(1997년)

광고비를 많이 쓴다고 해서 반드시 광고효과가 긍정적으로 나타난다고 보기는 어렵지만, 그만큼 국가적으로 관광마케팅 커뮤니케이션에 힘쓰고 있다는 것을 보여주는 결과이다. 우리나라 국민들의 해외여행국가와 희망여행국가를 1999년에 작성된 '국민해외여행 실태조사 결과보고서'에서 살펴보면, 자신이 여행한 국가를 중복응답으로 살펴본 결과 태국이 11.1%로 3위, 프랑스가 8.9%로 4위를 차지하였고, 여행 희망 국가에서는

호주가 39.4%로 2위, 프랑스가 27.4%로 5위를 차지하여 광고비 지출을 많이 하는 나라가 여행국가와 희망여행국가에 상위에 위치하고 있음을 알 수 있다. 따라서 국가적인 광고비용 지출과 우리나라 국민의 여행선호도가 어느 정도는 관계가 있음을 추론할 수 있으므로 관광광고에서 노력한 만큼의 성과를 기대할 수 있다는 것을 알 수 있다.

뿐만 아니라 관광의 특성상 한번 방문한 곳을 재방문할 가능성이 매우 높다는 점을 감안하면 최초방문 기회를 제공하는 활발한 관광마케팅 커뮤니케이션 활동이 필요하다. 밀만과 피잼(Milman & Pizam, 1995)에 따르면 특정 관광지에 한번 가본 사람이 단지 그 관광지를 알기만 하는 사람보다 더 친숙하고 긍정적인 이미지를 가지며, 더 높은 재방문 의사를 갖는다는 연구결과를 제시하였다. 즉, 일단 한번이라도 방문해보고 친숙해지면 다시 방문하고 싶어진다는 것이다.

4) 변화하는 관광객의 욕구

그렇다면 현재 관광객의 특성은 어떤 것일까? 변화하는 관광객의 욕구에 대한 분석이 있어야 그에 대한 대응책의 마련, 즉 최선의 관광마케팅 커뮤니케이션 전략이 수립될 수 있다. 패서리엘(Passarielo, 1997)은 변화하는 휴가욕구를 <표 II-3>과 같이 정리하고 있다(Morgan과 Pritchard, 2000에서 재인용). 즉, 과거보다 더욱 바쁘게 살면서 여러 가지의 스트레스에 시달리는 현대인은 휴가에 대한 강렬하고 적극적인 욕구를 갖고 있으며, 단순한 휴식보다 직접 체험할 수 있는 새로운 세계를 꿈꾼다는 것이다. 현실로부터의 도피와 같은 수동적인 과거 휴가의 목적과 달리 현재 휴가의 목적은 자신이 능동적으로 경험을 만들어 나가고자 한다는 점이 차이점이다.

〈표 II-3〉 변화하는 휴가욕구

과 거	현 재
벗어나고 싶다	새로운 사람, 장소, 경험을 발견하고 싶다
멀리 떠나고 싶다	배울 수 있는 곳이면 어디라도 가자
휴가가 필요하다	휴가가 인생이고, 인생이 휴가다
휴식하고 싶다	새로운 경험이 필요하다
재미난 일이 있었으면	흥분과 정신적 자극이 필요하다

우리는 이러한 욕구의 변화에 주목하여 그에 맞는 관광마케팅 전략을 수립하여야 한다. 즉, 관광객들이 자신의 뜻에 따라 이동하면서 호기심을 충족시킬 수 있도록 관광코스를 개발하고 제반 여건을 조성해야 한다는 것이다. 이것은 비단 개인 관광객에게만 해당되는 것은 아니다. 단체관광 객들도 방문국의 배려에 따라 얼마든지 능동적인 관광지 체험을 할 수 있다. 뿐만 아니라 이렇게 마련된 고객중심의 관광코스를 다양한 마케팅 커뮤니케이션 수단을 통해 적절하게 고객에게 전달할 수 있는 마케팅 커뮤니케이션 전략의 수립이 절실하다.

2. 관광마케팅 커뮤니케이션의 이론적 배경

1) 관광상품의 특성

관광상품은 서비스 상품의 특성인 무형성(intangibility), 소멸성(perishability), 비분리성(inseparability), 이질성(hetrogeneity)을 갖고 있으며 이에 따른 문제점이 있다. 이유재(1999)가 제시한 서비스상품의 문제점에 대한 대응책을 관광상품에 적용하여 제시하면 <표 II-4>와 같다.

<표 II-4> 관광서비스의 특성에 따른 문제점과 대응전략

관광서비스의 특성	문제점	대응전략
무형성	• 특허로 보호가 곤란하다. • 진열하거나 설명하기가 어렵다. • 가격설정의 기준이 명확하지 않다.	• 실체적 단서를 강조하라. • 구전활동을 적극 활용하라. • 관광지 이미지를 세심히 관리하라. • 가격설정시 구체적 원가분석을 실행하라. • 방문 후 커뮤니케이션을 강화하라.
비분리성	• 관광서비스 제공시 고객이 개입한다. • 집중화된 대규모 생산이 곤란하다.	• 종업원의 선발 및 교육에 세심한 고려를 해라. • 고객관리를 철저히 하라. • 여러 지역에 관광서비스 망을 구축하라.
이질성	• 표준화와 품질통제가 곤란하다.	• 관광서비스의 공업화 또는 개별화전략을 시행하라.
소멸성	• 재고로서 보관하지 못한다.	• 수요와 공급간의 조화를 이루라.

2) 관광마케팅의 역사적 발전단계

마케팅의 5단계 발전단계에 맞추어 관광마케팅의 발전단계를 설명하면 다음과 같으며, 이를 우리나라의 현실에 견주어 검토해보겠다. 먼저 제1단계의 상품주도 마케팅은 초점이 상품에 맞추어진 것이다. 이 단계에서는 좋은 해변, 숙박시설 등을 마련하는데 노력을 기울이는 단계인데, 이는 판매자시장일 경우, 즉 판매에 전혀 문제가 없을 경우에 가능하다. 제2단계는 판매중심 마케팅으로 초점이 상품의 판매에 맞추어진 것이다.

관광객들에게 관광지를 방문해달라고 호소하는 단계인데, 이는 수요보다 공급이 많아지면 생겨나는 단계이며 바로 구매자시장이다. 제3단계는 소비자중심 마케팅으로 초점이 소비자 필요(consumer needs)에 맞추어진 것이다. 관광지의 소비자인 관광객이 원하는 것이 무엇인지, 관광지에서 그것을 제공할 수 있는지에 관심이 있다.

고객에 대한 서비스에 중점을 두고 고객과 커뮤니케이션을 강조하는 단계이다. 제4단계는 환경·사회·문화적 관심을 포함한 소비자중심 마케팅을 말한다. 관광담당자들은 새로운 소비자가 관심을 갖는 환경·사회·문화적인 사안에 답해야 한다. 관광객들이 자신의 국가 또는 지역을 방문하는 동기가 된 관광지를 원래대로 보호하는 데 대한 관심을 보여주어야 한다. 제5단계는 소비자중심 마케팅과 전략적 사고의 단계를 말한다. 국제화, 전략적 제휴, 신기술을 이용한 발전이 중심이 된다. 즉, 소비자의 필요를 만족시키는 것만으로는 부족하다.

다른 기업과 제휴하기도 하고, 새로운 기술을 받아들여 전략을 수립해야 한다. 규모의 경제(economies of scale)보다 국제시장에서 범위의 경제(economies of scope)를 추구해야 하는 단계이다. 인터넷 등의 새로운 매체를 통한 마케팅 커뮤니케이션 활동이 더욱 중요해지는 단계이다.

현재의 단계는 전세계적으로 본다면 제4단계에서 제5단계로 이행해 가는 단계라고 할 수 있다. 관광객이 방문하는 관광지가 훌륭한 시설을 갖추는 것도 중요하지만, 그 시설물이 환경을 보호하면서 이용할 수 있는지에 대해 다수의 관광객은 관심을 갖는다. 또한 인터넷을 통한 정보수집과 관광상품 구입에 높은 관심을 보이는 관광객이 증가하고 있으므로 이에 대한 대응이 필요하다.

하지만 이러한 세계적인 변화양상에도 불구하고 우리나라 관광마케팅의 현실은 2단계에서 3단계로 이행하는 단계로 볼 수 있을 것 같다. 왜냐하면 아직 우리나라를 방문하는 관광소비자의 필요에 의한 분석작업이 수행 중인 단계이기 때문이다. 만약 환경·사회·문화적 관심을 중시한다면 관광지 주변의 많은 환경 유해업소에 대한 적절한 조치가 시행되었어야 할 것이며, 문화자원의 보존과 홍보에 지금보다 훨씬 많은 노력이 기울여졌어야 할 것이기 때문이다. 우리나라만큼 관광지 식당의 경관이 훌륭한 곳은 찾아보기 어렵다고 한다. 그 이유는 이토록 경치 좋은 곳을 보존하지 않고 개인이 사적으로 소유하여 음식점으로 꾸미는 예가 다른 나라에서는 흔히 보기 어려운 일이기 때문이라고 한다.

3) 관광마케팅전략 수립의 기초 : 상황분석

그러면 성공적인 관광마케팅을 위해서는 어떻게 해야 하는가? 많은 관광지는 다른 관광지와 국제시장에서 경쟁하고 있다. 시에톤과 베네트(Seaton & Bennett(1996)은 (Vellas & Bechere, 1999)에서 재인용) 관광지는 물리적인 실체이자 사회문화적 실체이며 관광이미지는 마케팅 노력과 개인적 경험, 구전, 역사, 미디어의 영향을 받는다고 설명한다.

성공적인 관광지 마케팅은 관련 담당자들의 강한 협력과 독특한 아이덴티티를 창조하려는 지속적이고 일관된 마케팅노력에 의해 이루어진다. 관광지는 세계시장에서 다른 관광지와 구별되는 아이덴티티의 확보가 절실하다. 차별화전략을 위해 공공부문과 사적부문이 협력해야 한다. 이러한 협력은 국제적 차원에서도 이루어질 수 있는데, 예를 들면 스칸디나비아 국가들은 우선 자신의 지역에 관광객이 방문하도록 공동의 노력을 기울이고 각 국가의 방문에 대해서는 서로 경쟁하는 co-operation(co-operation and competition)을 하고 있다. 최근 우리나라의 부산과 일본의 후쿠오카, 중국의 상해시가 공동의 관광벨트를 구축하고 동아시아지역으로의 관광객을 공동의 노력으로 유치하고자 노력하고 있는데, 바로 이러한 예가 co-operation에 해당한다. 이러한 성공적인 마케팅을 이루기 위해서는 성공적인 관광마케팅 전략의 수립이 필요하고 관광마케팅 전략의 기초자료 수집을 위해서는 먼저 상황분석이 필요하다. 상황분석에는 PEST분석, 시장분석, 경쟁자분석, 제품분석, 고객분석 등을 포함한다.

상황분석에는 먼저 PEST분석이 있다. 주변환경적 요인에 대한 거시적 분석을 의미하는데, PEST란 정치적(Political), 경제적(Economic), 사회문화적(Socio-Cultural), 기술적(Technological)의 약어로서 외부환경을 의미한다. 정치적 환경이란 관광산업에 영향을 미치는 비자제한이나 관세 등에 관한 법, 동유럽에서와 같은 정치체제의 변화, 걸프전과 같은 정치적 불안정 등을 포함한다.

정치적 변화에 따라 관광산업에 새로운 기회가 될 수도 있지만, 최근 미국에서 발생한 테러사건은 스위스 에어의 파산과 스위스 정부의 금융지원을 가져오는 등 관광산업에 커다란 위기를 가져다 주었다. 경제적 환경에서는 관광객을 유치하는 국가의 경제적 상황뿐만 아니라 방문객의 모국의 경제적 상황이 고려대상이 된다.

IMF 구제금융시기에 우리나라의 국외 관광객의 수는 급격하게 줄어들었었지만, 최근에는 일정 부분의 경기회복에 따라 다시 출국하는 관광객의 수가 늘어나고 있다. 사회문화적 환경이란 인구구성, 관광에 대한 태도, 휴일을 보내는 습관 등을 포함하며, 특히 관광마케팅에서 중요하다. 장시간의 노동을 권장하는 사회에서는 관광에 대한 긍정적 인식이 불가능하며 이에 따라 관광산업의 발달이 어렵다고 볼 수 있다. 주5일 근무제를 통한 관광산업의 활성화도 이러한 시각에서 나온 것이다. 기술적 환경이란 새로운 기술의 개발로 인한 상황의 변화를 포함한다. 최근에는 인터넷의 발달로 다수의 관광객들이 인터넷을 통해 관광정보를 얻고 각종 예약을 하고 있으므로 인터넷 사이트의 구축과 원활한 운영으로 새로운 기술에 적응해가야 할 것이다. 시장분석은 현재의 관광시장의 성장 정도를 살펴보고 앞으로의 성장 가능성을 예측하는 것이다. 제품수명주기(product life cycle)에 따라 관광지의 현황을 파악하고 만약 분석대상인 관광지가 쇠퇴기에 들어서 있다면 새로운 이미지를 형성하여 다시 성장할 수 있도록 하여야 할 것이다(Butler, 1980).

유럽의 오래된 휴양지들이 이 경우에 해당되는데, 우리나라의 경우도 제주도나 경주와 같이 1970년대에 개발되기 시작한 관광지들은 새로운 도약의 전략이 필요하다. 새로운 관광지의 개발도 중요하지만 기존의 브랜드 자산(brand equity)이 형성되어 있는 관광지에 대한 혁신사업 또한 중요할 것이다.

경쟁자분석은 경쟁 관광지의 위치와 강점과 약점을 파악하는 것이다. 코틀러 (Kotler, 1986)는 경쟁자에 대해 최소한 다섯 가지를 알아야 한다는 점을 강조하고, 그들이 누구인지, 전략이 무엇인지, 목표가 무엇인지, 그들의 강점과 약점이 무엇인지, 그들의 활동패턴이 어떠한지를 알아야 한다고 하였다.

관광지로서 우리나라의 경쟁자는 어느 나라인가? 아마도 다른 동아시아 국가들인 중국, 일본이 경쟁자가 될 수 있을 것이며, 우리나라와 함께 아시아의 4마리용으로 불리는 홍콩, 싱가포르, 타이완 등도 어떤 측면에서는 관광지로서 우리나라의 경쟁자가 될 수 있을 것이다. 이들 국가의 관광지로서의 강점과 약점에 대한 분석과 아울러 그들의 관광마케팅 커뮤니케이션 전략에 대한 검토작업이 이루어져야 할 것이다.

관광마케팅에서 제품분석은 관광지로서의 제품이 갖는 경쟁력을 분석하는 것이다. 캐나다의 캘거리대학교에 있는 세계관광교육연구센터 (World Tourism Education and Research Centre)에서는 관광지의 경쟁력을 검토하고 분석할 수 있는 모형을 개발하였다. 그 모형에서 경쟁적 이점(competitive advantage)은 관광인프라, 경영의 질, 인력의 수준, 정부의 정책 등등을 말하며, 상대적 이점(comparative advantage)은 기후, 아름다운 경치, 아름다운 해변, 야생동물 등을 말한다.

캘거리대학 연구팀은 관광지 자산(destination prosperity)은 관광지의 여러 부문의 경쟁력의 함수라고 본다. 경쟁력을 구성하는 결정요인은 관광지의 매력성(destination appeal), 관광지 경영(destination management), 관광지 운영조직 (destination organization), 관광지 정보(destination information), 관광지 효율성 (destination efficiency)를 들고 있는데, 이러한 결정요인들을 근거로 해서 우리나라의 관광지로서의 경쟁력을 살펴볼 필요가 있다.

고객분석은 고객이 누구인지, 고객이 어디 있는지, 고객이 무엇을 원하는지, 고객이 어떤 방법으로 왜 구입하는지를 분석해보는 것이다 고객분석을 통해 우리나라를 주로 찾는 관광객들을 발견하고 우리나라가 관광지로서 방문객들의 지각에 어떤 위치를 갖고 있는가를 살펴볼 필요가 있다. 우리나라는 현재 일본 관광객이 가장 많이 방문하고 있으며, 중국 관광객이 그 뒤를 잇고 있다.

이와 같은 분석과정을 거쳐 얻은 자료를 갖고 SWOT분석을 하게 된다. SWOT은 강점(Strengths), 약점(Weakness), 기회(Opportunities), 위

협(Treats)의 약어로서 SWOT분석을 통해 관광지의 강점, 약점, 기회요인, 위협요인을 분석하고 전략 마련의 근거로 삼게 된다. 남미의 칠레의 예를 들어 관광지로서 SWOT분석을 하면 <표 II-5>와 같다(Vellas & Brechel, 1999).

<표 II-5> 칠레의 SWOT분석

강 점	약 점
① 독특한 지형과 기후의 다양성 ② 절대적인 이점 : Easter Island ③ 강력한 자연환경 : 호수, 안데스, 북부 사막지역 ④ 내국인과 인근 국가에 매력적인 해변	① 관광객의 모국에서 촉진활동의 부족 ② 관광객 모국에서 먼 거리 ③ 칠레로의 접근수단과 칠레 내의 교통문제 ④ 칠레로의 여행경비
기 회	위 협
① 관광지 촉진활동의 활성화 ② 긴 국토로 다양한 관광지 마련 기능 ③ 겨울여행에 강점 ④ 경제성 있는 자원을 개발할 가능성과 능력	① 라틴아메리카에 대한 부정적인 인식(방문객에게 위험, 경제적 불안정) ② 페루와 같은 고적지를 가진 경쟁자에게 관광객을 빼앗길 위험 ③ 환경오염의 위험 : 환경오염을 막을 규제가 미흡 ④ 도시계획의 미비

칠레의 예는 우리나라와 매우 유사한 면이 많기 때문에 칠레의 SWOT분석을 통해 많은 시사점을 얻을 수 있다. 즉, 우리나라는 칠레가 페루와 경쟁하듯이 역사적 유적을 갖춘 중국과 일본이 관광지로서 경쟁을 하고 있고, 유럽과 미국의 관광객들이 접근하기에 어려움이 많은 입지조건을 갖고 있으며, 정치적·경제적 상황에 대한 부정적인 인식 또한 우리와 유사하다.

우리나라의 관광마케팅 커뮤니케이션이 현재는 주로 국가단위로 이루어지고 있지만, 각 지방자치단체가 관광마케팅 커뮤니케이션에 많은 노력을 기울이고 있으므로 특정 지역의 관광마케팅 계획에서도 배울 점이 있다. 예를 들면, 웨일즈의 입장에서 볼 때, 미국은 가장 중요한 단일 관광시장이다. 웨일즈 관광위원회의 마케팅 플랜에서 제시한 미국시장에서 웨일즈에 대한 SWOT분석을 제시해보면 <표 II-6>과 같다.

〈표 II-6〉 미국에서 웨일즈에 대한 SWOT분석

강 점	약 점	기 회	위 협
① 친절한 사람들 ② 역사/전통 ③ 야외 활동	① 이미지와 정체성이 없다 ② 관광상품의 질이 낮다 ③ 직접 교통수단 미비 ④ 미국에서의 거리	① 활동지향적 ② 성장 시장 　(개인, 노인 관광객) ③ 다른 지방과 많이 다 　르다 ④ 웨일즈의 언어와 문화	① 증가하는 시장 경쟁 ② 미국의 휴가 감소추세 ③ 모험이 충분하지 않은

그 동안 우리나라 지방자치단체들의 해외 관광마케팅 커뮤니케이션 활동은 미약하였다. 이는 지방자치제도의 역사가 짧은 때문일 것이다. 그러므로 우리나라의 지방자치단체들도 이제부터 웨일즈의 예와 같이 특정 국가에 대한 SWOT분석을 통해 관광마케팅 활동의 기초자료를 마련해야 할 것이다. 부분의 합이 전체보다 크다고 한다.

우리나라 전체의 관광마케팅 커뮤니케이션도 물론 중요하지만, 다양한 특성을 가진 각 지방자치단체의 관광마케팅 커뮤니케이션이 활성화될 때, 우리나라 전체에 대해서도 훨씬 뚜렷한 이미지가 형성될 수 있을 것이다.

만약 우리나라 각 지방이 동일한 이미지로 외국 관광객들에게 비춰진다면 우리나라에 대한 관광지로서의 매력 또는 개성은 매우 부정적일 수밖에 없을 것이다.

4) 주요 관광마케팅 커뮤니케이션 방법

그러면 이러한 SWOT분석을 통해 세워진 마케팅전략으로 행할 수 있는 마케팅 커뮤니케이션 수단에는 어떤 것들이 있는가? 주요 관광마케팅 커뮤니케이션 방법을 개괄하면 다음 〈표 II-7〉과 같다(Morgan & Pritchard, 2000).

〈표 II-7〉 관광마케팅 커뮤니케이션의 방법과 내용

방 법	내 용
매체광고	텔레비전, 신문, 라디오, 옥외 광고판과 인터넷; 또한 여행 게시판과 여행관련 가이드, 서적, 소책자와 같은 광고공간
PR	광고공간을 비용을 지불하고 구입하지 않는 기사형식의 모든 미디어 게시물을 말하며 'ambush' and 'guerrilla' 마케팅을 포함한다.
인적 판매	유통업자와 중간상과의 회합, 워크숍, 전화접촉; 소비자들과도 마찬가지 활동

판매촉진	관광지 방문을 유도하는 단기적인 유인책 - 판매원, 유통업자, 소비자 대상
가격 할인	판매촉진의 보편적인 형태 - 도매상, 소매상, 소비자 대상
유통경로	컴퓨터를 이용한 네트워크와 같은 소비자가 제품과 서비스에 직접 접근할 수 있는 시스템
FAM trip	대상자 중 일부를 뽑아서 관광지를 잘 알도록 이끄는 맛보기 여행 - 도매상, 소매상, 의견 형성자(예를 들면 기자) 대상
전시와 쇼	도매상, 소매상, 소비자 대상의 소개와 유통의 공간
판매안내물	관광상품의 판매와 예약도구로 유용한 소책자, 전단, 기타 인쇄물
판매시점 진열	이미지 창출을 돕는 관광상품 판매소의 분위기, 포스터, 진열
직접 우편	다이렉트 마케팅활동의 일환
후원/특별 이벤트	지역사회 중심의 활동, 스포츠, 음악회, 공익사업

이상의 마케팅 커뮤니케이션 방법 중에서 주류를 이루는 것은 다른 상품이나 서비스에서와 마찬가지로 매체를 이용한 광고와 PR활동이지만, 모든 마케팅 커뮤니케이션 활동이 복합적으로 국가이미지에 영향을 미치므로 이러한 마케팅 커뮤니케이션 활동들이 단일한 긍정적 이미지를 형성할 수 있도록 통합적 마케팅 커뮤니케이션(IMC : Integrated Marketing Communication)을 수행하여야 할 것이다.

3. 관광마케팅 커뮤니케이션 사례 연구

관광마케팅 커뮤니케이션 사례로는 지역관광 마케팅 커뮤니케이션 사례로 런던이 다른 나라의 대도시와의 이미지 비교를 통해 새로운 아이덴티티를 창출해내는 과정을, 국가차원의 마케팅 커뮤니케이션 사례로는 호주가 각 국가 및 대륙별로 차별화 된 이미지를 제공하는 것을 사례로 제시하고자 한다. 아울러 영화와 대중가요와 같은 대중문화 산물들도 훌륭한 관광지 이미지 확립 및 개선의 수단으로 활용될 수 있을 것이다.

1) 지역의 마케팅 커뮤니케이션 사례 : 런던(Briggs, 2001)

런던관광위원회(London Tourist Board)에서는 런던의 새로운 아이덴티티(Identity)를 찾기 위해 포커스 그룹인터뷰를 통해 관광지로서 이상적인 도시(Ideal city)의 요소들을 밝혀내고 세계 각 도시와 런던을 비교해보았다. 포커스 그룹 인터뷰의 대상자들은 런던, 함부르크, 뉴욕, 싱가포르의 시민이었으며 런던 이외 도시의 거주자는 런던에서 휴가를 보낼 계획이 있는 이들이 선정되었다.

포커스 그룹 인터뷰 결과 런던은 이상적인 관광도시의 요건으로 '볼 것, 살 것; 문화/박물관; 이정표; 접근 용이성/편리한 교통; 수용인원; 좋은 레스토랑; 쇼핑; 안전성; 활동/나이트 라이프(젊은이)'를 들었다. 이러한 요건들이 런던과 다른 도시에 견주어 비교되었는데 그 결과가 <표 II-8>에 제시되어 있다.

포커스 그룹 조사의 결과 런던의 이미지에 관한 중요한 정보를 얻을 수 있었다.

첫째, 런던은 역사와 전통이 가장 강하게 연상되고 있었다.

둘째, 비록 왕실과의 연결이 여전히 중요하지만, 점차 약해지고 있었다.

셋째, 많은 사람들이 런던을 비가 많은 날씨와 연결시키고 있었지만, 이러한 점이 반드시 장애요인으로 작용하지는 않고 있었는데, 그 이유는 보고할 것이 많기 때문이었다.

넷째, 나쁜 음식에 대한 영국의 명성은 런던여행의 장애요인으로 인식되어 왔지만, 이제는 더 이상 그렇지 않았다. 런던의 많은 외국 음식 레스토랑들을 매우 잘 알고 있었다.

<표 II-8> 각 도시별 비교

구분	주요 연상	분위기	동물에 비유	색상에 비유	방문객 이미지
런던	·전통/역사 ·역사적 이정표(버킹검 궁, 타워 브리지, 의회와 빅벤) ·왕실 ·추운, 습가찬, 비(특히 미) ·오락(뮤지컬/연극과 젊은이 음악무대) ·템즈 ·쇼핑(특히 싱) ·싸구려시장 (특히 독) ·선술집/맥주	·전통적인, 역사적인 (볼 것이 많은) ·문명화된(신사) ·젊은이 음악 무대 ·교육받은(싱)	·사자(왕실) ·말(귀족) ·그레이하운드(사냥) ·불독(영) ·양(마=유약하고 명청한) ·올빼미(싱=지혜/교육) ·개 　(마=친절하고 재미있는) ·테리어 　(작지만 시끄러운, 싱)	·회색(날씨) ·벽돌색(건물) ·자주(귀족/왕실) ·진보라색 ·우체통 붉은색	·젊은이(음악 무대와 연장자 ·개인과 가족 ·교육받은(싱) ·모험적이지 않은 　(동일 언어)

파리	·패션 ·낭만 ·이정표(에펠탑) ·예술/문화 ·라이프 스타일/보도의 카페 ·좋은 음식 ·언어 문제	·낭만적인, 고상한, '부드러운' 그러나 속물 근성의, 건방진	·고양이(미국에서 고상하며 쌀쌀맞고 교활한) ·푸들(겸체하는, 지나치게 유행에 맞추는) ·공작(건방진) ·나비/앵무새(색상/패션)	·붉은(열정) ·분홍(낭만) ·금빛/노란 (야간 조명, 싱)	·신혼여행 ·개인과 가족 ·젊은이와 늙은이
뉴욕	·도시적 이정표(자유의 여신상, 엠파이어 스테이트 빌딩, 월스트리트) ·마천루 ·크고 혼잡한 대도시, 교통과 소음 '잠들지 않는 도시' ·규모(특히, 독) ·복수문화의 ·나이트 라이프 ·범죄율(특히, 싱) ·흥분되는 도시(특히, 영)	·에너지가 많은, 역동적인 그러나 공격적인	·커다란 고양이(사나운, 공격적인, 파워풀한)	·은색/금속성의(눈부신) ·붉은(활기에 넘친 위험) ·노란(택시)	·업무차 ·젊은/가족 아닌 ·수완가 ·용감한(싱)
시드니	·오페라 하우스(하버 브리지보다 강한) ·코알라 ·해변, 바비큐, 스포츠 ·문화 없는	·야외의, 재미있는, 느슨한, 그러나 '깨끗한, 조용한, 약간 지루한'			
홍콩	·혼잡한, 바쁜 ·중국음식 ·하이테크/전자제품(싱 외) ·쇼핑(싱)	·혼잡한, 바쁜			

다섯째, 런던은 모든 세대의 사람들이 즐길 수 있는 폭넓은 오락물, 즉 연극, 뮤지컬, 대안 음악 무대 등을 갖고 있다.

여섯째, 런던은 뉴욕보다 덜 공격적으로 보여진다. 그러나 파리만큼 낭만적이지는 않다—'지나가는 사물을 그저 느긋하게 지켜보는 나이 들고 경험 많은, 지혜 있는 노인처럼 느긋한, 뉴욕처럼 활기에 넘치지 않는'(어느 싱가포르인의 코멘트).

일곱째, 런던의 이미지는 다른 도시들보다 획일적이지 않고 다양하다.

이러한 분석에 근거해서 새로운 로고를 제작한 다음 관광마케팅 커뮤니케이션에 활용했다. [그림 Ⅱ-1]에 나타난 새로운 로고는 보다 활기차며 현대적인 런던의 이미지를 보여주면서도 전통적인 요소가 무시되지 않도록 제작되었다.

이 로고는 한편으로는 춤추고 있는 댄서로 표현되어 현대적인, 활기

넘치는, 역동적으로 보이며; 다른 한편으로는 왕관으로 표현되어 보다 전통적으로 보인다.

[그림 II-1] 1996년에 새로 제작된 런던의 로고

위의 조사내용에 근거해서 관광마케팅 커뮤니케이션 전략을 수립하고, 새로 만든 로고를 사용하여 제작한 관광광고를 미국과 프랑스를 대상으로 집행하였다.

미국에서는 뉴욕, 시카고, 보스톤, 샌프란시스코, 워싱턴과 같은 대도시에 거주하는 부유한 전문가를 타깃층으로 해서 새로운 런던의 아이덴티티를 제시하였다. 프랑스에서는 런던을 방문할 가능성이 높은 세 집단을 대상으로 광고를 제작하였다. 외부모 가족(single parent family), 맞벌이 하면서 아이가 없는 부부(Dinkies : couples with dual incomes and no kids), 18~24의 젊은이가 세 집단에 해당한다.

각 집단에 적합하도록 재미있는 런던, 낭만적인 런던, 유행이 넘치는 런던에 초점을 맞춘 광고를 만들었다. 이러한 기조의 마케팅 커뮤니케이션은 2000년의 'Millennium City' 캠페인에까지 지속되었다.

2) 국가적 차원의 마케팅 커뮤니케이션

국가나 지역과 같은 관광지도 브랜드 개성(brand personality)을 갖고 있다. 관광서비스는 고객이 사람을 통해서 경험하게 되므로 방문객들이 관광지에 대해 사람에 대해 느끼는 것과 같은 개성을 느끼는 경우가 많

다. 따라서 관광지의 브랜드 개성을 각 국가 및 대륙별로 차별화시켜 유지하는 것도 유용한 마케팅 커뮤니케이션 전략일 것이다. 그 사례로 호주의 예를 들고자 한다.

<표 II-9>에서 보듯이 호주는 각 지역에서 다른 이미지를 갖고 있다. 말하자면 고객의 특성에 맞는 이미지를 갖고 있는 것이다.

이러한 결과는 호주가 그 동안 관광마케팅 커뮤니케이션에 기울인 노력을 반영한다. 또한 그러한 이미지에 근거해서 캠페인이 진행되었다.

관광마케팅 커뮤니케이션을 통해 욕구가 서로 다른 각국의 관광객들에게 어떤 면에서든 한번쯤 방문해보고 싶은 나라가 되도록 해야 한다는 것을 호주의 예가 보여주고 있다(Morgan & Pritchard, 2000).

<표 II-9> 호주의 브랜드개성이 세계적으로 다르게 해석되는 예들

지역/국가	아시아	미국	일본	유럽
호주의 특성	거대한 자연, 야외, 도시생활	재미, 다양성, 활동적, 모험	놀라움, 미발견의, 문화, 생활양식	활동성, 휴식, 풍요로움, 다양한, 강력한 기억
캠페인	마법이 시작된다	휴가	놀라움의 나라	바로 가서 오랜 기억을
메시지	열광, 쇼핑, 나이트 라이프	일에서 떨어져서 사람과 섬을 발견하라	빠른, 정교한, 국제시민의, 모던한	감성적인, 호소력 있는, 독특한, 바로 지금의 여행

3) 대중문화를 이용한 이미지 확립 및 개선전략

(1) 영화와 관광지로서의 이미지

영화 속에서 인상 깊게 기억된 특정 지역의 관광이미지를 관광마케팅에 활용하는 것은 매우 적절하다. 예를 들면 다음 <표 II-10>에서와 같은 영화들이 각 지역의 관광자원으로 활용될 수 있다(Morgan & Pritchard, 1998). 경북의 소도시 문경이 '왕건' 촬영장 제공으로 관광도시로 다시 태어났듯이, 우리나라도 보다 적극적인 관광마케팅 커뮤니케이션 활동으로 유명 영화의 촬영장이 될 기반을 마련하여야 할 것이다.

최근 부산은 '인정사정 볼 것 없다', '친구', '사이렌' 등의 영화 촬영지로 각광받고 있으며 친구 촬영지 순회 관광코스도 개발되고 있어 지방자

치단체의 영화를 활용한 관광마케팅활동은 국가적 차원의 관광마케팅 전략에도 시사하는 바 크다고 하겠다. 뿐만 아니라 우리나라에서 촬영한 많은 국산 영화들의 국제시장에서의 활약을 적극 지원하는 것도 관광마케팅의 일환으로 매우 적절하다고 볼 수 있다.

〈표 II-10〉 영화와 관광지 이미지

Some Like It Hot	Hotel del Coronado, San Diego, California, USA
To Catch a Thief	Carlton Hotel, Cannes, France
The Prisoner	Portmeirion, Wales
Crocodile Dundee	Australia
Deliverance	Raeburn County, Georia, USA
Dance With Wolves	Fort Hayes, Kansas, USA
Braveheart and Rob Roy	Scotland
Room With a View	Florence, Italy
Close Encounters of the Third Kinds	Devil's Tower Monument, Wyoming, USA
Forget Paris	Paris, France

(2) 대중가요와 관광지로서의 이미지

대중가요 또한 도시의 이미지, 국가의 이미지와 밀접한 관련을 갖고 있다. 특정 도시, 특정 국가를 떠올릴 때 바로 생각하는 대중가요가 있다면 그 어느 것보다 강력한 관광마케팅 커뮤니케이션 수단이 될 것이다 (Morgan & Pritchard, 1998). <표 II-11>은 그 예를 들고 있다.

〈표 II-11〉 대중가요 속의 관광지 이미지

San Francisco	I Left My Heart in San Francisco
New York	New York, New York
Las Vegas	Viva Las Vegas
California	California Girls
Spain	Carmen
Barcelona	Barcelona
London	A Nightingale Sang in Berkeley Square
Paris	I Love Paris
Ireland	Danny Boy
Dublin	Molly Malone
Rio de Janeiro	The Girl From Ipanema
Japan	Madame Butterfly

4. 인터넷 마케팅 커뮤니케이션

최근 인터넷의 활발한 보급으로 관광지 선택에서 인터넷의 영향이 커지고 있다. 따라서 우리나라와 영국, 프랑스, 일본의 지방자치단체의 인터넷 홈페이지에서 관광분야를 분석·비교한 한 연구(남인용, 2000)를 요약하여 제시함으로써 인터넷을 통한 마케팅 커뮤니케이션에 대한 시사점을 찾고자 한다.

인터넷은 가상 방문의 기회를 제공한다는 점에서 인터넷의 국가 및 지방자치단체 사이트를 통한 국가 및 지방자치단체의 이미지는 중요성을 갖는다. 직접 방문해보지 않더라도 마치 직접 방문해본 것과 같은 영향을 받을 것이기 때문에 인터넷을 통한 관광홍보는 그 중요성이 더욱 커지는 것이다.

2000년 7월의 우리나라 지방자치단체의 인터넷 홈페이지에서 관광홍보분야에 대해 살펴보고 외국의 지방자치단체 홈페이지의 관광홍보분야와 비교한 한 연구(남인용, 2000)에 따르면, 첫째, 우리나라 7대 도시의 기초자치단체가 마련한 인터넷 홈페이지에서는 관광홍보분야가 독립된 메뉴로 제시된 비율이 51.4%에 지나지 않았으며, 특히 서울은 16%에 불과한 것으로 나타나서 대도시 지역의 관광홍보 분야에 대한 관심이 필요한 것으로 분석됐다. 둘째, 외국어 홈페이지의 마련이 부족하고, 기존의 외국어 홈페이지도 영어 중심으로 되어 있어, 외국어 홈페이지를 구축하되 비영어권 이용자들을 배려하여야 한다.셋째, 관광홍보 담당부서의 담당자와 직접 상호 작용할 수 있는 통로가 인터넷 홈페이지상에 거의 제시되지 않고 있었는데, e-메일이나 Q&A와 같은 인터넷을 통한 상호 작용 통로가 제공되어야 할 것이다. 넷째, 다른 관광정보 관련 홈페이지와 직접 연결시켜 검색할 수 있는 기능이 부족하므로 보완하여야 한다. 다섯째, 일본, 프랑스, 영국과 같은 선진국의 지방자치단체 홈페이지를 본받아 홈페이지 내용을 보완하고 각 지역의 특성에 맞는 독창적인 홈페이지를 제작하여야 할 것이다.

우리나라의 관광마케팅 커뮤니케이션의 기초는 각 지방자치단체의 관광마케팅 커뮤니케이션이 활성화되는 데 있음은 앞에서 지적한 바 있다.

따라서 위의 분석내용의 대부분이 본 연구와 관련을 맺고 있지만, 특히, 우리나라 관광마케팅의 시사점을 얻을 수 있는 부분은 외국어 홈페이지가 부족하다는 점과 외국의 홈페이지를 본받아 개선해야 할 점이 많다는 점을 들 수 있다.

남인용(2000)에 따르면 비록 프랑스와 영국의 지방자치단체의 홈페이지가 우리나라에 비해 부족한 부분이 있었다고는 하나 프랑스와 영국의 지방자치단체의 홈페이지는 색상이나 디자인과 같은 전체적인 구성에서 우리나라나 일본의 지방자치단체의 홈페이지보다 상당히 앞선 모습을 보이고 있어 우리나라 지방자치단체의 홈페이지가 본받을 점이 많다고 평가되었다.

예컨대 프랑스와 영국 지방자치단체의 홈페이지는 우리나라와 일본의 홈페이지와는 달리 각 홈페이지마다 색상이나 디자인에 많은 차이를 보이고 있어 각 홈페이지가 알리고자 하는 주된 이미지를 접할 수 있는 반면, 우리나라와 일본의 지방자치단체의 홈페이지들은 지역적 특성과 관계없이 거의 동일한 모습을 보여주고 있다.

우리나라와 일본의 차이점이라면 우리나라는 짜여진 틀 속에 여러 가지의 원색을 사용하여 메뉴를 제시하고 있는 반면, 일본은 단순한 문자 메시지를 제목으로 사용하여 순서적으로 제시하고 있는 편이었다는 점을 들 수 있다.

5. 한류(韓流) : 문화관광 마케팅 커뮤니케이션의 기회

최근 중국과 동남아시아에서 우리 대중문화에 대한 인기가 급상승하여 '한류(韓流)'로 불리워지며 문화관광 마케팅 커뮤니케이션의 새로운 기회요인으로 부각되고 있다. 관광마케팅이 단순한 휴식이 아니라 새로운 경험을 추구하는 추세이고 보면, '한류'로 분출된 한국의 대중문화에 대한 관심이 한국방문의 계기로 이어지는 것은 너무나 당연한 일이다. 특히 중국의 월드컵 본선 진출에 이어 중국의 예선 3경기가 한국에서 치러지게 됨으로써 중국 관광객을 유치하는 문화관광 마케팅 커뮤니케이션 전략의 중요한 부분을 '한류'가 차지하게 될 것이 더욱 분명해졌다.

중국에서 한류현상은 1996년 드라마 '사랑이 뭐길래'가 중국에 수출되면서 시작되었다. 이어 1997년 한국음악을 소개하는 '서울 음악실'이라는 프로그램이 방송되었고, 1998년 말 클론 등 한국 가수 공연을 계기로 한류현상이 급속화되었다.

한류가 폭발적인 인기를 얻으면서 언론에 보도되기 시작한 것은 2000년 2월 H.O.T의 베이징 콘서트가 대성공을 거두면서부터이다. H.O.T는 이후 발행부수 100만부를 자랑하는 음악잡지 당타이거탄에서 5개월 동안 1위를 차지하기도 하였다. 안재욱은 드라마 '별은 내가슴에', '해바라기', '안녕 내사랑' 등이 방영된 후 음반 'FOREVER'를 내놓으면서 연기자보다 가수로 더욱 인기를 끌고 있다.

2001년 8월 31일 중국 상해 팔만운동장에서 열린 베이징 올림픽 유치기념 한류 슈퍼콘서트에서는 NRG, 베이비복스, 김조한 등의 한국 가수가 참가했는데, 3만명이라는 극히 이례적으로 많은 관객들이 모였다(스포츠조선, 2001년 9월 3일자).

중국의 팬들이 중국에서만 한국 스타를 만나는 것은 아니다. 소위 '스타 관광'이라고 말하는 스타 마케팅이 인기를 끄는 이유는 그들의 적극성 때문이다. 2001년 8월 경기도 양지 리조트에서 열린 안재욱 캠프에는 일반 상품에 비해 20%나 비싼 가격이었음에도 250여명이 몰려 성황리에 끝이 났다(magazinegv.com, 2001년 10월 7일). H.O.T팬클럽 회원은 m.net의 <shocking M> 공개 녹화방송을 관람하기 위해 다녀갔다.

이러한 스타관광은 주로 콘서트, 팬사인회, 방송관람 등을 포함하고 있어 명소를 둘러보는 관광과 많은 차이가 있고, 쇼핑도 주로 음반이나 연예잡지를 사는데 치우친다. 중국은 해적판이 많이 도는 것으로 유명한데, 정품 CD를 얼마나 갖고 있느냐에 따라 팬의 품격이 갈리기 때문에 한국의 정품 CD들의 구매에 대한 열의가 높다(시사저널 618호, 2001 8월 30일).

한류현상은 또한 한국문화배우기로 이어진다.

H.O.T를 좋아하는 팬이면 다른 한국 스타 안재욱을 무조건 좋아하게 되고 그들의 노래를 따라 부르기 위해서 한국어를 배울 뿐만 아니라 한국노래교실에서 한국노래도 배운다. 중국 내 한국어 개설 대학은 1988년 4개 대학에서 2000년 33개로 늘어났으며 학생 수는 500명에서 2000명으로 늘어났다.

현재 중국 청소년 사이에서 인기 외국어 순위는 영어, 러시아어, 일본어, 독일어에 이어 한국어가 5위인 것으로 나타났다(중앙일보, 2001년 9월 10일). 한국문화가 좋아 태권도를 배우는 사람, 한국요리를 배우려는 사람도 많아지고, 거리에서는 한국 스타들의 패션을 그대로 모방한 한국산 의상을 입은 청소년들이 도처에서 눈에 띌 정도이다(일간스포츠, 2001년 9월 4일).

중국의 충칭에는 2002년 1월 한국상품만 취급하는 대형 백화점이 생긴다. 현재 충칭시 중심가에 위치한 위텐 백화점은 중국 제품매장 1~6층을 전부 한국제품만 판매하는 매장으로 전환하여 새로 개장할 예정이다(2001년 8월 22일). 한류 열풍으로 한국상품을 선호하는 분위기가 형성되어 한국산 의류, 액세서리, 잡화, 전기전자제품, 화장품 등을 본격 판매하고 중국시장을 선점하려는 마케팅전략으로 보인다.

한류현상의 원인은 한국이 중국 성장의 모델이 된 것, 서구화되었으면서도 중국인과 친밀한 한국음악의 특성, 폭발적인 감정표현과 세련된 가사, 세계수준의 시각적 이미지 등을 들 수 있는데, 무엇보다 중요한 것은 한류현상의 파급효과이다.

문화적 파급효과에서 중심에 있는 것은 스타이다. 중국과 대만, 홍콩, 베트남, 싱가포르 등지에서는 한국 스타의 인기가 하늘을 찌른다(조선일보, 2001년 8월 27일자). 각국의 팬들은 이들의 외모나 복장 등 스타일을 따라하려는 경향이 아주 강하고 이와 더불어 시장에서는 한글이 쓰인 옷이나 스타들과 관련한 각종 소품들이 인기를 끌고 있다.

일례로 베트남에서는 드라마의 인기가 한국자동차, 한국화장품, 한국패션을 유행시킨 바 있다. 한국의 라이프 스타일을 동경하는 한류 매니아들은 한국의 인기스타, 한국의 음식, 한국의 드라마, 한국의 패션에 이르기까지 다양한 우리 문화들을 공유하고 경험하려고 한다. 한국문화를 이해함으로써 음악이나 드라마, 영화 등에 대한 이해를 높이고자 하고 우리 문화를 긍정적으로 여기게 된 것이다.

이에 따라 한국의 이미지도 크게 바뀌고 있다. 한국이 보다 크고 가까운 나라로 인식되게 되었다.

이러한 긍정적인 측면에도 불구하고 한류현상의 문제점에 대한 지적도 나오고 있다. 문제점에 대한 지적을 한류의 열기를 식히는 부정적인 요소로 받아들이기보다 이후 발전의 밑거름으로 삼아야겠다.

한류현상의 문제점으로는 첫째, 한류현상이 일본과 같은 경쟁국가의 문화산업 생산물이 상대적으로 고가이므로 저가 프로그램인 한국 프로그램이 일시적으로 우위를 점한 것이라는 지적을 들 수 있다.

이는 프로그램의 수준이 담보되지 않으면 지속적으로 경쟁력을 갖기 어렵다는 점을 상기시켜주는 제언이다. 둘째, 한류현상이 몇몇 스타 위주로 나타난 현상이어서 한계가 있다는 지적이다. 현재 인기있는 스타들은 인기를 지속할 수 있도록 노력해야 하며, 한국 대중문화 전반에 대한 선호가 정착되도록 1회성 이벤트보다는 장기적인 전략에 기반한 마케팅활동이 필요하다. 셋째, 중국의 한국문화에 대한 개방정책이 일시적일 수 있다는 점이다.

아직까지 한류는 일부 청소년에 국한되는 주변부 문화로 받아들여지기에 중국정부의 통제가 미치지 못하고 있지만, 한국에 대한 동경이 중국 사회에 부정적인 영향을 미친다고 판단되면 언제라도 한국문화에 대한 폐쇄적인 입장으로 선회할 수 있다.

이러한 문제점을 감안하여 한류열풍을 문화관광 마케팅의 기회로 삼을 전략을 수립하여야 할 것이다. 특히 2002년 월드컵에서 중국의 예선 3경기가 우리나라에서 열리는 것은 관광관점에서 매우 좋은 기회이다.

중국 관광객들이 일반적으로 겪는 어려움은 최근 발행된 유명 여행가 한비야의 "중국견문록"에서도 지적된 바 있다. 그녀에 따르면 중국 관광객들을 깔보는 우리 국민의 자세, 중국 관광객들은 차를 물처럼 먹는데 우리나라에서는 차가운 생수만 제공하는 불편함, 입에 맞는 음식이 없어 배고픔을 참다 돌아가는 어려움 등을 호소하는 중국 관광객이 다수라고 한다.

우리 음식이나 우리 문화가 좋다고 강요하는 분위기는 외국인이 출연하는 텔레비전 프로그램에서도 흔히 느낄 수 있다. 그래서 한국 사람 비슷하게 행동하는 외국인만 우리나라의 매스미디어에서 성공하는 것이다. 폭탄주를 즐기고, 노래하기 좋아하는 등의 그런 인물들이 선호된다.

이제는 그래서는 안될 것이다. 문화란 상호 교류가 가장 중요하다는 점을 인식하여 한류열풍으로 우리 문화에 관심을 갖는 중국인들에게 우리 또한 중국문화에 깊은 애정을 갖고 있음을 보여주는 수준 높은 문화관광 마케팅 커뮤니케이션 전략을 수립하여야 한다.

6. 전략적 시사점 및 결론

본 연구에서는 관광마케팅 커뮤니케이션의 중요성을 제기한 다음 관광 마케팅 커뮤니케이션의 이론적 배경을 제시하였다.

다음으로 관광 마케팅 커뮤니케이션의 성공사례를 살펴봄으로써 우리나라와 우리나라 지방자치단체가 벤치마킹하는 데 도움을 주고자 하였다.

1) 수용자 측면

(1) 소비자시장 중심의 마케팅 커뮤니케이션 전략 수립이 필요

무엇보다 중요한 것은 철저하게 시장중심의 시각을 가져야 한다는 것이다. 우리가 보여주고 싶은 것을 보여주되, 방문객들이 보고 싶어하는 내용에 초점을 맞추어 보고 싶어하는 방식으로 보여주어야 한다. 우리나라에 관광객으로 방문하는 관광소비자들에 대한 분석을 통해 그들이 원하는 바를 제공할 수 있도록 해야 한다.

우리나라를 방문하는 관광객은 중국과 일본 등 인근 국가의 경우는 단체관광객이 많으며, 먼 거리에 있는 미국과 유럽 등지의 국가에서는 개인방문객이 많은 점을 고려하여 각각 적합한 마케팅 커뮤니케이션 전략을 수립하여야 할 것이다.

먼저 단체관광객의 경우는 우리나라에서 그들의 모국에서 경험하지 못하는 것을 보고, 듣고, 체험하고 갈 수 있도록 관광코스를 개발하여야 할 것이다. 이제는 "한국에도 고층 빌딩이 있다"는 식의 관광코스는 지양하여야 할 것이다. 눈을 돌려 우리 입장에서 생각해보면 간단하다. 우리 국민이 발리에 가서 고층 빌딩을 찾겠는가? 우리나라를 방문하는 이들도 우리 고유의 모습을 발견하고 싶어 할 것이므로 최근 도자기 엑스포에서 운영된 도자기 만들기 체험코스와 같은 독특한 관광코스의 개발이 절실하다.

예컨대 넓은 땅에서 살던 중국인들이 우리나라에서 넓은 평야를 찾을 것이며, 아기자기한 걸로 승부하는 일본인들이 우리나라에서 작은 조형물에 큰 관심을 가질 것인가?

단체관광객은 또다시 방문하기보다 방문이 일회성에 그치며 한국말을 모른다는 이유로 인삼 등의 특산물을 바가지 요금으로 판매해 원성이 높다는 지적이 있어 왔다.

하지만 관광마케팅에서 무엇보다 중요한 것이 구전(word of mouth)의 영향이라는 점을 감안하면 비록 한번 다녀가는 관광객일지라도 유쾌하게 쉬어갈 수 있도록 하여 주변인들의 지속적인 방문기회 확대를 시도해야 할 것이다.

개인관광객에 대한 관심은 날로 증가하고 있다. 단체관광객이 그 나라의 일반인들이 주류를 이룬다면, 개인관광객은 그야말로 그 국가의 의견지도자(opinion leader)에 해당하는 사람들이다. 당장의 경제적인 실익이 적다는 이유로 개인관광객에 대한 관심이 그 동안 부족하였지만, 의견지도자로서의 개인관광객의 중요성을 고려하여 그들의 편의를 무시하지 말아야 한다. 의견지도자에게 우리나라의 국가이미지가 긍정적으로 확립된다면 그것은 한 사람의 관광객이 지출하는 관광수입 이상의 커다란 의미를 갖는다.

우리나라를 방문하는 개인관광객은 일본이나 중국과 같은 인접 국가를 방문하고 우리나라를 찾은 경우가 많을 것이다. 우리만 하더라도 대체로 영국, 프랑스, 독일, 이탈리아 등을 방문한 다음 다른 유럽국가를 찾는다.

그렇다면 이들을 대상으로 한 마케팅 커뮤니케이션 전략은 어떠해야 할까? 그것은 그들에게 "아시아를 찾아 오라(Welcome to Asia!)"고 해서는 안 된다는 점일 것이다. 아마도 그들은 한국이라는 나라가 일본이나 중국과 어떻게 다른 나라인지를 알고 싶어 할 것이다. 그러므로 이들에 대한 관광마케팅 커뮤니케이션 전략은 철저하게 한국을 다른 나라와 차별화시켜 나가는 전략이어야 한다.

예컨대 "한국과 일본, 중국의 건축물에서 지붕의 선이 어떻게 다르게 나타나며 그 의미는 무엇인가"와 같이 우리 고유의 문화적 특성을 부각시킬 수 있는 관광마케팅 커뮤니케이션 자료의 제시와 관광코스 안내가 필요하다.

⑵ 국내 관광객을 무시하지 말아야 한다.

우리의 관광마케팅 전략은 그 동안 주로 외국인에 초점이 맞추어져 왔다. 가족끼리는 불편함을 참더라도 손님을 환대하고 융숭하게 대접해 보내는 우리의 전통적인 인식이 영향을 미쳤다고도 볼 수 있는 이러한 현상은 결코 바람직하지 못하다.

그 이유는 첫째, 국내 관광객의 수도 무시할 수 없을 정도여서 이들을 홀대해서는 국내 관광산업의 기반이 허약해지기 때문이다. 최근 아시아 각국에서 불고 있는 '한류'라는 한국 대중문화의 열풍도 국내 대중문화시장에 대한 집중적인 투자가 해외 시장에서 효과를 보여주는 경우라고 볼 수 있다. "외국인이 보면 어떻게 하느냐"와 같은 외국인 중심의 시각은 이제 버려야 한다.

둘째, 국내 관광객이 불편할 정도면 언어소통에 어려움이 있는 외국인 관광객은 당연히 불편할 것이므로 국내 관광객에 대한 배려를 통해 외국인 관광객에 대해서도 우수한 서비스를 제공할 기반을 마련할 수 있다. 말 없이도 의사가 소통될 수 있는 내국인에 대해 최상의 서비스를 제공하지 못하면서 어떻게 낯선 외국인이 편하게 묵어갈 수 있도록 하겠는가? 앞에서 제시한 우리나라 지방자치단체의 인터넷 홈페이지에 대한 분석에서 외국어 홈페이지가 미비한 것도 문제이지만, 한글로 된 국내의 관광객을 위한 관광정보의 제공에도 미흡한 점이 많았다.

기초가 튼튼해야 건물이 제대로 유지되듯이 국내 관광객에 대한 서비스가 충실해야 외국 관광객도 만족할 수 있을 것이다.

2) 전략주체의 측면

(1) 각 지방자치단체의 노력이 경주되어야 한다.

우리나라의 관광마케팅 커뮤니케이션에 대한 노력과 그 성과에 대한 분석은 대체로 우리나라 전체 수준에서 이루어져 왔다. "한국의 이미지는 어떠한가?", "한국을 방문하고 싶어하는가?" 등이 아마도 주된 관심사였을 것이다. 그런데, 관광 선진국의 경우를 보면 관광마케팅의 노력은 전국가적 차원에서도 중요하지만, 각 지방자치단체의 자발적인 노력이 매우 중요한 것을 알 수 있다.

각지방 자치단체의 관광마케팅 커뮤니케이션에의 열의가 모아져서 그 지방이 다른 나라 사람들이 방문하고 싶어하는 관광지로 여겨지게 되고 한 지방을 방문해본 관광객들이 그 나라의 다른 지역을 방문할 의향을 갖는 과정이 바로 시너지효과가 창출되는 과정이 아닌가 한다.

예컨대, 프랑스나 영국의 지방자치단체 홈페이지는 하나하나가 개성 있고 예술적 감각이 돋보이는 디자인을 갖고 있었다. 우리나라와 같이 그저 그런 획일적인 구성과 체제를 갖고 있지 않았던 것이다. 인터넷 홈페이지는 이제 한 지역, 한 나라의 얼굴로서의 기능을 하고 있는데, 우리나라 지방자치단체는 모두 같은 얼굴을 하고 관광객을 끌어들이려 하고 있다.

각 지방의 개성있는 관광지들이 개성있는 마케팅 커뮤니케이션 활동을 통해 표현될 때 정말 가보고 싶은 곳이 되지 않을까? 우리나라 구석구석의 개성있는 모습이 우리 지방자치단체의 관광마케팅 커뮤니케이션이 미흡한 이유 때문에 어느 지방이나 동일한 획일적 이미지로 비춰져서는 안 될 것이다.

(2) 각 문화기관 및 단체와의 협력이 절실하다

한번 생각해보자. 우리나라에 과연 문화적 명소라고 할 만한 곳이 얼마나 있는가를. 우리나라의 박물관, 미술관, 각종 공연장의 현실이 어떠한가를. 각 지역별로 각종 체전을 위한 경기시설은 하나씩 있지만, 그만큼의 문화시설은 마련되어 있지 못한 것이 현실이다. 운동장은 많지만 그에 비해 운동인구는 적고, 전시나 공연장은 얼마 없지만 그에 대한 욕구는 넘쳐나는 수요공급의 불균형이 있다.

또한 유럽은 미술관을 보기 위해 여행한다고도 하는데, 그렇다면 우리나라를 각종 전시나 공연의 관람을 꿈꾸며 방문하는 이들이 얼마나 될 것인가를 생각해보자. 과연 얼마나 될까. 이렇게 보면 우리에게는 내세울 만한 문화적 명소가 매우 부족하다는 것을 금방 알 수 있다.

앞서 제시된 바와 같이 현재의 관광객은 스스로 배우며 경험하고자 한다. 또한 그러한 욕구를 충족시키기 위해서는 문화적 체험을 제공하는 문화적 명소가 우리나라 도처에 있고, 그러한 문화적 명소가 활발한 관광마케팅 커뮤니케이션을 통해 알려져야 한다. 이는 관광객을 위한 것뿐만 아니라 우리 국민의 일상생활이 문화적 경험으로 가득 채워지기 위해서도 필요한 것이다.

따라서 문화관광 마케팅전략의 수립과 실행은 각종 문화기관 및 단체와의 협력을 통해 이루어져야 한다. 문화기관 및 단체의 전문가들을 관광마케팅의 주요 의사결정과정에 참여시켜 수준높은 관광상품의 개발에 힘써야 한다.

예컨대, 부산국제영화제는 지방에서 개최되는 지역적 불리함을 갖고 있고 예산면에서도 매우 열악한 조건의 영화제임에도 그 성과에 있어 국제적 수준의 영화제로 운영되어 여러 가지 시사점을 제시하고 있다. 문화적 행사와 관광이 연계되어 활용되는 예가 늘어난다면 그에 따라 우리 관광의 수준도 더욱 높아질 것이다. 이를 위해 우리나라에 대한 관광을 문화체험 관광으로 특성화하는 노력을 전문가들의 협력을 얻어 실현해나가야 할 것이다.

3) 매체 및 메시지의 구성 측면

(1) 장기적인 이미지 구축을 위해 힘써야

관광마케팅에 관한 기존의 활동을 살펴보면 일회성의 실적 위주에 그치는 경우가 많다. 우리나라 관광업체가 영세하기 때문에 관광마케팅에 대한 후원과 지원이 주로 문화관광부와 한국관광공사 등에서 이루어지는 편인데, 바로 그런 이유 때문에 장기적인 이미지 구축에 어려움을 겪는다. "내 임기 중에 몇 명을 더 오게 하라"는 실적중심의 관광업무가 되기 때문에 단기적 성과만 있을 뿐 한국에 대한 고정적인 긍정적 이미지, 가보고 싶은 나라라는 이미지가 구성되지 않는 것이다. 이러한 한계는 앞에서 제시한 소비자 중심의 관광마케팅 전략과도 깊은 관련이 있는데, 이는 흔히 '시장과 도장'으로 비유되는 시장을 무시한 관의 개입이 갖는 문제점이 현실화된 것이기 때문이다.

장기적 이미지 구축을 위해서는 통합적 마케팅 커뮤니케이션(integrated marketing communication)의 시각이 필요하다. 우리나라에 대한 광고물, PR커뮤니케이션, 홍보물 등에서 일관되게 우리의 고유한 이미지를 구축해 나가야 한다.

최근 인터넷이 새로운 관광마케팅 커뮤니케이션 매체로 각광받고 있다. 인터넷을 통해 구성되는 이미지는 가상 체험이 가능하기 때문에, 관광지의 방문경험이 재방문의 기회를 가져오는 관광마케팅에서 매우 중요한데, 그 효과가 최대로 발휘되려면 인터넷도 다른 관광마케팅 커뮤니케이션 매체와 일치되는 일관된 메시지를 제공하여야 한다. 새로운 매체라고 하여 개별적으로 운영하거나 소홀히 하여서는 안될 것이다.

싱가포르이나 홍콩이 갖는 이미지는 하루 이틀에 이루어진 것이 아니다. 고유한 이미지의 구축을 위해서는 과연 우리의 이미지가 무엇인가에 대한 고민과 합의가 필요하다.

과연 우리나라는 어떤 이미지의 나라인가? 어떤 이미지의 나라이고자 하는가? 이러한 고민을 통해 마련된 우리가 원하는 이미지의 구축을 위해서는 저변을 넓혀 가는 장기적이고도 단계적인 전략이 필요하다. 우선순위를 정해 계획적으로 추진해야 하며 정책의 일관성과 끈기가 필요한 것이다.

(2) 새로운 이미지 창출에 힘쓰자 : 과거의 이미지 개선에 매달리지 말자

우리는 이제껏 우리나라의 이미지가 얼마나 부정적인가를 검토한 다음 그에 대한 이미지 개선을 위해 노력해왔다. 현실을 파악하고, 그에 대한 문제점을 지적하고, 그에 따라 새로운 방안을 마련하는 것은 매우 중요한 일이다. 하지만 아무리 중요한 일이라도 그러한 과정은 전략 수립자만 알고 있으면 될 일이며, 수용자에게 일일이 그것을 설명할 필요는 없다. 우리가 너무 잘 알고 있기에. 수용자도 잘 아는 것으로 보고 무심코 제시하는 우리의 부정적인 과거 이미지가 새로운 이미지 형성에 커다란 장애로 작용할 수 있는 가능성을 무시해서는 안 된다.

우리가 언제 정부수립을 했는지 모르는 수용자들에게 "그전에는 민주화가 안 되어 혼란이 있었지만 이제는 혼란스럽지 않고 안정되어 있다"는 요지의 메시지를 전달하는 것은 오히려 지금도 혼란스럽다는 인상을 주기 쉽다. 누구나 다른 나라에 대한 정보에는 저관여 상태가 된다.

그런 수용자들에게 제시하는 정보는 강한 자극의 내용물이 오래 기억에 남게 되는데, 혼란스러운 우리의 모습이 장기적인 이미지로 고착화될 위험이 너무 큰 것이다. 또한 "이제는 더 이상 싸구려 관광을 제공하는 나라가 아니다"라는 메시지는 우리가 사실 싸구려 관광국이라는 이미지를 주기 쉬운 것이다. 우리나라를 찾을 관광객에게 품격있는 관광지라는

정보를 다양한 형식으로 반복하여 제시하는 것이 좋을 것으로 본다.

　그러한 노력이 실효를 거두기 위해서는 앞의 런던의 예에서 보듯이 우리나라 또는 각 지방자치단체별로 고유의 로고를 개발하고 관광지 개성(destination personality : 관광지로서의 브랜드 개성)을 강조하는 관광마케팅 커뮤니케이션 전략을 수립해야 할 것이다.

　관광객들이 갖고 있는 기존의 이미지에서 강점과 약점을 발견하고 강점을 살릴 수 있는 전략을 수립한 다음 이에 맞는 상징물, 즉 로고를 개발하고 이를 각종 문화관광 마케팅 커뮤니케이션 활동에 적극 활용함으로써 관광객들에게 긍정적인 새로운 이미지를 심어주어야 할 것이다. 최근 월드컵에 사용될 각 개최도시들의 상징을 활용한 포스터가 일반에게 공개되었는데, 이와 같은 노력이 앞으로는 더욱 체계적으로, 지속적으로 이루어져야 한다.

본 내용은 국정홍보처에서 발주가 되어 국가이미지 제고를 위한 해외홍보전략(한국언론학회, 2002, 1)이라는 주제로 연구가 된 내용으로서 문화관광해외홍보전략편의 내용을 요약한 것이다.

체계적인 관광홍보활동

■ 필요성

① 기존시장 및 중국, 러시아, 인도 등 잠재 관광시장을 확대시키기 위해 홍보역량을 집중시킬 필요가 있다.

② 한국의 다양한 관광매력을 호소력있게 상징화하고, 한국의 관광이미지를 체계적으로 재창출하며, 새로이 창출된 이미지를 일관성 있게 홍보해야 할 것이다.

■ 현황과 문제점

① 관광 홍보수단은 홍보 유인물, 전광판 등의 광고물, TV와 라디오 등의 전파매체를 주로 이용하고 있다.

② 또한 문화관광사절단의 파견이나 유명문화예술인, 운동선수 등의 인적 홍보수단은 본격적으로 활용하지 못하고 있다.

▌추진방향

① 전략시장 선정·관리 및 홍보역량에 중점을 둔다.

② 우리나라를 상징하는 관광홍보상징물 개발활용을 강화한다.

③ 한국관광공사가 중심이 되어 재외공관, 교민단체, 무역진흥공사 해외지사, 국내기업의 현지상사 등을 효율적으로 연계시켜 홍보관리체계를 정비한다.

④ 다양한 인적 홍보수단 개발 및 첨단 멀티미디어 활용을 강화한다.

⑤ 해외 파견공무원을 홍보요원화한다.

⑥ 해외공관장을 위원장으로 한 홍보위원회를 구성·운영한다.

▌표적시장 홍보 강화

● 전략시장 집중홍보

전략시장 선정·관리한다.

• 매년 중점관리 시장(2~3개) 선정

• 중점관리시장에 대한 홍보역량 집중

● 신규 관광시장 개척

① 시장조사를 강화한다.

　• 신규 관광시장에 대한 성장 잠재력과 선호상품 등에 대한 시장조사

　• 매년 정부, 관광업계 공동으로 조사 실시

　• 조사결과에 따른 전략시장 선정

② 신규 관광시장 개척하여 비용을 지원한다.

　• 신규 관광시장 개척업체에 대한 인센티브 부여

　• 홍보사업비 지원 등

▌선전 관광이미지 홍보강화

● 국가관광이미지 CI사업 지속 전개

① 한국관광의 핵심이미지를 홍보한다.

　• 김치, 한복, 석굴암, 금강산, 인삼 등 4~5개의 핵심 CI 선정 집중 홍보

② 적극적·효율적인 관광이미지를 홍보한다.

- 재외공관, 관광공사, 재외교포 등을 통한 한국관광홍보의 지속적·공세적 홍보 실시
- 2000년 ASEM, 2001년 한국방문의 해, 2002년 한·일 월드컵 공동개최 계기 '아시아·태평양시대의 관광중심국가' 이미지 부각

③ 아시아 여기자 포럼을 추진한다.

- 대상 : 아시아지역, 일간지, 방송국, 여성지, 관광전문지 여기자
- 주제 : 여성이 본 한국 'Discover Korea'

● 지역별 관광이미지 개발

　주요관광시장별 관광이미지를 개발한다.

- 일본시장 : 가까우면서도 이국적인 나라(Exotic Neighbour)
- 미주·유럽시장 : 미지의 나라(Hidden Land of Surprise)
- 동남아 시장 : 4계절의 아름다운 나라(Fabulous Season's Blessing)

▌관광 홍보수단 다양화

● 인적 홍보수단 활용

① 문화관광 사절단을 파견한다.

- 외래 관광객 유치단 파견사업을 '문화관광사절단'으로 확대·개편
- 한국관광공사, 지방자치단체, 국내 관광업계, 민속공연단 등으로 구성된 문화관광 사절단을 주요 관광송출국가에 파견
- 민속공연단 외에 한국을 대표하는 음악, 영화, 미술 등 각 분야의 주요 문화예술 인과 단체참가 추진
- 일본, 미국 등 주요 관광송출국가에 연 1회 이상 파견, 향후 러시아, 중국 등 잠 재시장으로 확대

② 국내 유명 예술인 및 운동선수 등의 '문화관광대사'로 위촉·활용한다.

- 저명 문화예술인 및 유명 운동선수들을 명예 '문화관광대사'로 위촉, 문화관광사절 단의 해외 활동시 동참 유도
- 참여 예술인들의 해외 현지 공연시 문화관광사절단을 파견, 한국 아티스트들에 대 한 호기심과 한국관광에 대한 관심 제고

③ 해외현지 유명 연예인 및 저명인사의 '한국명예문화관광대사'로 위촉한다.

- 해외의 유명 연예인 및 저명인사르 한국명예문화관광대사로 위촉하여 우리나라의 문화 및 관광에 대한 홍보 요원으로 활용하는 전략적인 해외마케팅을 강화

④ '웰컴투코리아' 시민협의회 해외지부를 설치·활용한다.

- 해외에 나가 있는 연예·문화예술인 등으로 구성한 웰컴투코리아 해외지부를 설치

- 해외에 나가 있는 유학생·교포교민 등을 최대한 가입토록 유도
⑤ 해외파견 공무원을 홍보요원화한다.
- 파견 전 교육시 홍보방법, 채널 구축하여 지속적 활용

● 첨단 멀티미디어 활용 홍보 강화
① 홍보수단을 다양화한다.
- 기존 홍보수단 외의 홍보방안 개발
- 관광선진국 홍보기법 조사·활용
② 첨단매체를 관광홍보화한다.
- 종합관광정보 DB시스템 구축으로 국내외 서비스망 연결
- 종합관광정보 DB구축으로 개인, 업계, 학계 및 유관기관에 정보제공
- 국내 컴퓨터 예약망(CRS)과 연결하여 고객편의 향상
- 해외지사와의 네트워크 구축으로 정보수집 및 제공기능 강화
- 한국관광공사의 제반 관광정보 제공수단인 관광정보 DB, ARS, 자료실, 영상물, TIC를 통합한 종합관광정보센터 추진
- 전국 관광안내소, 호텔 및 공항 등의 유관시설과 시스템을 구축하고 세계 주요 CRS망과 연결 추진

(자료 : 관광비전 21, 문화관광부, 1999, 1, pp. 50~53)

제3장
외국의 관광광고와 선전

1. 관광광고

　관광이나 여행광고는 관광명소나 여행 그 자체가 하나의 광고목적물이 되지만, 이에 관련되는 교통, 숙박, 음식, 토속품 등 거대한 관련산업 분야를 포함한다.

　항공사, 해운사, 철도 등의 교통편과 이를 알선하는 여행사, 관광공사 호텔은 물론 토산품과 토속음식 그리고 주민의 친절, 교육수준, 거리의 청결, 기후, 날씨 등 모든 것이 광고의 중요한 요소를 차지하고 있어 일반식품이나 서비스광고와는 근본적으로 차이점이 있다

▲ 파리의 에펠탑

고 하겠다. 국내의 관광여행 관련 광고라고 할 수 있는 것으로는 호텔, 관광회사, 철도, 항공사, 여행자카드, 보험, 자동차, 유원지광고 등을 들

수 있겠으나, 관광여행광고의 근본은 관광명소 그 자체이며 국내외의 추세로 보아 시단위 도단위에서 국가적인 단위로 확대되어 국가간의 관광유치 경쟁으로 변화하고 있다고 하겠다. 따라서 관광이나 여행광고 국내외를 상대로 한 국가적인 사업으로 점점 그 중요성이 절실해지고 있다. 특히 '86아시안게임과 '88서울올림픽의 역사적인 행사를 성공적으로 치른 우리나라로서는 부대시설의 준비 외에도 대대적인 홍보와 PR 및 적극적인 광고활동으로 관광한국의 이미지를 전세계에 소개할 수 있는 절호의 기회로 삼아야 하겠다. 이에 외국의 유명한 관광광고 캠페인 몇 가지를 살펴봄으로써 국내 관광광고의 방향모색에 도움이 되고자 한다. 외국의 경우 '푸에르토리코'의 관광 및 투자유치광고, 뉴욕과 뉴욕주의 'I love New York' 광고캠페인, 사실적인 사진으로 성공한 북 캐롤라이나주의 광고캠페인, 미국의회의 결정을 뒤바꾼 '그랜드 캐년' 구출, 광고, 조사를 바탕으로 한 장문의 광고를 조사한 미국여행협회와 영국여행협회의 광고 등 광고사에 빛날 명광고 명캠페인이 많이 있다.

① 이미지 형성이라는 새로운 광고기법으로 한 국가를 절망으로부터 구제하는 데 기여한 푸에르토리코 관광유치 캠페인

1940년대 말 미국령의 자치국가로 독립한 푸에르토리코는 제2차 세계대전 중에 미국의 럼주를 판 세금으로 경제개발계획(operation bootstrap)을 시작했으나, 전쟁이 끝나고 럼주의 판매가 제로상태로 떨어지자 산업혁명을 지원할 자금도 사라졌다. 돌파구를 찾던 푸에르토리코는 미국으로부터 관광객과 산업투자를 유치해야 한다는 결론에 도달했으며, 가장 효과적인 관광투자 유치와 럼주의 판매촉진을 위해 미국에 광고캠페인을 전개하기로 결정하고 이 기발한 착상은 1954년 1월 오길비에 의해 맡겨졌다.

오길비는 미국인이 푸에르토리코에 대한 이미지가 극히 나쁠 것으로 판단하고 미국인의 푸에르토리코에 대한 태도조사를 실시했다.

조사의 결과 미국인은 푸에르토리코를 가난과 질병과 게으름뱅이의 온상이라고 생각하고 있음이 역력히 나타났으며, 깨끗한 관광지, 교육수준, 산업발전, 친근감, 멋진 해변 등 모든 분야에서 단연 꼴찌로 생각하고 있었다. 푸에르토리코의 광고방향은 지극히 간단하고 명백한 것이라고 오길비는 말한다. 해변이 없다고 했으니 광고에 멋진 해변을 보여주고, 지

저분한 곳이라고 했으니 깨끗하고 산뜻한 거리를 보여주고, 교육수준이 낮다고 했으니 대학졸업식을 보여주어야 한다고 말했다. 이리하여 멋진 푸에르토리코의 해변과 깨끗하고 풍치 있는 스페인풍의 유적, 학사모를 쓴 대학생 등을 주제로 한 푸에르토리코의 참모습을 보여주는 더블스페이스로 원색광고가 관광잡지와 월간지에 모습을 나타내기 시작했다. 이 광고는 미국인의 푸에르토리코에 대한 이미지를 서서히 바꿔 놓았으며 드디어 1955년 1월 푸에르토리코의 투자유치광고가 뉴욕타임즈와 헤럴드 트리뷴지 그리고 포춘지에 나타났다. "이제부터 푸에르토리코는 새로운 산업에 100% 세금을 면제합니다(Tax Exemption to New Industry)"라는 헤드라인 밑에 푸에르토리코에 공장을 건설하면 어떤 이익이 있는가를 명확하게 제시한 961 단어나 되는 장문의 광고였다.

푸에르토리코의 광고효과는 참으로 놀라웠다. 1967년까지 1,000개가 넘는 공장이 건설되고 관광객은 연간 145,000명에서 600,000명으로 증가했으며, 럼주의 판매 또한 경이적으로 상승하여 주세는 연간 60만달러에 달했다. 그 결과 1950년 일인당 국민소득 279달러에서 1967년에는 이미 1,030달러에 이르렀다. 한 국가를 질병과 기아와 절망으로부터 구제하는 데 기여한 이 광고는 초기는 미국인의 이미지를 바꾸기 위한 전형적인 이미지광고였으나, 투자가 활발해진 이후는 새로운 관광명소로서의 포지셔닝 광고로 방향전환이 있었다고 하겠다. 그러나 명백한 것은 독자들에게 호감을 살 수 있는 명백한 story appeal로 호기심을 유발해서 긴 카피를 읽게 할 수 있었던 데서 성공의 요소가 있었다고 하겠다.

② 철저한 조사결과를 바탕으로 한 장문의 카피로 성공한 관광광고 캠페인
[영국 여행협회]

1950년대에 시작된 대미 영국 관광광고 역시 이미지광고 이론과 시장조사를 바탕으로 한 오길비의 역작이었다.

오길비는 시장조사를 바탕으로 전통적인 영국의 유적과 명승지의 사진을 적절히 구사하고, 그의 뛰어난 문장력과 광고기술을 동원하여 미국인을 매혹시킨 탁월한 광고캠페인을 전개했다.

미국인을 대상으로 실시한 조사결과 미국의 관광객들은 영국에 있는 현대 건축물에는 별로 관심이 없고 전통적인 옛건물에 흥미가 있는 것으로

나타났기 때문이다. 미국인들은 영국의 웨스트민스터 사원이나 런던탑, 국회
의사당, 버킹검궁과 궁전 근위병들에 관심 나타내고 보고싶어 했다.

오길비의 "영국으로 초대합니다"라는 광고는 현대화된 영국의 이미지
를 손상시킨다는 영국언론의 집중적인 비난에도 불구하고 진기한 유물과
명소를 광고에서 계속 사용하여 괄목할 만한 성과를 거두었다. 이 광고
가 시작되기 전에 영국을 찾은 미국 관광객은 90,000명에 불과했으나, 이
광고 집행 후 1967년경에는 10배에 가까운 839,000명이 영국을 방문했다.
이 영국여행협회 광고의 성공 역시 조사를 바탕으로 고유한 영국의 전통
문화와, 역사를 자랑하는 그러면서도 낭만적으로 현대적인 국가라는 독
특한 이미지를 형성시켰기 때문이었다.

[미국여행협회]

1960년대 초기에 시작된 미국정부의 유럽(영국, 프랑스, 독일)으로부터
관광객 유치광고 역시 오길비에 의해 제작되었다. 오길비는 항상 그러했
듯이 시장조사를 통하여 유럽의 미국에 대한 태도를 조사했다. 그 결과
유럽인들은 미국을 관광하려면 엄청난 비용이 든다고 생각하고 있는 것
으로 밝혀졌다.

"오길비는 이 문제점에 정면으로 도전하는 광고를 만들기로 결정한 후
1주일에 35파운드로 미국을 여행하는 방법(How to tour the U.S.A. for
£35 a week)"이라는 헤드라인과 미국여행에 대한 자세한 정보가 담긴
장문의 광고를 제작해서 집행하기 시작했다.

오길비는 이 비용을 산출하기 위해 중류 수준의 깨끗한 호텔과 식당
등을 실제로 조사하여 최소 여행경비를 집계했으나, 미국내에서는 적은
비용이라고 혹평이 나돌았다.

그러나 이 광고는 영국, 프랑스, 독일의 유수 신문들이 가장 진실하고
유용한 광고라고 극찬을 했으며 특파원을 미국에 파견하여 미국관광에
대한 기사를 특집으로 편집하였다.

광고가 시작된 지 8개월만에 미국을 찾는 프랑스의 관광객은 27%, 영
국인은 24%, 독일의 관광객은 18%나 증가되었다. 미국 관광광고가 이처
럼 효과적이었던 이유는 조사를 바탕으로 해서 나온 문제점을 정면 도전
해서 광고의 주제로 삼고 이에 대한 상세한 정보가 실려 있었기 때문이다.

[I Love New York]

철저한 조사결과를 토대로 뉴욕주와 뉴욕시를 즐거운 관광지로 바꾼 이 캠페인은 미국의 여류 카피라이터인 재인 매스(Jane Mass) 여사에 의해 제작되었다.

뉴욕주와 뉴욕시 관광에 대한 국민들의 '인식도 조사' 결과 뉴욕주와 뉴욕시를 관광해 본 사람조차도 관광이라면 플로리다나 캘리포니아를 생각하고 있을 정도로 뉴욕주나 뉴욕시를 관광지로 인식하고 있지 않음을 알았다. 그래서 뉴욕주와 뉴욕시를 좋은 관광지로 인식시켜야 할 필요성이 있다고 생각했다.

다음 뉴욕주와 뉴욕시에 관광해 본 사람들을 대상으로 조사를 실시했다.

뉴욕주에 와 본 사람은 뉴욕주의 자연, 특히 호수를 찾아 낚시를 했거나 호수 주위에서 캠핑을 즐겼음을 알았다. 그래서 Mass 여사는 뉴욕주에서 팔 수 있는 상품은 호수 즉 '물'로 결정했다.

다음 뉴욕시는 조사결과 밤의 생활, 특히 브로드웨이의 공연이 소구점(appeal point)으로 팔 수 있는 상품임을 알았다. 또한 조사를 실시하기 전에는 관광객들이 뉴욕시의 범죄나 폭력에 대해 걱정하고 있지 않나 생각했으나, 조사결과 범죄나 폭력에 대해서는 무관심하고 오히려 시내의 혼란이나 혼잡을 더 걱정하는 결과가 나왔다. 혹시 시가지가 너무 혼잡하여 길을 잃지나 않을까 우려하고 있는 것이었다.

이와 같은 조사결과에 따라 밤의 생활을 안내하고 시중의 혼잡 때문에 길을 잃는 일이 없음을 알리는 광고가 제작되었다.

이 캠페인은 기억하기 쉽고, 설득력이 있다는 점 이외에도 상품을 팔 수 있었다는 점에서 크게 성공을 거두었다. 이 캠페인 실시 1년 후에 뉴욕주의 관광수입은 8억 5천만달러가 증가하였으며, 뉴욕시에 대한 인식도는 28%나 상승하였고 TV커미션은 89%가 인지하고 있었다.

이상으로 세계적으로 성공한 관광 광고캠페인 몇가지를 대충 훑어보았다. 그러나 이외에도 단 3개의 광고물로 미국 의회의 결정을 뒤엎고 그랜드 캐년을 물 속에 잠기는 것으로부터 구제한 '그랜드 캐년' 광고, 또한 자연의 아름다움을 사실적으로 보여주기 위해 전문 사진작가를 동원하여 제작한 '북 캐롤라이나주'의 관광광고 등이 세계적으로 손꼽히는 관광광고로 지목되고 있다.

이상의 성공한 광고캠페인에서 살펴본 바와 같이 관광객 유치를 위한 광고캠페인은 관광지의 특성개발에서부터 여행사의 음식기호도에 이르기까지 각종 연구와 조사가 철저히 선행되어야 한다.

　　영국여행협회, 미국여행협회, 푸에르토리코의 관광광고를 성공시킨 오길비는 그의 '어느 광고인의 고백'에서 관광광고를 성공시키는 방법으로 아래사항을 결론으로 얻었다고 고백하고 있다.

　　① 관광은 일반상품과는 달리 그 효과가 장기간에 걸쳐 나타나므로 독자들의 기억에 오래 남을 이미지를 심도록 제작해야 한다.

　　② 여행객들은 바로 이웃에서 볼 수 있는 것을 보려고 수천마일이나 여행하지 않는다. 광고에서는 그 나라의 독특한 것을 강조해야만 한다.

　　③ 해외여행에 있어서 가장 큰 장애는 비용이다. 그러므로 독자들의 소양이나 사회적 신분을 높이는 분위기를 살려주어 독자들의 비용에 대해 신경쓰지 않도록 유도해야 한다.

　　④ 여행의 패턴은 유행에 특히 민감해야 한다. 따라서 그 지역이 지금 전 세계의 이목을 집중시키고 있다는 사실을 강조해 줄 필요가 있다.

　　⑤ 사람은 잠재적으로 먼 곳으로 떠나고 싶은 생각이 있다. 관광하는 방법과 호기심을 자극하는 사진과의 명확한 결합이 필요하다.

　　이상에서 살펴본 바와 같이 여행이나 관광광고라고 해서 특별히 다른 상품이나 기업광고와 다른 점은 없다. 다만, 여행이나 관광광고의 경우에는 특별히 구체적으로 설명을 제시하여야 할 것이며, 광고에 사진을 실을 경우에는 꼭 사진설명을 곁들여야 한다고 생각된다.

　　결론적으로 여행이나 관광광고의 경우에도 철저한 사전조사를 바탕으로 광고가 제작되어야 할 것이며, 말하는 방법보다는 말하는 내용이 충실해야 할 것이다.

2. 관광광고에 사용된 선전주제와 슬로건

1) 선전주제

　　각국이 각 나라마다의 특성(문화·예술·축제·자연 등)을 최대한 살리는 선전주제를 선정하여 홍보활동을 하고 있으며, 또한 표적시장별로

는 그 해당시장의 소비자의 구매력에 호소할 수 있는 세분화된 주제를 선택하고 있다.

각국이 지니고 있는 고유한 특성뿐만 아니라, 연도별로 상이한 선전주제를 선정하여 외래객 유치에 힘쓰고 있으며, 해외시장의 변화추세에 따라서 기존의 선전주제를 변경하여 진흥사업을 추진하고 있다. 또한 주제의 내용은 기존의 자연관광 위주에서 문화, 예술, 생태, 스포츠관광 등을 강조하는 추세로 변화하고 있다.

'90년대의 관광선전주제들은 다음과 같다.

① 일본	일본. 미래와 과거가 만나는 곳
② 중국	'95년 : 민속관광의 해, '96년 : 여가관광의 해, '97년 : 중국방문의 해
③ 대만	·특별관광(SIT) 상품(등산, 사찰여행) ·국제이벤트(음식축제, 등불축제, 급류타기) ·여성 및 노년층 여행 - 일본시장대상 ·12개국 대상 14일간 노비자 실시
④ 태국	·'95년 : 치앙마이시 지정 700주년 및 동남아시아대회 개최 ·'96년 : 국왕 즉위 50주년 기념행사 및 태국 방문의 해
⑤ 홍콩	·전체시장 : 질 높은 사계절 관광지 ·대만시장 : 대도시의 생활양식과 스포츠, 연예오락, 업무, 문화 등에 걸친 다양한 이벤트 ·일본시장 : 호화성과 사치성 ·기타 아시아시장 : 홍콩만의 스타일과 세련됨(쇼핑, 식사, 시내관광, 연예오락 등 풍부한 관광자원과 가족관광지로서의 매력강조) ·구·미주 장거리시장 : 현대적인 국제 대도시를 배경으로 대조를 이루는 동양적 신비 ·호주·뉴질랜드시장 : 필적할 자 없는 쇼핑, 요리, 연예오락 그리고 독특한 문화를 제공하는 역동적이고 화려한 아시아국가
⑥ 싱가포르	국제회의, 전시회, 인센티브관광
⑦ 마카오	문화도시(City of Culture)
⑧ 뉴질랜드	Brand New Zealand
⑨ 미국	대자연의 아름다움, 물질문명의 매력, 인종의 다양성 등
⑩ 캐나다	·미국 : 편리하고 즐길거리 많은 국제회의 장소 ·구주 : 깨끗하고 오염되지 않은 넓은 공간 골프, 캠핑, 트레킹 등의 활동성 있는 상품. 헬리스키, 개썰매, 헬리트레킹, 급류타기 등 야성적인 모험여행. 생태관광 및 토착문화관광 ·일본 : 수준 높은 사계절 여행지

⑪ 프랑스	프랑스 생활예술(Art de Vivre)
⑫ 스위스	Summer Live(1995년) Fascination Water. Winter Joys Cultural Delights Meeting Place – Switzerland
⑬ 네덜란드	네덜란드 : 다채로운 휴일관광지 (The Netherlands : A Versatile Destination)
⑭ 벨기에	축제의 나라
⑮ 스페인	지중해의 이상적 휴양도시
⑯ 이탈리아	문화·예술관광

2) 선전슬로건

각국의 선전슬로건은 우선 선전주제에 맞게 설정하여, 소비자에 강력하고 호소력 있는 내용으로 제작하여 마케팅활동을 전개하고 있다. 또한 연도마다 다른 선전슬로건 책정으로 변화하는 관광추세에 부응하려 한 점이 특징적인 면이다. 목표시장에 대해서는 시장별 마케팅조사활동 자료에 입각해서 특성에 맞는 각기 다른 슬로건으로 외래객 유치활동에 노력하고 있다. 90년대 선전슬로건의 예를 들면 다음과 같다.

① 중국	홍콩이 중국에 합병되는 97년까지 매년 주제를 선정, 대대적인 관광홍보 캠페인을 전개
② 대만	A Fascinating Blend of Old and New
③ 홍콩	Hong Kong-Wonder Never Cease
④ 싱가포르	– Surprising Singapore – Meet in Singapore 1995
⑤ 마카오	– City of Culture – Fly to Macau
⑥ 호주	Celebrate Australian Art and Culture
⑦ 뉴질랜드	·북미주대상 : New Zealand, Simply Remarkable ·일본대상 : Discover New Zealand-A Fresh Face In the Southern Hemisphere ·영국 및 북구 : A Different Down Under ·호주 : A Real Slice of Heaven ·동남아시아 : New Zealand Offers You the Most

⑧ 미국	America Yours to Discover
⑨ 캐나다	Experience Canada
⑩ 아르헨티나	일곱 가지 모습(다양성)의 나라
⑪ 독일	Unendliche Vielfait mit Vertrauenswürdiger Qualität (신뢰할 수 있는 품질의 무한한 다양성)
⑫ 프랑스	L'Art de Vivre Ses Vacances (당신의 휴가를 프랑스 생활문화로)
⑬ 영국	Tea and Rose
⑭ 스위스	Holidays at Long Last. Switzerland is Yours
⑮ 네덜란드	Holland. The Best Friend You'll Ever Make
⑯ 벨기에	More to See. More to Do
⑰ 이탈리아	Buy Italia

프랑스의 해외홍보

프랑스의 해외홍보 정부기관으로는 대외이미지 관련 홍보활동업무를 조정하는 수상실 직속 공보담당실과 외무부 공보국이다. 외무부공보국은 재외공관을 통해 프랑스의 다양한 모습을 알리는 기능을 하며 정기간행물, 카탈로그, 사진자료 등을 제작배포하고, 전산데이터베이스도 아울러 운영하고 있다. 프랑스문화원은 오랜 기간 우수한 외국학생들의 프랑스 유학에 장학금을 지불하는 장기적인 현지 엘리트 네트워크 형성에 노력해왔다. 다른 한편 프랑스 공중파채널의 우수 프로그램을 집중 편성한 불어 위성채널 TV5는 유럽과 아프리카지역에 프랑스문화의 진수를 전달하고 있다. 외무부 문화·과학·기술총국 소속의 프랑스문화원(French Cultural Center)은 약 100개국 150처에 설치되어 약 860여명의 직원이 운영하고 있다. 외무부 산하 비영리 민간단체이며 불어교육기관인 프랑스어학원(Alliance Francais)은 약 220개국 1,300개처에 설치되어 있으며, 약 4,400명의 직원이 운영하고 있다.

한국의 경우 2000년 말 기존의 문화원 업무가 프랑스대사관 문화과로 편입되어 공식적으로는 문화원이란 명칭을 사용하지 않고 있다. 주한 프랑스문화원에는 문정참사관, 대외협력담당관, 문화예술 담당관, 시청각영상담당관, 교육담당관, 과학기술담당관, 서적 담당 등 13명의 주재관이 있으며, 20명 정도의 현지 직원이 근무하고 있다. 주한 프랑스문화원의 운영방향은 기존의 프랑스문화나 예술의 소개보다는 현대 프랑스 과학과 기술의 협력 및 교류에 역점을 두고 있다. 주한 프랑스문화원 각과에서 수행하는 주요 사업은 아래와 같다.

① 문화예술교류과 : 주한 프랑스대사관의 문화, 과학, 교육 협력부서로 한국 내에 프랑스 문화를 소개함과 더불어 공연예술 및 시각예술 분야에 있어서 한·불 문화교류의 활성화를 주요 목적으로 함.

② 시청각영상과 : 시청각 영상담당관을 통해 한국과 프랑스의 영화 및 TV 관계자들의 요구에 응답함을 주요 목적으로 함.

③ 과학기술과 : 한·불 양국간의 과학기술 협력관계 발전을 목적으로 보통 2년간 진행되는 한·불 연구과제들을 지원함.

④ 어학교육협력과 : 한국에서의 불어의 활성화와 현대 프랑스에 관한 이해를 넓히기 위해 불어와 관련된 거의 모든 분야에서 활동함.

⑤ 서적과 : 문화, 사회과학, 자연과학, 청소년, 만화 등 다양한 분야를 일반서적이나 잡지, CD-ROM 등 여러 가지 매체를 통하여 한국에 알리는 임무를 수행함.

프랑스는 '문화프랑스', '패션, 향수의 나라'라는 이미지가 너무 강하여, 변화하는 세계정세 속에서 프랑스의 새로운 도약에 장애가 되고 있다고 밝혀지고 있다. 뿐만 아니라, 프랑스는 그 동안 식민지 경제에 지나치게 의존해 온 이유로 기업들의 상업성이 결여되고 있고, 귀족형 외교관인 대사들의 경제마인드가 부족하다는 문제점까지 지니고 있는 것으로 지적된다. 따라서 프랑스는 자국이 변화하는 세계정세에 충분히 적응하고 있지 못하다는 판단하에, 근래에 여러 가지 적극적인 민관홍보활동을 수행하고 있다.

프랑스의 민관 협력 대외홍보활동의 특징은 이미 형성되어 있는 강력한 국가기구 하부조직인 대사관 네트워크를 적극적으로 이용하면서, 오래된 조직의 노하우를 합리적으로 이용한다는 것이다. 프랑스에서 주목할 만한 해외홍보 활동상 관민협력 사례는 두 가지로 요약할 수 있다. 첫째는 전세계의 대사관에 파견되어 있는 대외무역성 소속의 경제진출책(PEE)을 말단조직으로 하고 파리 대외무역성의 경제관계지도부가 중앙의 하위부서를 총괄하면서 운영하는 프랑스 기업의 해외진출 진흥책이 있다. 둘째는 중앙정부의 각 부서뿐만 아니라 대외홍보활동을 수행하는 각종 민간단체들이 중복되는 사업을 수행하거나 서로 상충되는 이미지 전략으로 국력을 낭비하는 것을 방지하기 위해 각종 민간단체와 정부부서의 대외홍보 실무자간의 만남의 장인 '파트너 프랑스(Parenaires France)'가 있다.

(자료 : 국가이미지 제고를 위한 해외홍보전략, 한국언론학회, 2002, 1, pp. 78~79)

제4장
호텔의 한국적 이미지 디자인(안)

1. 개 요

국제화시대에서 호텔은 한 국가의 국제적 수준을 판단하는 중요한 기준이 되고 있으며, 정치·경제·사회·문화·스포츠

등 광범위한 분야에 걸쳐 그 비중과 영향력은 더욱 증가하고 있다. 호텔은 단순한 숙박시설이라는 개념을 넘어 모든 사람들의 커뮤니티 장소로서의 공공적 기능이 확대되고 있다.

한국의 관광산업은 2000년 ASEM 회의와 2002년 월드컵 등 대규모 국제행사 개최와 국가간의 인석 교류 활성화로, 현재 수도권과 관광단지의 숙박난을 고려해 볼 때 차후 숙박난이 더욱 심각해질 것이라는 전망 속에 관광숙박시설의 확충과 외래객 유치의 활성화를 위해 호텔건립사업이 본격적으로 추진되고 있다.

또 많은 외국인들이 한국기행문에서 "한국의 전형적인 것을 발견할 수 없었다"라고 쓰고 있는데, 외국관광객들이 한국적 정서를 느낄 수 있는 부분은 우리나라만의 독특한 음식·의상·주거형태 등의 생활에 직접 관련된 의·식·주의 세 가지 요소에서일 것이다. 이들 중 음식과 주거형태의 특징 정도만을 숙박시설에서 제공할 수 있을 것이다.

　현재 우리 주위에 있는 대부분의 숙박시설들은 현대적 스타일의 건축구조와 서구적 실내공간 및 가구 그리고 집기류들로 구성되어 있는데, 앞으로 다가오는 문화세기의 시발점에서 우리의 정체성을 잘 나타낼 수 있고, 또 한국적인 정서를 풍기는 숙박공간을 마련하는 것은 외국관광객에게 좋은 이미지를 심어주고, 관광수입을 늘리는 것은 물론, 한국인들의 문화적 자부심을 고양시키는 역할에도 함께 이바지하게 될 것이다.

　이러한 인식을 바탕으로 우선 외국관광객을 대상으로 하는 전통객사와 더불어 호텔에서의 한국적 이미지와 공간연출을 위해 디자인의 시각적 측면에서의 적용개념과 방향에 대해 살펴보아야 할 것이다.

2. 관광이미지

1) 관광이미지의 중요성

　관광은 그 나라의 자연·정치·경제·사회·문화 등 모든 것이 복합된 것으로, 관광이미지란 여행자가 접하는 각종 관광대상으로부터 느끼는 그 나라 그 민족의 면면히 흘러 내려 온 전통이며, 숨결이라고 할 수 있다. 세계 여러 나라는 제각기 특색있는 관광이미지를 가지고 있으며, 한편 정책적으로 그것을 내세우고 있다.

　예를 들면, 이탈리아는 그 거대한 문화재로써, 태국은 특유한 불교국가의 풍물로써, 일본은 친절한 국민성으로 그 국가의 이미지를 새겨 주고 있다. 우리에게 다가오는 모든 시각적 이미지들이 디자인과 바로 이어지는 부분이라고 할 수 있다.

　"한 나라의 문명이나 한 민족의 사고방식은 하찮은 성냥에도 그대로 반영되어 있다"고 생각할 때 바로 관광분야에서 디자인 감각을 필요로 하는 범위는 무한히 넓으며, 이것이 관광효과를 증가시켜 관광객의 호기심을 충족시켜 주고, 국가의 문화적 자부심을 높이며, 국민의 문화수준 향상과도 직결되는 관광이미지를 형성하는 원동력이 되는 것이다.

2) 한국적 이미지 부각의 중요성

(1) 관광의 기능적 측면

"관광은 그 자체가 하나의 교육이고, 생산성을 높이기 위한 휴식이며, 바람직한 현재생활의 여가선용방법"이라는 견해로 현대생활의 필수불가결한 요소로 부각되고 있다. 관광객이 지닌 이러한 호기심을 충족시키는 길은 우리의 고유한 것을 보여 주어 그들이 새롭게 느낄 수 있도록 하는 것이다. 그러기 위해서 우리는 한국문화의 정체성과 차별화에 대해 인식할 필요가 있다.

(2) 관광과 문화상품

문화상품이란 우선 그 지역주민들이 현재 사용하고 있는 물질적인 대상과 그 지역의 무형문화전통을 형상화한 것이다. 전자는 하드웨어적인 것이고, 후자는 소프트웨어적인 것이다.

3. 한국적 전통미감의 특색

1) 사상적 배경

동양인의 중심사상이었다고 말할 수 있는 우주관에 근거를 둔 음양오행사상은 우리의 전통조형관을 형성시킨 가장 커다란 사상적 요인이다. 음양은 우주만물에 대하여 대립적 관계를 가진 것을 의미하며, 오행은 금·목·수·화·토를 상징한다.

음양오행사상에 따른 색채와 형태 및 질감은 나름대로 우리의 민족적 샤머니즘과 절충되어 토착적인 고유의 조형관을 형성하였고, 시대의 변천과 상황에 알맞게 변용되어 우리의 문화전반에 깊은 뿌리를 내렸다.

2) 색-밝은 중간색조의 오방색 : 청, 적, 백, 흑, 황

오행과 샤머니즘에서 유래된 푸른색·흰색·노란색을 바탕으로 하여 색의 변화를 줄 수 있을 것이다. 우리가 예로부터 표현해 온 기본색깔은 다섯 가지 오방색으로, 이 색들은 한국인의 감각에 조화되게 밝은 중간 색조를 엮어내 색이 갖고 있는 뜻을 새겨 단청·의복·보자기·민화 등에 폭넓게 사용하고 있다. 이러한 개념을 살려 명도나 채도를 조정하는 방법으로 현대적인 감각으로 어우러지는 색깔을 창조적으로 사용할 수 있겠다.

3) 전통무늬

유교·도교·불교와 민간신앙이 복합적으로 이어져 가는 사회환경과 온화한 자연조건은 한국인의 사고를 소박하게 길러 한국의 전통무늬는 단순한 조형미를 추구하면서도 기교를 부리지 않았다. 무늬들은 우주의 원리를 거스르지 않으면서도 순박한 기원을 담고 있어서 그 상징하는 의미들은 곧 한국인의 의식세계를 나타내는 것이기도 하다.

4) 한국성과 문화적 아이덴티티

한국적 조형의식인 환경과 자연친화적인 정서를 표현하고 있으며, 현대 디자인에서 한국성의 표현방법으로 전통무늬들을 뽑을 수 있다. 전통무늬는 현대화하여 현대 디자인에 적용하기에 용이하고, 국제적 감각에도 뒤지지 않으며, 외국인에게 문화적 이질감보다는 친근감을 줄 수 있는 디자인 요소이다.

4. 현대 디자인에 있어 전통적 이미지가 적용된 사례들

① 태극무늬 : 대한항공 마크. 1988년 서울올림픽 공식휘장, 한국 또는 한국사람의 화합이라는 의미
② 팔괘무늬 : 한국관광공사의 마크, 2001년 세계 디자인 올림픽 심벌 마크 등이 대표적이다. 태극기에 나타나는 표현요소 중 4괘를 이용하여 한민족의 다이나미즘을 표현
③ 만(卍)자무늬 : 꽃담이나 건축물 그리고 책표지·공예품 등에 많이 쓰인다. 만자무늬는 사용된 기능에 따라 지문(紙紋)으로 사용된 것,

전면(全面)을 위한 주(主) 패턴으로 사용된 것, 그리고 장식을 위해 일부에 패턴으로 사용된 것을 분류할 수 있다.

④ 길상문자 도안무늬 : 수복(壽福)·강녕(康寧)·희(囍)·효(孝)자 등 좋은 뜻을 가진 글자를 단순하게 다듬거나 그림과 같이 사용한 무늬들이다. 특히 민화의 문자도 등에 나타난 이러한 무늬들은 세계적으로 그 예술성을 인정받고 있으며, 활용되는 매체가 비교적 다양하다.

⑤ 꽃무늬 : 꽃무늬는 무궁무진하다. 소재로는 연꽃·매화·모란 등이 있다. 최근 신라호텔의 마크로 사용되고 있다.

⑥ 나무무늬 : 불교적인 소재로는 보상화·연화·보리수 등이 있고, 생활과 관련된 기복신앙의 요소로써 모란·국화·감나무·소나무·버드나무 등이 주로 나타난다.

⑦ 당초무늬 : 이집트·페르시아에서 유래하는 세계적인 무늬로 우리나라 전통무늬에서 많이 나타난다.

⑧ 구름무늬 : 구름은 용이나 기린·봉황 등의 신령스러운 상징물과 함께 쓰여 오묘함을 더해주며, 인간의 염원인 장수를 상징하는 학·소나무 등과 함께 불로장생을 상징하기도 한다.

⑨ 호랑이 무늬 : 호랑이는 종교적인 숭배사상의 일환으로 신성시하여 인간의 소원을 들어주고 길흉화복을 점지할 수 있는 영물과 신격화된 동물로 잡귀를 쫓는 벽사용으로 구분된다.

⑩ 도깨비 무늬 : 도깨비의 갖가지 표정을 볼 때 왠지 모르게 친근감이 가고, 한국적인 얼굴모습을 닮았다. 조선시대에 와서는 무서운 표현보다는 해학적이고 친근한 도깨비로 표현되고 있다.

⑪ 기하무늬 : 기하무늬에는 점무늬, 선무늬, 소용돌이무늬, 팔괘와 태극무늬, 완자무늬, 번개무늬, 회(回)자무늬 등의 사각연속무늬, 귀갑무늬, 길상문자 도안무늬, 창살무늬 등이 있다.

이러한 무늬들은 길상을 의미한다. 우리의 전통무늬는 좋은 일을 바라는 기대감이나 좋은 뜻을 축원하는 상징, 액과 병질환을 막고 귀신을 쫓아내는 상징 등으로 적용되는데 쓰인다.

1) 신라호텔을 통해 본 디자인에의 전통적 모티브 적용사례들

오늘날 비교적 우리의 전통적 모티브를 실제에 응용할 수 있는 경제적

규모나 전략적 여유를 가진 곳은 그리 흔하지 않다. 현재 숙박시설 중에서는 그나마 고급호텔 등이 이러한 이미지 구축에 관심을 보이고 있다. 그 예로 신라호텔은 모든 시설물에 전통무늬, 전통의상, 전통미술 등이 체계적으로 적용되고 있다.

(1) 객 실

'자기 집에 와 있는 듯한 분위기에서 쉬고 즐길 수 있는 방'이라는 느낌을 주도록 설계하였다. 복도 카펫의 문양은 신라시대의 비취 곡옥을 무늬로 했다. 문양의 색깔은 눈에 두드러지지 않는 색을 선택했다. 객실 내의 가구·벽지·커튼·침대 및 침대보 등은 신라시대의 여러 가지 문양을 변형·도입하여 전통적인 이미지를 부각시켰다.

(2) 한 실

온돌로 된 한실로 사방탁자·자개장·문갑 등의 전통적 가구를 배치했으며, 참죽나무를 소재로 한 무늬 외에 조명등과 벽지에는 당초 무늬를 도입했다.

이 그림은 우리나라의 국화인 무궁화를 잘 반영한 신라호텔의 로고이다

2) 전통적 이미지를 응용한 디자인의 예

① 제주 신라호텔 : 봉황을 소재로 하여 그 형상을 현대감각에 맞게 디자인하였다.
② 하노이 힐튼호텔 : 우리의 전통적 매듭을 소재로 현대적인 감각을 가미하여 기하학적으로 단순화시켰다. 이는 전통적 옛 소재에 현대 디자인의 감각을 부여하여 적절히 표현한 예로 볼 수 있다. 이것은 작은 인쇄물에 이르기까지 일관된 시스템 디자인으로 적용되고 있다.

5. 한국적 디자인을 위한 문제점과 발전방향

1) 문제점 및 발전방향

한국 디자인의 국제경쟁력이 이웃 일본의 39%, 대만의 70% 등의 낮은 수치로 나타나는 것은 단순히 디자인이 선진화되지 못한 것뿐만 아니라 국제경쟁력을 갖기 위한 '우리 고유의 디자인,' 즉 '세계화를 위한 한국성 찾기'에 대한 노력이 부족했다고 말해야 할 것이다.

지금까지는 단순한 소재나 전통의 발굴에 머문 감이 없지 않아 있지만, 우리 피 속에 끈끈히 흐르는 우리만의 언어를 찾는 노력은 계속되어야 할 것이다. 그 시대 디자인이란 그 시대 민족정서를 표현한 것이며, 그 민족이 갖는 미래에 대한 가능성의 표상이라 해도 과언이 아니다.

현재 우리나라의 호텔들은 특급호텔의 경우 전문적인 디자인 작업을 하는 디자인실을 갖추고 있거나, 외부의 전문 디자인회사에 디자인을 의뢰하고 있어서 어느 정도 질이 높은 디자인을 구현하고 있지만, 작은 규모의 호텔의 디자인물들은 이에 턱없이 모자라, 거의 디자인에 대한 의식이 없다고 봐도 과언이 아니다.

이런 디자인들은 미적 감각도 떨어질 뿐만 아니라 한국적 이미지와 전통미 또한 느끼기도 어렵다는 것은 누구나 다 아는 사실이다.

전통객관과 호텔에 사용할 가장 대표적인 시각적 재료로는 앞에서 말한 비교적 한국적 디자인이 잘 이루어진 호텔(신라호텔)의 디자인을 살펴봄으로써 전통무늬를 이용한 디자인이 관광객에게 한국적 이미지를 효과적으로 전달할 수 있다는 것을 알 수 있다.

이들 무늬 중 종교적인 이미지가 강한 무늬를 제외하고 식물무늬, 기하학적인 무늬, 길상문자무늬 등이 그 적용에 무난하다고 보며, 이를 바탕으로 응용한 벽지, 서식류 장식무늬, 그릇, 사용도구에 대한 표준디자인 자료들을 데이터 뱅크화하여 전통객관에서도 이들 데이터를 쉽게 이용하여 자신들의 호텔에 쉽게 적용할 수 있도록 만듦으로써 전체적인 호텔의 실내장식과 용품 디자인 및 호텔외관 디자인 등의 전반적인 디자인 작업의 질적 상승을 기대함과 동시에, 외국관광객에게 한국적 이미지를 부드럽게 스며들게 할 수 있는 디자인 활용을 유도할 수 있게 될 것이다.

2) 전통객관을 위한 예상 디자인 대상품목록

디자인 대상품에는 두 가지가 있다. 하나는 직접 만들어야 하는 것과 이미 있는 기성제품 중 디자인이 잘 된 디자인 상품을 골라서 일관성있게 가져다 놓는 일이 그것이다.

다음의 예상 디자인 대상품목록 중 디자인 대상품목은 가급적 최소화하는 것이 바람직하다. 디자인의 기본접근개념은 경제적이고 실질적 기능에 맞도록 하는 것이다. 고급호텔이 아닌 우리의 전통적 개념을 불어넣을 수 있는 소박하고 기능적인 디자인이 가장 중요하게 인식되어야 할 것이다.

다음 대상에는 직접 디자인을 해야 하는 품목도 있지만, 구입시 디자인적 통일감을 위하여 선별적으로 선택해야 하는 품목도 포함된다.(<표 IV-1> 참조)

<표 IV-1> 디자인 대상품목록

객실용품	방	• 가구류 : 옷장, 의자, 화장대, 소탁자 • 침구류 : 베개, 이불 등 • 전기용품 : 냉장고, TV, 조명 스탠드 • 인쇄물 및 문구 : 안내 팜플렛, 봉투, 편지지, 필기도구, 그림엽서, 벽지, 열쇠고리, 메모지, 명함 • 기타 : 벽에 걸리는 그림, 비상구 표지, 옷걸이, 재떨이, 컵, 물주전자 등
	욕실	• 세면도구(비누, 치약, 칫솔, 컵 등), 수건, 세면대, 변기, 욕조 또는 샤워 커튼 디자인
식당		• 식기류, 식탁보, 냅킨, 수저, 수저받침, 포크, 나이프, 식탁, 의자, 전통찻잔, 컵, 메뉴판
인쇄판촉물		• 시설에 대한 한글·영문 소개 팜플렛, 공항 셔틀버스 스케줄, 전통 객관 그림엽서, 고객 앨범(호텔에 투숙했던 고객 싸인 및 사진 스크랩 소개), 탁상달력, 연하장, 서비스 디렉토리
기본 아이덴티티 관계		• 서식류(명함, 편지지, 작은 봉투, 팩스용지, 안내 팜플렛), 바깥 사인, 실내 사인, 유니폼류, 전통객관 심벌 디자인 등

3) 사례연구를 통한 디자인 방향 제시

다음은 객관의 방향에 참고가 되는 신문기사이다.

■제주도 중문관광단지 씨 빌리지■

제주도 중문관광단지 천지연폭포 아래 바닷가에 있는 씨 빌리지는 31개의 객실 모두가 콘크리트 철골기초에 외형을 초가집으로 꾸며진 전통초가집으로 되어 있어 1백년전 어느 시골마을 인상을 준다. 객실들은 초가를 새끼줄로 단단히 묶고 그 끝에 돌맹이를 달아 놓고 집집마다 돌담이 둘러쳐져 있다. 모두 현대적인 침대방 또는 따근따근한 온돌방이며, 호텔측은 객실앞 포구에 민속마을을 복원하여 아담한 민속박물관을 꾸며 놓았다. 이 가운데 초가집 두 채는 호텔 스위트 룸으로 사용중이다. 문에는 자물쇠를 열어야 하는 널빤지를 달았고, 거실은 삐거덕거리는 마루이다. 일본인들이 줄서서 예약해 놓을 정도로 인기가 높다.

■영국 B & B■

서민적인 호텔 B & B는 시골풍 인테리어 진열장이다. 순박하고 명랑한 시골사람들 살림살이를 그대로 엿볼 수 있다. 인구 3백명도 안되는 '깡촌'에 가도 방마다 각기 다른 색깔의 인테리어를 즐기는 모습이 인상적이다. 1980년대 모던 스타일에 거슬러 요즘 세계 실내 디자인 추세는 영국 시골풍이다. 차가운 금속 컬러의 현대가구나 하이테크 스타일은 필요 없다. 간소하면서도 우아하고 편안한 분위기를 특징으로 하는 영국 시골풍 인테리어는 무엇보다도 "있는 그대로, 편안하게"라는 점에서 바쁜 일상에 지친 현대도시인을 위로한다. 현대도시풍 인테리어를 좋아하던 영국인들이 요즘에는 전통적인 것으로 돌아섰다.

위의 제주의 '초가집' 호텔과 영국의 복고풍 민박숙소는 과거의 전통적 요소를 그대로 이용한 것이라고 볼 수 있다. 특히 씨 빌리지의 경우 건물의 모습을 제주도 특유의 초가집형태를 취한 점에서 그 민속문화적 특성을 극대화하였다. 그리고 영국 비엔비의 경우는 일관된 통일성은 의도하지 않은 개개의 민박단위의 개성을 그대로 존중한 이른바 발전된 민박형태로 봐야 할 것이다. 그러나 이 두 가지 유형은 각기 문화적 특성을 강조했다는데 가치를 둘 만하다. 특히 씨 빌리지의 경우 자연친화주의와 환경친화주의적 이미지를 겨냥한 것은 앞서 살펴본 바, 한국의 전통미 조형의식 중 특징인 자연주의적 접근과 맥을 같이하기도 한다.

이런 관점에서 본다면 자연주의를 표현하고 있으며, 현대적인 감각과 어울릴 수 있는 한국의 전통문양을 객관에 적용한다는 것은 세계적인 유행추세에도 적합한 디자인이 될 수 있을 것이며, 이런 예로는 우리나라

호텔업계 경쟁력 1위인 신라호텔의 경우로 전통문양을 호텔 디자인에 효과적으로 이용하고 있음을 확인할 수 있다.

전통무늬가 우리 시각적 디자인이 전부가 될 수는 없겠지만, 전통무늬의 자료수집과 그 응용 디자인 시스템 개발을 정부차원에서 관광진흥을 목적으로 적극 지원·투자하여 데이터 뱅크화하여 소규모의 숙박시설인 객관에서 이를 쉽게 이용할 수 있도록 정책을 펴는 것이 좋다고 본다. 더불어 전통객관이 필요로 하는 시스템 디자인 데이터 베이스는 곳곳의 전통객관들의 이미지를 한 방향으로 통합함으로써 이미지의 상승작용을 꾀하며, 아울러 고급호텔과 저가의 외국체인호텔들에게 뒤지지 않는 숙박환경을 마련할 수 있는 기반을 갖게 할 것이다.

6. 시사점 및 결언

현대사회는 문화와 경제적인 면에서 국경이 없는 지구촌시대로 매스미디어를 통한 정보 및 문화전파는 이미 기존문화 국경을 유명무실하게 만들었고, 이제는 시장개방을 통해 경제적 측면에서도 국경 없는 무한경쟁시대가 시작되었다. 이러한 상황하에서 국제사회에 우리의 것을 알리고 살아 남기 위한 전략 중 중요한 것은 차별적인 디자인의 개발이라는 것은 누구나 주장하고 있는 사실이다. 우리 문화는 개성이 풍부하고, 세계성이 두드러진 문화이며, 이질문화에 뿌리내리는 착근성도 강하다. 이런 문화적 특성을 21세기의 유망산업이 될 관광산업에 부여함으로써 국가의 문화적 아이덴티티를 높일 수 있을 것이다.

애석하게도 우리의 숙박문화는 일부 고급호텔을 제외하고는 우리 문화라고 내세울만한 것이 거의 없다고 해도 과언이 아니다. 따라서 우리가 지닌 전통적 소재를 찾아내어 그것을 오늘날 감각에 맞게 디자인하여 여러 대상물에 활용할 수 있도록 해야 할 것이다. 무엇보다 중요한 것은 우리 민족의 세련된 미적 감각이 느껴질 수 있어야 하는 동시에, 현대적인 감각이 나도록 디자인하는 일일 것이다.

구체적인 디자인 표현방법으로는 우리나라의 조형의식인 자연주의 경향과 소박함을 표현할 수 있는 객관 내의 집기류의 제작재료의 자연소재

이용이며, 시각적이고 구체적인 표현방법으로는 전통무늬와 한국적 전통 색을 잘 활용하여 우리의 문화적 정체성을 높이는 데 힘을 쏟아야 할 것이다. 특히 이 중에서도 우리만의 독특한 문화를 표현할 수 있는 방법은 전통무늬의 사용이라고 본다.

우리나라의 기하학적 전통무늬는 독창적이며 종류가 다양하고, 디자인 면에서 우수하며, 활용가능성도 커서 현시점에서 요구에 합당한 것이라고 말할 수 있다.

기하학적인 특성 때문에 변형이 용이하며, 그 자체가 현대적 감각에 맞아 전세계의 누구에게나 쉽게 받아들여질 가능성도 있다.

우리가 현대적인 감각에 맞게 우리의 전통무늬를 재디자인하여 호텔 이외의 숙박업소에 여러 자료로 응용을 한다면 우리의 정서에도 맞을 뿐만 아니라, 다른 나라 사람들에게도 우리의 정체성을 인식시키는 좋은 시각문화를 창출하게 될 것이다.

이런 일들은 모든 디자이너들의 적극적인 참여로 만들어낼 수도 있겠지만, 개인의 힘보다는 정부차원의 적극적인 투자로 한국적 디자인의 모델을 제시해주어야 할 것이다.

이러한 개발 이후 호텔과 전통객관에서 디자인 활용을 높이기 위해 개발된 디자인자료들을 데이터베이스화하여 누구나 자유롭게 가져다 사용할 수 있도록 디자인 정책차원에서 적극적인 뒷받침이 되어야 할 것이며, 이러한 노력의 결과 전국 곳곳에 있는 소규모의 객관들의 이미지 통합이 가능하게 함으로써 대규모 고급숙박업소와 함께 대외적인 문화관광 경쟁력을 나눠 갖게 될 것이라 본다.

찾아보기

참고문헌

1. 국내문헌

- 관광비전 21, 문화관광부, 1999. 1.
- 국가이미지 제고를 위한 해외홍보전략, 한국언론학회, 2002. 1.
- 국가이미지 홍보전략, 대홍기획 마케팅 전략연구소, 1997. 4.
- 국정홍보처, 이미지를 잡아야 세계를 잡는다, 국정홍보처, 2000.
- 개방화·세계화시대의 관광교육, 한국관광공사, 1994.
- 김시종, 상품학, 학문사, 1995.
- 김은영, 이미지 메이킹, 김영사, 1993.
- 김은희, 대학이미지 연출, 형설출판사, 2000.
- 김원수, 일반상품학, 법문사, 1995.
- 문화정책백서, 문화관광부, 2001.
- 박용헌 외, 한국인, 그 얼과 기상, 신원문화사, 1986.
- 손대현, 관광마아케팅론, 일신사, 1985.
- 손대현, 우리나라 관광사업의 마케팅에 관한 실증적 연구, 고려대학
  교 대학원 박사학위논문 1983.
- 손대현, '한국관광의 재발견', 관광학연구, 106호, 1986.
- 손대현, 한국문화의 매력과 관광이해, 일신사, 1988.
- 상품관리와 판촉전략, 한국생산성본부.
- 외국 NTO 관광진흥전략, 한국관광공사, 1995.
- 2002 해외마케팅전략(Ⅱ), 한국관광공사, 2002.
- 이미혜 외 1인, 관광조사론, 대왕사, 1997.
- 유현덕, 한국관광이미지 제고를 위한 전통문화 관광자원의 활용방
  안, 세종대학교 대학원 논문, 1990.

- 유평근·전형준, 이미지, 살림, 2001.
- 지방화시대의 관광정책, 한국관광공사, 1992. 12.
- 조순·정운찬, 경제학원론, 법문사, 1994.
- Plus, 1997, 1월호.
- 출점전략 및 상권조사기법, 한국생산성본부.
- 채서일, 마케팅조사론, 학현사, 1997.
- 채용식 외 2인, 관광축제이벤트론, 학문사, 2001.
- 최승이·이미혜, 관광상품론, 대왕사, 2001.
- 한희영, 상품학총론, 삼영사, 1994.
- 한인수, 이미지마케팅, 태문고, 1993.

2. 외국문헌

- Boulding, K.E., The Image : Knowledge in Life and Society. Ann Arbor, Michigan : The University of Michigan, 1956.
- Crissy, Williams J.E., "What is it" MSU Business Topics, Winter, 1971.
- Dann G.M.S. "Tourist Motivation" An Annals of Tourism Research, Vol VIII No.2, 1981.
- Susan, Hormen and Jhon Swarbrooke, *Marketing Tourism Hospitality and Leisure in Europe*, International Thomson Business Press, 1996.
- 山上徹監譯, 觀光リゾートのマーケテイソグヨーロツハの地域振興策 について, 仁挑書局, 1989.
- 前田大森, 觀光とイメシ, 月刊觀光, No. 2 ~ No. 4, 1980.

〈저자소개〉

■ 원 융 희

　　경기대학교 관광경영학과를 졸업한 뒤 경희대학교 경영대학원
관광경영학과를 수료하고, 세종대학교 대학원(경영학과)에서 관광
경영 전공으로 경영학박사 학위를 받았다.
　　서울프라자 호텔과 서울힐튼 호텔에서 현장경험과 우송정보대
학 관광경영과 교수를 거친 뒤 현재는 용인대학교 관광학과 교수
로 후학양성에 힘쓰고 있다.
　　주요 저서로는 실버서비스산업의 이해(백산출판사), 최신병원
경영학・병원고객만족경영(대학서림), 　실버텔사업타당성조사 / 사
업계획서 작성・호스피텔 사업타당성조사 / 사업계획서작성(백산
출판사) 등에 관한 서적을 출간하였다.

관광이미지

2003년 9월 1일 인　쇄
2003년 9월 5일 발　행

著 者　　원　　융　　희

發行人　　(寅製) 秦 旭 相

發行處　　**白山出版社**

서울시 성북구 정릉3동 653-41
등록 : 1974. 1. 9. 제 1-72호
전화 : 914-1621, 917-6240
FAX : 912-4438
http://www.baek-san.com
edit@baek-san.com

값 **12,000원**
ISBN 89-7739-564-X